아키텍트하다

ARCHITECT, VERB

건축의 새로운 언어

아키텍트하다

ARCHITECT, VERB
The New Language of Building

레이니르 더 흐라프(Reinier de Graaf) 지음
조순익 옮김

Spacetime Pub

architect, verb
First published by Verso 2023

목차

들어가며 1

1. 눈물과 사랑
   스타 건축(starchitecture) 7

2. 공식적으로 놀라운
   월드클래스(world-class) 31

3. 모두가 승자
   탁월성(excellence) 47

4. 위기? 어떤 위기?
   지속 가능성(sustainability) 65

5. 모두가 웰
   웰빙(wellbeing) 85

6. 밴쿠버™
   거주 적합성(liveability) 105

7. 여기도 저기도 아닌
   장소 만들기(placemaking) 125

8. 보헤미아를 지배하라!
   창조성(creativity) 149

9. B로 시작하는 금칙어
   아름다움(beauty) 169

10. 건축가 없는 건축
   혁신(innovation) 191

부록: 전문가 화법의 원리 207
감사의 말 245
옮긴이의 말 246
미주 249
찾아보기 269

일러두기:

1. 별표(*) 각주는 모두 옮긴이가 단 역주입니다.
2. 논문, 챕터, 기사, 발표문 등 낱개의 글은 홑낫표「 」로, 단행본, 매거진/저널, 신문, 문집 등 여러 글이 담긴 출판물은 겹낫표『 』로, 그 외의 시청각 작품은 홑화살괄호〈 〉로, 여러 시청각 자료가 담긴 전시회, 컨퍼런스 등은 겹화살괄호《 》로 표기했습니다.
3. 괄호 ( ) 속에 삽입된 괄호, 그리고 원문에 없으나 옮긴이가 보충한 내용은 대괄호 [ ]로 표시했습니다.

들어가며

무엇이 좋은 건축을 만드는가? 아무 건축가에게나 물어보라. 그럼 그들은 결국 자기가 얼마나 중요한 작업을 하는지 장황하게 설명할 가능성이 높다. 하지만 그들의 열정에 비해 사회는 기껏해야 열정적인 무관심만 보일 뿐이다. 건축은 일견 역사의 잘못된 이면에 안착한 거로 보인다. 물론 경제적 불평등과 기후 변화, 보편적으로 쪼그라들어가는 인권 등 우리 시대의 가장 긴급한 현안들을 마주해서도, 건축은 지금껏 좋은 모습을 보여주지 못했다. 치솟는 집값에 공모해왔고, 이산화탄소 배출량이 가장 많은 산업의 핵심을 이뤄왔으며, 건축 덕분에 계속되는 정치적 책략들은 너무도 잘 망각해왔다.

1970년대에 엘리트적이었던 건축은 1980년대 들어 대중의 기억에서 잊혔고, 1990년대에 재발견되더니 2000년대와 2010년대 들어서는 상당 기간 우상화되었다. 오늘날 건축은 대개 근심의 원인으로 취급된다. 스스로 낳는 결과를 충분히 자각하지 못하기 때문에 면밀한 검토와 견제가 필요한 대상이 된 것이다. 창작을 위한 화려한 고립 이후 동료들끼리 숙고하는 특권을 누리던 나날들은 사라졌다. 건축은 더 이상 불확실하지 않은 용어로 공공 부문과 민간 부문 모두의 관심을 사로잡았다. 이제 공공과 민간이 모두 진심으로 동의하는 한 가지가 있다. 건축을 건축가에게만 맡겨두기에는 너무 많은 문제가 위태롭게 결부되어 있다는 것이다.

280조 달러 가치의 건물들은 세계 최대 자산 계급을 대변한다. 이는 세계 GDP의 3배, 세계 석유 비축량 가치의 2배, 그리고 세계 금 보유고의 3배에 달하는 가치다.[1] 건설은 틀림없이 우리의 금융 시스템을 떠받치는 가장 중요한 기둥이며, 최근의 세계 금융 위기가 보여줬듯이 시스템의 붕괴를 가져올 잠재적 원인이기도 하다.

금융적 관점의 진실은 환경적 현안에도 똑같이 적용된다. 건물들은 세계 온실가스 배출량의 30퍼센트를 생산하며, 세계 에너지 사용량의 40퍼센트는 건설업이 차지하고 있다.[2] 건축의 시의성을 논하는 사실상의 모든 회의에서 통하는 주문은 이것이다. "건조 환경(built environment)은 우리 모두에게 영향을 준다!" 그리고 그 '영향'은 비단 경제나 환경에만 국한되지 않는다. 이 주제에 관해 점점 늘어나는 각종 출판물과 온라인 강연들을 보라. 건조 환경은 우리에게 심대한 감정적 영향까지 주고 있다. '행복(happiness)'과 '웰빙(wellbeing)', '거주 적합성(liveability)', '장소감(sense of place)'은 점점 더 감정적이 되어가는 용어들 속에서 우리의 건조 환경이 논의되는 몇몇 사례에 지나지 않는다. 이런 용어들이 숱하게 쓰인다는 것은 그런 감정들이 명백히 결핍되어 있음을 암시한다.

빅 데이터의 시대에는 모든 것을, 심지어 감정까지도 정량화할 수 있다. 오랜 시간 후에는 결국 건축이라는 규정하기 힘든 직능이 책임 추궁을 당할 수 있다. 좋은 건축은 사람들을 기분 좋게 하지만, 나쁜 건축은 그렇지 않다고 말이다. 이 논리에 반박하기는 쉽지 않다. 하지만 건물에 대한 기술 지배적 평가를 줄인다 하더라도, 그런 평가에 대한 기준을 확립하려 할 때는 문제가 일어난다. 행복이나 웰빙, 거주 적합성, 또는 장소를 어떻게 측정하는가? 건조 환경의 경제적·환경적 영향들은 어떤 견고한 사실의 형태로 구체화하는 경향이 있지만, 그것에 가정되는 감정적 효과들은 그렇지가 않다. 물론 여론 조사를 하고, 설문지를 발행하고, 인터넷 자료에 의존할 수는 있다. 하지만 그런 노력으로 생산되는 거주 적합성 순위나 웰빙 등급 또는 행복 지수가 얼마나 크건 작건 간에, 이런 속성들 각각에 부여되는 헤아릴 수 없는(immeasurable) 가치와 그 속성들 본연의 측정할 수 없는(unmeasurable) 본성은 늘 성가시게 대비되기 마련이다. 헤아릴 수 없는 것은 측정할 수 없다. 그런데도 그걸 측정하려 하는 모든 시도는 숫자들이 제거하려는 주관성 자체가 그 주체의 뒷문으로 다시 들어오는 걸 뜻할 뿐이다.

창조적인 분야들을 객관적 기준에 귀속시키려는 노력들은 의심스런 취향을 남기는 경향이 있다. 퇴폐 예술이라는 나치의 개념, 스탈린의 사회주의 리얼리즘, 이상한 건물을 금지하는 중국 당국, 또는 최근 사례로 아름다움이라는 개념을 독점하려는 영국 정부의 걱정스런 시도들이 떠오른다. 뭔가를 측정한다는 것은 그것을 자유 의지의 영역으로부터 제거하는 첫 단계를 나타낸다고 주장할 수도 있겠다. 무언가가 측정되는 순간 그것은 분류와 비교의 대상이 될 수 있으며, 필요시에는 더 순조로운 비교를 위해 측정 대상의 변경을 요구받을 수도 있다. 측정되는 것은 순응할 수밖에 없다. 그것은 저장이나 수정이 가능한 상태로 변환된다(vectorized). 아이러니하게도, 이런 과정을 극단으로 가속화해온 것은 다름 아닌 자유로운 경쟁을 표방해온 세계 체제(global system)다.

이제 우리 삶의 거의 모든 측면, 즉 전문적이거나 개인적인, 사실적이거나 감성적인, 현실적이거나 상상적인 측면들을 측정하는 세계적 지수들이 존재한다. 우리 삶에서 계속해서 더 많은 측면을 정량화의 지배하에 귀속시키는 전 지구적 자유 경쟁의 세계는 점점 더 그 자체가 비-자유(un-freedom)의 원천임을 드러낸다. '삶과 자유, 그리고 행복의 추구' 는 더 이상 각 개인의 자유로운 선택이 아니다. 오히려 그것은 순응하고 쟁취해야 할 지상 명령이다.

어떠한 성공도 성공이 아니다. 우리는 그저 앞으로 더 나아갈 수만 있을 뿐이다. 경쟁은 그것에 대한 어떤 도전도 허락하지 않는다. 그 이유는 꽤 간단한데, 경쟁이 모든 도전을 내부화하기 때문이다. 경쟁의 원리는 그저 도전하는 게 전부다. 모든 것에 대해, 언제나, 어디서나, (…) 오직 끊임없는 경연만 남을 때까지. 뭔가를 쟁취하기 위해서가 아니라 그저 쟁취하기 위해서라는, 순수하고 단순한 이유에서다. 수단이 곧 목적이다. 가치는 고수해야 할 대상이 아니라, 동원되는 대상이 된다. 어떠한 진리도 없고, 열망만 있을 뿐이다. 절대적인 것들은 없고, 끊임없는 기준과 준거, 선례, 시금석, 일류 사례들의 형태로 촉진되는 비교만 있다. 그 원리는 경제를 집어삼켰고, 그만큼 정치 이데올로기도 집어삼켰다. 과학의 세계를 집어삼켰고, 그만큼 예술과 문화의 세계도 집어삼켰다. 그것은 우리의 언어에 스며들고, 우리의 생각에 스며든다. 그것은 말과 숫자를 통해, 대부분은 양자의 조합을 통해 작동하며, 이상의 대체제인 상투어에, 논리의 대체제인 측정에 의존한다. 결론이 보류될수록, 그것을 뒷받침할 수치 증거는 더 많이 제시된다. 아마추어 철학은 일군의 선도적 사상가와 전략 자문가, 콘텐츠 전문가, 소재 전문가들이 업으로 삼는 유사과학과 만난다.

제 나름대로 아마추어 철학과 유사과학의 혼합이라고 할 수 있는 건축은 특히 이런 트렌드에 취약한 것으로 판명되었다. 건축은 예술도 과학도 아니지만, 양자 그 무엇의 방어기제도 없이 양쪽 전선 모두에서 싸우도록 저주받았다. 근거 없는 상투어들과 그런 걸 지속시키는 임의적인 측정 시스템과 싸워야 하고, 반의어를 허락하지 않는 말들과도 싸워야 하며(예컨대 제정신인 건축가는 사람들의 행복을 소망하지 않거나, 살기에 좋지 않은 건물을 설계하고 싶어 하거나, 웰빙의 감각에 반대할 거라는[?] 식의 반의어도 가능한데 말이다), 의문을 허락하지 않는 숫자들과도 싸워야 한다. 사람들의 감정만 가지고는 논박할 거리가 없다. 견고한 숫자로 표현되는 때가 아니라면 말이다.

자기들이 뭘 할 것인지 세상에 설명하려 하는 건축가들은 정작 그들이 뭘 '해야' 하는지 말해주는 세상을 점점 더 목격하게 된다. 한때 표준의 정립에 일조한 관념들의 학문이었던 건축이 점점 더 받고 있는 기대는 타인들이 부과하는 표준에 순응하는 것이다. 늘 더 극단적인 미덕의 자세를 취하도록 강요받고, 금융계와 사회과학계 그리고 최근에는 의학 부문에도 포위된 채 (반론의 여지는 적게 주고 그들의 입맛에 따라) 책임지도록 요구받는 직종이 건축이다.

하지만 얼마나 선해야 선한 것인가? 듣는 말대로만 하면 건축에 뭐가 남겠는가? 아무리 비합리적이어도, 양립할 수 없어도, 모순적이어도 모든 기대를 충족할 때 나타나는 건 과연 어떤 종류의 환경인가?

나의 전작 『벽 넷과 지붕 하나(*Four Walls and a Roof*)』가 건축가들이 투사한 신화들의 가면을 벗기는 이야기였다면, 『아키텍트하다(*architect, verb*)』는 바깥 세계가 건축에 투사하는 신화들의 가면을 벗기는 게 목적이다. 즉 지난 20년간 건축에 적용되어 온 각종 신조들에 논박하려는 것이다. 본서는 지난 20년에 걸쳐 건축 직능이 어떻게 변화해왔는지를 되짚어본다. 빌바오 구겐하임 미술관이 들어선 이후부터 실리콘밸리에 이르기까지, 한때 기적의 창조자로 취급받던 건축은 이제 쓸데없이 반복적인 도면을 작성하는 범생이 취급을 받고 있다. 뭐가 먼저인지를 절대 알지 못했고 뭐가 나중인지도 결코 정하지 못할 장들로 구성된 본서는 기본적으로 그 사이의 단계들을 곱씹어본다. 말하자면 건축이 스스로 저항할 수도 충족할 수도 없는 외적 요구들의 자비에 점점 더 복속되어 온 과정을 살펴보는 것이다. 이 장들은 (1) 스타 건축, (2) 월드클래스, (3) 탁월성, (4) 지속 가능성, (5) 웰빙, (6) 거주 적합성, (7) 장소 만들기, (8) 창조성, (9) 아름다움, (10) 혁신 순으로 구성된다.

하지만 본서는 건축의 내적 요구를 가장 우선시할 수밖에 없다. 이 책은 건축이 다시 건축으로 존재하기 위해, 건축에 잘못 부과된 외적 부담을 제거하여 우리 직종이 언젠가는 다시 독립적이고 비판적인 분야로 부상하길 진심으로 바라며 쓴 것이다.

starchitecture (스타 건축)

[불가산명사]

(영) /ˈstɑːkɪtɛktʃə/ (미) /ˈstɑːkɪtɛktʃə/

유명세와 비평가들의 찬사를 얻어 건축계의 우상이 된 건축가들의 작업

예) 스타 건축의 시대가 거의 끝나간다는 징후들이 있다.

1

눈물과 사랑 Tears and Love

"프랭크가 당황하지 않게 말해주세요. 이 건물을 어떻게 생각하시나요?"

뒷짐을 진 프랭크는 대화의 주제가 바뀌자 확실히 불편해하는 모습이다. 그는 대화하는 다른 두 남자에게서 물러나며 빙그레 미소 짓는다. "저는 자리를 떠야겠네요."

하지만 프랭크는 머물러야 한다. 그가 이 말을 듣는 게 중요하니까.

대화하는 두 남자는 계속 얘기한다. "그냥… 말해주세요. 그냥 이 건물을 어떻게 생각하시는지 말예요."

"음… 저는 뉴욕타임스의 머샴과 같은 생각입니다. …그저 '와우!' 라는 말밖에 안 나오죠."

"와우라고요?"

"정말 안타깝게도, 할 말이 없어요. 건축은 말이 중요한 게 아니에요. 눈물이 중요하죠. 그리고 사랑도…."

"눈물과 사랑이 중요하다고요…?"

"샤르트르 성당…의 회중석에서 느꼈던 감정을 똑같이 느낍니다."

"샤르트르에서 느꼈던 감정을 똑같이…?"

"똑같이 눈물을 흘렸죠!"

"압도적이어서…?"

"(고개를 끄덕이며) 으흠."

"그 이유는 그것의…?"

생략된 뒷말이 무엇인지는 분명히 알 길이 없다. 여기서 대화는 갑자기 끝난다. 눈물에 관해 얘기하더니 진짜 눈물이 터져버려서다. 이 남자에게서 더 이상 무슨 말을 끌어낸들 의미가 없다. 그의 숙련된 눈에도 그 공간의 아름다움은 그저 너무 아름다울 뿐이다. 그에게 자신의 감정을 합리적으로 설명해보라고 압박한다면 나쁜 취향이나 다름없는 것이리라. 이 상황을 우아하게 해결할 유일한 방법은 그의 연약한 두 어깨를 한쪽 팔로 감싸주는 것뿐이다. 그 순간 사진사의 플래시가 터진다.

때는 1998년 5월이다. 토크쇼 〈찰리 로즈(Charlie Rose)〉*에서 빌바오 구겐하임 미술관과 그 건물을 설계한 프랭크 게리(Frank Gehry)에게 찬사를 보내고 있다. 눈물이 터진 남자는 저명한 프리츠커 건축상의 제1회 수상자이자 70년간 작품 활동을 해온 미국 건축의 '원로'인 필립 존슨(Philip Johnson)이다. 동료들의 감사가 성공의 척도라면, 필립 존슨의 성공을 이기기는 쉽지 않다. 비록 감정이 그를 이길 수 있는 나이라 하더라도 말이다.

존슨은 한평생 많은 것에, 특히 서로 모순되는 것들에 감동을 느껴왔다. 학생 때는 고전 건축에 대한 열정을 키웠고, 졸업 후에는 근대 건축의 초기 주창자로 변해갔다. 1930년대에는 나치 운동의 열렬한 지지자였다가, 제2차 세계대전이 터지자 미 육군에 입대했다. 1950년대와 60년대, 70년대에는 진보적인 건축의 막후 인물이었다가, 1980년대에는 갑자기 포스트모더니즘으로 전향하더니, 1990년대에 정치적 물결이 다시 변하자 또 그 전으로 되돌아갔다.

그렇게 확신이 변덕스럽기로 판명이 난 남자가 흘린 눈물에서 무슨 의미를 읽어낸단 말인가? 구겐하임 미술관의 아트리움에서 그와 자리를 함께한 찰리와 프랭크도 그걸 의아해하는 듯하다. 텔레비전 쇼에서 필립 존슨에게 동료 건축가의 작업을 논평해달라는 부탁은 위험한 일로 판명된다. 이 노인은 논평을 거절한다. "눈물과 사랑." 더 이상의 할 말은 잃어버렸다. 심지어 "와우!"라는 단어마저도 그의 목구멍 속 중간 어딘가에서 걸려버린다. 들리지 않는 게 차라리 더 나으리라.

우리는 그 뒤에 생략된 말이 뭔지 절대 알지 못할 것이다.

* 미국의 전 방송인 찰리 로즈의 이름을 내건 토크쇼. 〈찰리 로즈〉는 PBS(미국 공영방송망)와 블룸버그 텔레비전에서 1991년부터 2017년까지 방영되었다.

불구가 된 문화를 치유할 성지

존슨이 언급하는 기사는 당시 뉴욕타임스의 건축 비평가였던 허버트 머샴(Herbert Muchamp)이 거의 반년 전 구겐하임 미술관이 완공되었을 때 쓴 리뷰 기사다.1 이 기사에는 분명 "와우"라는 단어가 등장하지 않지만, 그럼에도 머샴은 이 미술관에 대한 존슨의 무조건적 찬양 못지않은 논조의 글을 썼다. "할 말을 잃었다. 여전히 기적은 일어나고 있다!"로 시작하는 그 기사의 첫 줄은 뉴욕타임스 매거진의 표지에 다시 인쇄되어 앞으로 뭐가 다가올지를 경고한다. "와우"는 사실상 그가 게리의 창조물에 바치는 장황하고 열광적인 경의에 쓰이지 않은 유일한 단어다. 그의 열변은 계속된다. "돌과 유리, 티타늄, 곡선, 직선, 불투명성, 투명성, 개방성, 폐쇄성이 감각적으로 접합된다. 이 공간에 서 있는 사람은 바벨탑 이야기가 다양성을 두려워한 사람들이 지어낸 신화였다고 생각할 수 있다. 여기서 당신은 많은 언어가 공존할 뿐만 아니라 세계의 드넓고 힘찬 풍경 속을 돌아다니며 와글거릴 수 있음을 알게 된다."

존슨이 눈물을 흘리게 한 바로 그 공간에서, 머샴은 성경의 한 장면에서 다른 결말을 상상하는 영감을 받는다. 머샴은 어디서나 게리의 손길을 본다. 심지어 인근의 얼룩무늬 횡단보도조차 의미를 부여받는다. "가로 중앙에 페인트칠 된 점선과 모퉁이 횡단보도의 줄무늬조차 왠지 게리화된(Gehry-fied) 모습이다. 우연히도 르네상스 시대의 미술가들이 건축 도면에서 새로운 투시도법을 강조하고자 그렇게나 정밀하게 활용했던 선들과 닮은 버전이다."

머샴은 게리의 건물에서 르네상스 시대의 도면과 성경의 장면들만 읽어내는 게 아니다. 그는 이렇게 덧붙인다. "그리고 내가 방금 있다 나온 건물은 마릴린 먼로의 환생이었다. 내가 여배우와 건물을 쌍둥이처럼 기억하는 이유는 둘 다 미국적 스타일의 자유를 상징하기 때문이다. 그 스타일은 관능적이고, 감성적이며, 직관적이고, 과시적이다. 역동적이고, 유동적이며, 물질적이고, 활달한 데다, 겁이 없고, 화사하며, 신생아처럼 연약하다. 그것은 '아니' 라고 말하는 모든 목소리와 함께 춤을 추려는 충동에 저항할 수 없다. 많은 공간을 차지하고 싶어 하는 이 스타일은 충동이 닥칠 때면 자신의 치마를 공중에 펄럭이길 좋아한다."

게리의 창조물은 "연상을 자유롭게 하는 성소"로서 머샴에게도 자유를 선사하는 게 분명하다. 그것은 머샴의 리뷰를 그만의 것으로 만들 예술적 면허를 부여한다. 즉 더 이상 건축가의 작업이 아닌 비평가 자신의 작업을 중심으로 리뷰하게 만드는 셈이다. 머샴 역시 이렇게 고백한다. "그의 구겐하임 미술관을 떠나면서, 49세의 한 건축 비평가는 문득 마릴린 먼로의 목소리로 말하고 있는 자신을 발견할 수도 있다. 빌바오에서 느껴지는 그녀의 존재감은 순전히 내가 투사한 것이다." 거의 5천 단어에 가까운 이 기사의 말미에는 이 건물의 더 큰 의미를 설명하려는 최후의 연약한 시도—"불구가 된 문화를 치유할 성지(a Lourdes for a crippled culture)"—로도 거의 완화가 안 되는 표현이 들어가 있어 의아하다. "바보는 이유를 제시하지만, 현인은 절대 그런 시도를 하지 않는다. 건축 비평가는 이 경우 바보스러움을 택할 수밖에 없다."

너무 많은 말을 하는 것은 때때로 아무 말도 안 하는 것과 같을 때가 있다.

뭔가 더 대담한 안으로 부탁합니다

게리가 처음에 제안했던 아트리움은 상자 형태였으나 그 아이디어가 썩 잘 성공하지 못했다는 소문이 있다. 그가 이 설계를 의뢰받을 당시 직사각형 평면은 이미 그의 건축에서 이례적인 것이 되어 있었기 때문에, 그는 뭔가 더 대담하고 뭔가 더 '게리' 적인 안을 내놔달라는 요구를 받았다.[2] 오로지 어떤 급진적인 제안, 즉 "한계를 밀어붙이는" 무엇만이 그것을 미래에 수용할 도시에 도움이 되리라는 것이었다.[3]

빌바오는 원래 구겐하임 재단의 선택을 받을 가능성이 희박한 곳이었다.[4] 1990년대 초에 빌바오는 경제적으로나 문화적으로나 낙후된 곳이었다. 한때는 스페인에서 가장 부유한 도시였지만, 동남아시아의 항구들에서 시작된 경쟁이 지역 조선소들의 종말을 불러오면서 이 도시는 깊은 불황에 빠져들었다. 시의 부채가 우려할 수준으로 불어났고, 실업률은 25퍼센트에 달했다. 게다가 빌바오는 바스크 분리 독립운동(Euskadi Ta Askatasuna: ETA)의 테러 공격까지 일상적으로 받는 고통을 겪고 있었다.

바르셀로나가 올림픽을 유치하고 세비야가 세계박람회를 유치하는 등 스페인 전역에서 일어난 첫 번째 재생 물결에 참여하지 못했던 바스크 지방 정부는 '대도시 빌바오를 위한 재활성화 계획(Revitalization Plan for Metropolitan Bilbao)'에 착수했다. 그 목적은 빌바오의 경제적 · 문화적 입지를 유럽 연합 내의 다른 주요 도시들에 필적하는 수준으로 끌어올리는 것이었다.

이 재활성화 계획은 처음 구상할 때부터 문화 기관 조성을 포함하고 있었고, 바스크 행정부와 구겐하임 재단의 첫 만남은 1991년 2월로 거슬러 올라간다. 당시 구겐하임 재단의 경제적 상황은 빌바오의 그것과 다르지 않았다. 5번 애비뉴의 미술관 확장 공사와 값비싼 미술품 획득으로 인한 예산 초과로 재단 측은 현금이 부족했고 빚은 늘어가고 있었다. 게다가 미술관 소장품의 95퍼센트가 전시되지 않은 채 5번 애비뉴 지점의 지하실과 기타 잡다한 창고 시설에 재고로 수장되어 있었기 때문에, 부채를 메우기가 쉽지 않은 상황이었다.

빌바오만큼이나 구겐하임 재단에도 재생 계획은 몹시 필요한 일이었다. 구겐하임 미술관장이었던 미술 전문가 토머스 메서(Thomas Messer)는 1988년에 예일대 경영대학원 출신으로 사업가적 배경을 지닌 토머스 크렌스(Thomas Krens)에게 관장 직위를 넘겨주었다. 크렌스는 이 미술관이 묵히고 있던 미술 재고품을 동원할 대담한 계획을 개시했는데, 전 세계의 도시에서 제각기 위험과 지출을 감수하면서 위성 미술관을 지을 수 있는 국제 프랜차이즈 시스템을 만들어낸 것이었다.

이 아이디어를 처음으로 채택한 도시가 빌바오였다. 유럽 연합이 추진하는 지역 개발 프로그램에 참여하고 있었던 바스크 지역은 유럽 연합의 풍부한 자금 지원 혜택을 받았다. 바스크 행정부는 미화 15억 달러 규모의 재활성화 계획에서 이 신축 미술관의 건설비로 미화 1억 달러를 확보했고, 미술품 획득비로 미화 5천만 달러, (70년간의) 미술관 연간 운영비로 미화 1,200만 달러, 그리고 구겐하임의 명칭 사용료로 별도의 미화 2천만 달러를 확보했다. 자금 지원은 선불로 이루어졌다.

이에 대한 보답으로, 구겐하임 측은 빌바오에 매년 세 번의 전시를 제공하고,

바스크 주민들에게 매표 수익과 상품 매출 수익의 독점적 권리를 부여하고, 구겐하임의 베네치아 지점과 협력적 관계를 강화하고, 빌바오 구겐하임 미술관이 전 세계의 모든 구겐하임 홍보 캠페인을 대표하는 핵심이 되게 하겠으며, 미술관 개관 시점에 형성될 새로운 컨소시엄에서 바스크 주민들의 다수결 투표권을 부여하겠다고 약속했다. 그리고 가장 중요한 내용은, 구겐하임 측이 앞으로 유럽에 들어설 구겐하임의 모든 위성 미술관들을 인가할 권리를 바스크에 양보했다는 점이다. 이러한 양보가 있었기에 크렌스는 빌바오 구겐하임 미술관이 이제부터 '바스크의 기관' 이라고 선언할 수 있었다.

바스크의 것이든 아니든, 이 미술관에 대한 투자금은 개관한 지 1년도 안 되어 회수되었다. 게다가 그게 끝이 아니었다. 첫 개관 후 3년 만에 이 미술관이 유치한 방문객 수는 350만 명을 넘어섰고, 그중에서도 80퍼센트 이상이 오로지 이 미술관을 보려고 빌바오를 찾은 이들이었다. 그들의 총 소비액은 1천억 페세타(오늘날의 유로화 환율을 적용하면 6억 유로)* 이상에 달했는데, 이를 방문객 1인당 평균 소비액으로 환산하면 약 3만 페세타(175유로)에 달하는 액수다. 소비액의 1/3 이상이 레스토랑과 바, 구내식당에서 쓰였고, 약 1/4은 호텔 지점에서, 또 다른 1/4은 매장과 매점에서, 약 5퍼센트는 교통비로, 또 다른 5퍼센트는 미술관 티켓 구매에 쓰였다.

바스크 컨트리의 경제에 직접 부가된 가치는 국내총생산 중 8백억 페세타(4억 8천만 유로) 이상에 달했는데, 이는 연간 평균 4천 개의 일자리를 유지할 수 있는 액수였다. 바스크의 각 지역 재무부 입장에서는, 이 미술관이 만들어낸 추가적인 경제 활동으로 부가가치세와 법인세, 소득세 형태의 추가 수입이 150억 페세타(9천만 유로) 이상 발생했다.[5]

이 미술관의 영향은 엄청났고, 그 이후로도 수년간 계속 그러했다. 9/11 참사 1년 후인 2002년에는 또 다른 93만 명이 이 미술관을 방문하면서 지역 경제에 1억 4,900만 유로의 부가 가치를, 바스크 재무부 세수로는 2,700만 유로를 가져다 주었다. 상설 컬렉션의 방문객 수는 25만 명이었고, 교육 프로그램에 참여한

* 한화로는 약 8천억 원에 달한다.

239,000명이었으며, 개별 유료 회원 가입자 수는 14,000명, 법인 회원으로 등록한 회사는 140개에 달했다. 그리고 2002년이 되자 이 미술관의 지출액 중 거의 75퍼센트가 자체 충당되었다.[6]

미술관의 개관 직전에는 테러 음모가 있었지만 실패로 돌아갔다. 정원사로 위장한 세 명의 바스크 분리주의자들이 제프 쿤스(Jeff Koons)가 꽃으로 만든 거대한 강아지 형상 조각에 폭발물을 설치하려고 시도했지만, 한바탕의 총격전 끝에 경찰 한 명이 희생되었다. 그의 죽음으로 스페인 전역에서 모여든 25만 명의 사람들이 시위행진을 했다. 이게 세계에 전해진 바스크 분리주의자들의 마지막 소식은 아니었다. 2006년까지 휴전 협정은 확정되지 않았지만, 이 사건은 흥미롭게도 빌바오시가 테러 위험에 처한 정도를 대중이 인식하게 되는 전환점이 되었다. 1997년부터 2010년까지 발표된 뉴스 항목에 관한 연구에 따르면, 바스크 분리 독립운동에 관한 뉴스 보도 건수가 10퍼센트 증가할수록 이 미술관의 방문객 수는 0.76퍼센트 떨어졌지만 이 미술관에 관한 보도 건수가 10퍼센트 증가할수록 방문객 수는 1.71퍼센트 증가했다. 개관 후 첫 13년간 이 미술관을 방문한 1,300만 명 중 840만 명이 이 미술관을 다룬 국제 뉴스 때문에 찾은 것으로 추산되는데, 이는 빌바오 구겐하임 미술관에 관한 매체 보도가 매년 약 2백만 유로의 경제적 가치를 창출했음을 뜻한다.[7]

빌바오는 파리가 아니다

빌바오 구겐하임 미술관이 개관하기 전까지, 최근 역사에서 이와 비슷한 수준의 주목을 받은 건물들은 시드니 오페라 하우스(1973)와 퐁피두 센터(1976)밖에 없었다. 퐁피두 센터에도 국립 현대 미술관(Musée National d' Art Moderne)이라는 미술관이 있지만, 이건 누군가 얘기해줘야 상기되는 사실이다. 보부르(Beaubourg)라는 지역명으로 곧잘 불리는 퐁피두 센터는 개관 이후 주로 공적 기반시설(그 외관이 기여하고자 가장 노력했던 무엇)의 한 부분으로 인지되어왔다. 민중을 위해, 민중이 즐길 수 있도록 지어진 퐁피두 센터의 정확한 기능은 그것의 실존에 기껏해야 '부수적' 역할을 할 뿐이다. 주변 환경과 날카로운 대비를 이루도록 설계된(이 또한 빌바오 구겐하임 미술관과의 공통점이다) 이 건물의 (시각적) 영향은 전시되는 모든 컬렉션의 영향을 어쩔 수 없이 압도한다. "수백만 명의 관광객이 이곳을 찾는 이유는 그저 빤히 바라보기 위해서다. 전시되는 그림이 아닌 외부의 배관을 말이다."[8] 그와 같은 관광객들이 20년 후에는 빌바오에 모여들었는데, 이때는 구겐하임 미술관을 빤히 바라보기 위해서였다. 전시되는 내용이 아닌 외부의 곡선을 말이다.

하지만 한 가지 중요한 차이가 있다. 빌바오는 파리가 '아니다.' 세계에서 가장 아이콘적인 수도 중 하나인 파리는 퐁피두 센터가 개관하기 훨씬 전에도 많은 관광객을 자랑할 수 있었지만, 빌바오는 구겐하임 미술관이 개관하기 전에 내세울 만한 관광 기반시설이 없는 도시였다. 빌바오를 방문한 이유를 묻자 모든 응답자의 85퍼센트가 그 미술관을 보러 왔다고 했는데, 사실상 이게 그들이 빌바오를 찾은 '유일한' 이유였다. 퐁피두 센터가 개관했을 때 이와 비슷한 조사가 실시된 적은 없지만, 당시 늘어난 파리의 관광객 수가 이후 빌바오에서 늘어난 수준에 달했을 가능성은 적을 뿐만 아니라 단 하나의 이유 때문에 파리를 방문한 사람이 있었을 가능성은 훨씬 더 적다. 파리는 퐁피두 센터가 들어서기 훨씬 전부터 '지도상에' 있었다.

빌바오의 다른 점은 단일한 건축 작품에 부여될 수 있는 중요성을 완전히 다른 수준으로 이끈다는 것이다. 빌바오의 대도시 재생 계획은 국제적으로 이름난 많은 건축가의 프로젝트—노먼 포스터가 설계한 빌바오 도시 철도, 마이클 윌포드의 아반도 여객 환승역, 산티아고 칼라트라바의 신축 빌바오 공항 터미널과 네르비온 보행교—를 수반했지만(심지어 구겐하임 미술관 자체도 국제 공모로 선정된 작품이다), 그럼에도 그 유산은 영원히 그중 하나인 프랭크 게리의 구겐하임 미술관과 동일시될 것이다. 구겐하임 미술관이 없었다면 이 도시의 부흥은 절대 일어나지 못했을 것이다. 빌바오는 이 미술관 '때문에' 존재한다. 아무리 불공평하다 할지라도, 그것이 지금껏 그래왔고 앞으로도 계속될 인식이다.

그리고 어떤 건물 하나가 한 도시 전체의 운명을 바꿀 수 있다면, 한 도시의 운명을 바꾸기 위해서는 그저 건물 하나만 있으면 된다. 이것은 단순화이지만,

빌바오 효과 같은 게 존재한다면 그것은 대개 관습적인 지혜를 일시적으로 중단시킨다. 도시는 늘 건물보다 더 크며, 건설비도 더 비싸고 계획하기도 더 어렵다. 하지만 빌바오 효과는 대개 관공서의 도시 계획 업무와 연관되는 복잡하고 지난한 절차들을 우회할 절호의 기회를 제공한다. 구겐하임 이후의 빌바오는 기껏해야 5년 미만 걸리는 단일한 건설 프로젝트의 성공에 힘입어 도시가 근본적으로 바뀔 수 있다는 살아 있는 증거로 작동한다.

모두를 위한 커피

빌바오 효과는 모방을 불러왔는데, 특히 바로 스페인 국내에서 그랬다. 유럽 연합의 결속 정책에 따라 1986년 유럽 연합에 가입한 스페인은 상당한 자금의 순유입을 누렸고, 1990년대에는 유럽 최대 경제국 중 하나가 되었다. 게다가 프랑코의 사망 이후 민주주의 체제로 전환해오면서 스페인의 통치 구조도 상당한 변화를 겪었다. 마드리드에 집중되었던 권력이 17개의 자치 지역들로 이양되었는데, 이 정책은 '모두를 위한 커피(cafe para todos)'라는 이름으로 대중화되었다. 일부 지역들, 그중에서도 특히 바스크 컨트리와 카탈루냐 그리고 갈리시아는 이 정책과 어울리는 자치 의회 등의 제도적 기반을 부여받았다.

스페인의 경제가 호전되고 여기에 더 탈중심화된 정치 체제가 결합하면서 지방과 도시 간의 치열한 경쟁이 불붙었는데, 이 경쟁은 국제무대에서 바로 각인되었다. 1982년에 세비야가 세계박람회 개최지로, 1986년에 바르셀로나가 올림픽 개최지로 낙점된 것이다. 이런 도시들에서는 행사 이후 사라질 수도 있었을 자산들을 영구적인 유산으로 남겨 건축의 중요성을 확고한 현실로 입증했다. 건축은 공기 중으로 사라지는 모든 걸 견고하게 만들었다.* 빌바오 대도시 재생 계획의 중심이 건축 프로젝트였던 것은 앞서 바르셀로나와 세비야에서 취한 접근에서 직접 영감을 받은 것이었다.

* '견고한 모든 것은 공기 중으로 사라진다(All that is sold melts into air)'는 마르크스의 말을 뒤집은 것

빌바오는 더 나아가 스페인의 다른 도시들에 영감을 주었다. 게리의 빌바오 구겐하임 미술관이 개관하고 2년이 지났을 때, 빌바오 제2의 도시 산세바스티안은 라파엘 모네오(Raphael Moneo)가 설계한 쿠르살 공회당을 개관했다. 바스크 컨트리 이후에는 갈리시아의 차례였다. 라코루냐에서 이소자키가 설계한 인류 박물관을 개관하자, 인접한 비고에서는 머지않아 알도 로시가 설계한 해양 박물관으로 그 뒤를 이었다. 아스투리아스 지역에서는 브라질의 거장 오스카 니마이어가 '침체기에서 부활'하여 아빌레스 타운의 국제 문화 센터를 설계하면서 그만의 니마이어 효과가 불붙길 희망했다.[9] 이 많은 숫자의 외국 건축가들이 참여한 것에 대해 (자기 작품의 1/4이 스페인에 있는) 리처드 로저스는 스페인을 '유럽의 건축 온실'이라고 명명하기도 했다.

정치적 권력의 이양 속에서 고유의 자율성(자치권)을 정식화하며 가장 공세적으로 진보한 지역들(카탈루냐, 바스크 컨트리, 갈리시아)이 그런 자율성을 건축 프로젝트의 형태로 가장 먼저 구현한 지역들이기도 하다는 점은 좀처럼 놀랍지 않다. 유럽의 건축 온실을 주도하는 동력은 결국 지역의 이익이다. 이런 맥락에서 케네스 프램튼의 '비판적 지역주의' 개념은 흥미로운 반전을 얻게 되었다. 단지 건축에 대한 접근을 묘사하는 것을 넘어, 스페인의 당시 정치적 상황을 반영하는 개념이 되었기 때문이다.

모방

그 효과는 좀처럼 스페인에 머물지 않았다. '빌바오의 기적'은 전 세계의 다른 곳곳에서, 그중에서도 특히 미국에서 상당한 관심을 촉발했다. 미국에서는 빌바오 구겐하임 미술관의 개관 이후 첫 5년간 적어도 50건의 미술관 신축 프로젝트가 개시되었다.[10] 그중 대부분이 미술관이 가져올 명성이 지역 경제에 상당한 혜택을 줄 것을 기대한 도시들에서 일어났다는 사실은 아마도 놀라운 일이 아니리라. 전통적으로 야구나 미식축구 같은 스포츠에서 전개되던 미국 도시들 간의 경쟁이 이제는 문화 영역에서 새로운 차원을 달성했다.

일각에서 미국적 문화 제국주의 프로젝트, 일명 '맥구겐하임(McGuggenheim)'으로 낙인찍힌 프로젝트가 그것의 발원지에서 가장 창조적이고 아마도 가장 성공적으로 적용되었다. 빌바오에서도 그랬듯이 여기서도 시드니 오페라 하우스는 늘 세계적으로 자기 이미지를 뽐내고 싶어 하는 도시들을 위한 모범 사례—'월드클래스 도시를 만드는 조력자인 월드클래스 건물'—로 참조되었다. 심지어 이런 프로젝트를 추진하는 과정, 말하자면 (일반적으로 세 팀의) 유명 건축가들 간에 설계 경기를 실시하고 지자체 공무원과 미술관 큐레이터 그리고 기부자로 구성된 (그리고 건축가들은 유독 배제된) 평가 위원회가 심사하는 과정도 그대로 재현되었다.

오하이오의 신시내티(메이저 리그 구단 신시내티 레즈의 연고지)에서 실시된 시립 현대 미술 센터(2003) 설계 경기에서는 자하 하디드가 베르나르 추미와 다니엘 리베스킨트를 이기고 설계자로 선정되었다. 스키와 하이킹, 등산으로 유명한 '1마일 높이' 도시 덴버의 시립 미술관(2006) 설계 경기에서는 리베스킨트가 우승했다. (당시 그는 이소자키 아라타와 톰 메인을 제치고 우승했는데, 이소자키의 안은 선정 위원회에서 '와우!' 라는 반응을 일으키기에 충분치 못했고 메인의 설명은 아무도 이해할 수가 없었다.)

하지만 단연코 가장 인상적인 성공 사례는 산티아고 칼라트라바의 경우였는데, 그가 양조로 유명한 블루칼라 도시인 밀워키의 미술관(2001) 설계권을 따낸 방식 때문이다. 밀워키 태생의 사업가 월터 아넨버그(Walter Annenberg)가 50명 이상의 건축가들이 참여하는 공모 선정 과정에 미화 100만 달러를 기부했을 때 칼라트라바는 불참키로 했지만, 밀워키시는 그를 다시 구슬려서 설계권을 고이 바쳤다. 그리고 칼라트라바의 기여는 실제로 밀워키시에 상당한 기쁨을 가져다줬는데, 그레이터 밀워키 관광 컨벤션 사무국(Greater Milwaukee Convention and Visitors Bureau)의 윌리엄 A. 핸버리(William A. Hanbury) 전무는 이렇게 말했다. "이러한 하나의 아이콘이 밀워키를 월드클래스 도시이자 행선지로서 반영한다고 말할 수 있게 된 건 전례 없는 일이다."

미술관 설계로 그런 찬사를 받은 건축가가 칼라트라바만은 아니었다. 신시내티 상공회의소의 레이먼드 뷰즈(Raymond Buse)는 "초인적인 자하 하디드가 퀸 시티를 건축적인 우주의 진앙에 위치시켰다"고 했고, 덴버시장 웰링턴 웨브(Wellington Webb)는 다니엘 리베스킨트가 덴버를 "지도상에서 월드클래스의 행선 도시로" 자리 매겼다고 했다. 수사법마저 빌바오의 전례를 거울처럼 반영하고 있었다. 하지만 시적 찬사의 최고봉을 꼽자면 무엇보다 리베스킨트 자신의 예시였는데, 말하자면 그가 "로키산맥의 빛과 지질에서만 영감을 받은 게 아니라 무엇보다도 덴버 시민들의 활짝 열린 얼굴에서 영감을 받았다"는 말이었다.

그런 찬사에도 불구하고, 경제적 성공은 기대보다 달성하기 힘든 것으로 나타났다. 밀워키 미술관은 개관 첫해에 50만 명이 방문했는데도 건설비를 과다 지출해서 건물의 운영비와 유지비가 부족했고, 2011년에 미화 460만 달러의 적자를 봤다.[11] 덴버 미술관은 개관 첫해에 백만 명이 방문할 것으로 기대했지만, 실제 방문객 수는 65만 명에 불과했고 결국 직원의 14퍼센트를 해고하는 결정을 내렸다.[12] 2015년에 더 "편안하고 따뜻하며 사회적인 공간"을 요청하는 목소리에 직면한 신시내티 미술관은 미화 110만 달러를 들여 그 건물의 상징인 로비를 재설계했다. 하디드의 유선형 구조에 라운지 좌석과 호화 카펫을 배치하고 전자제품을 충전할 수 있는 콘센트를 충분히 설치하면서, 느리게 늘어나던 방문객 수가 기록적인 136,879명에 달해 투자금이 회수되는 듯했다. 하지만 이러한 재설계는 하디드의 자문 없이 이뤄졌는데, 그녀가 개입하면 너무 까다롭고 비싼 과정이 되리라는 신시내티 미술관 이사진의 판단 때문이었다.[13]

2010년이 되자 미국의 많은 신축 미술관에서 예산 초과와 적자, 방문객 수 감소가 흔한 일이 되었다. 초대 미술관장들의 임기는 새로운 미술관이 완공된 지 1년 이내에 끝나는 경우가 많아서[14] 결국 미미한 효과만 줬을 뿐이었다. 신시내티도, 밀워키도, 덴버도 각 미술관의 개관 이후 어떤 뚜렷한 경제적 상승효과도 겪지 못했다. 새 천년에 들어선 지 10년 차에 빌바오 효과는 이미 근거 없는 신화였음이 드러나고 있었다.

고아가 된 미술관과 박물관

미국에서 시작된 하강 나선은 유럽으로 이어졌다. 유럽에서 빌바오 효과는 단순한 도시 마케팅 이상으로, 병들어가는 산업 도시들이 간절히 희망해온 만병통치약이었다. 쇠퇴했던 바스크 항구의 변화를 목격한 이상, 문화는 많은 탈산업 도시들에 제2의 생명을 불어넣을 명백한 선택으로 보였다. 하지만 미국과 반대로 유럽의 미술관들은 부유한 독지가들이 후원하는 전통을 뽐내지 않았다. 유럽에서 미술관의 재정 지원은 주로 공공 부문에 의존했다. 미술관 컬렉션들을 공공에 증여하거나 공공이 소유하는 경우도 흔치 않은 일이었다. 빌바오 효과의 미국적 버전, 즉 '별 볼 일 없던 도시를 위한 눈에 띄는 아이콘'은 확실하게 유럽적으로 전환되었다. 여기서는 '미심쩍은 내용을 전시하는 눈에 띄는 미술관'이 되었는데, 어떤 경우에는 심지어 미술관에 둘 만한 가치가 거의 없는 내용을 전시하는 곳이 되었다.

건축이 미술관의 일을 대신한다는 믿음이 더 커져갔다. 영국에서는 토니 블레어가 건축가들로 하여금 민중에게 '기쁨'을 주라고 독려했고 공공 부문에는 건물 설계를 검토할 때 단지 비용이나 기능성만 생각할 게 아니라 '감탄 요인(wow factor)'을 고려하도록 촉구했다.[15] 미국에서 미술관을 설계한 건축가들은 유럽의 박물관 프로젝트에서도 똑같이 선택을 받아 기용되었다. 다니엘 리베스킨트는 맨체스터의 북부 제국 전쟁 박물관을 설계했고, 자하 하디드는 볼프스부르크의 파에노 과학 센터를 설계했으며, 칼라트라바는 그의 조국인 스페인의 발렌시아와 테네리페를 위한 박물관들을 설계했다. 물론 다른 이들도 있었다. 빌바오 구겐하임 미술관 공모전의 입상자였던 쿱 힘멜블라우는 리옹의 콩플루앙스 박물관(Musée des Confluences)을 설계했고, 웨스트브러미치에서는 윌 알숍이 '더 퍼블릭(The Public)'*을 설계했다.

하지만 이러한 스타 건축가들의 선정은 그들이 설계한 건물의 속 보이는 존재 이유를 거의 고스란히 드러냈다. 2002년 맨체스터에서 열린 영연방 경기대

* 전시 및 각종 예술 프로그램을 운영하며 지역 사회의 참여를 유도하고자 설계된 건물

회를 준비하며 지어진 리베스킨트의 제국 전쟁 박물관은 영국에 있는 제국 전쟁 박물관들 가운데 5번째 건물로서, 특별한 목적으로는 처음 지어진 건물이었다. 그리고 그 전시 내용이 확실히 보장된 것인지에 대해서도 의문이 제기되었지만—앞선 네 개의 제국 전쟁 박물관들은 전쟁 당시의 병원 건물에, 비행장 부지에, 처칠의 지휘본부였던 건물에, 그리고 전함에 자리 잡았었다—그럼에도 리베스킨트는 거의 개의치 않고 자신의 영감을 따랐다. 이 박물관의 "서로 맞물리는 조각들은 지상과 공중, 수중에서 일어나는 갈등의 본질을 재현한다"[16]면서 말이다. 이 조각들은 예산상의 이유로 티타늄이 아닌 알루미늄으로 건립되었다.

독일의 폭스바겐 본사가 있는 볼프스부르크는 그 도시의 문화 · 스포츠 · 교육 이사인 볼프강 구트하르트(Wolfgang Guthardt) 박사가 스위스의 테크노라마(Technorama)*를 방문하고 와서 과학 센터를 짓는 게 더 낫다고 설득하기 전까지는 미술관을 만들 계획이었다. '폭스바겐이 많은 생산 시설을 해외로 옮기고 있었기 때문에, 볼프스부르크는 유흥과 관광의 도시로 변신하려 하고 있었다.' 하지만 국제 설계 경기를 통해 자하 하디드가 파에노 과학 센터의 설계권을 얻게 되었다. "세계에서 가장 중요한 현대 건축 작품 12개 중의 하나"로 꼽히는 등 이 건물을 극찬한 리뷰 기사들이 이어졌지만, 그럼에도 그것의 실제 기능을 묘사하기란 여전히 어려운 일이었다. 이 센터의 웹 사이트에서는 이렇게 말하고 있다. "사람들은 자연스레 호기심을 갖습니다. 비밀을 파헤치고, 미스터리를 해결하며, 끊임없이 새로운 것들을 발견하기를 즐기죠. 얼어붙은 그림자부터 불의 소용돌이까지, 여러분은 볼프스부르크의 파에노에서 이런 호기심을 맘껏 발휘하며 현상들의 세계를 탐험하는 여행을 떠날 가능성을 엄청나게 많이 발견하게 될 것입니다."[17]

이와 비슷한 운명이 쿱 힘멜블라우가 리옹에 설계한 콩플루앙스 박물관에도 영향을 끼쳤다. 당시 시장 후보자였던 미셸 메르시에(Michel Mercier)의 머릿속에서 기획된 이 박물관은 2005년에 개관할 예정이었지만 메르시에가 시장으로 선출되지 않으면서 극심한 지연을 겪었다. 2008년에는 건설업체였던 BEC가 '완결

* 스위스 취리히에 있는 과학박물관

성 부족' 을 이유로 모든 건축가의 도면을 재작업해야 했다고 불평하면서 이 프로젝트에서 손을 뗐다. BEC는 360만 유로를 보상받았고, 새로운 입찰이 이루어진 끝에 2010년 빈치(Vinci)가 낙점되었다. 하지만 이 프로젝트는 2012년 시의회가 론 국영회사(Compagnie Nationale du Rhône)와 두 자동차 회사(ASF와 APRR)의 주식을 판 이후에야 더 많은 재정을 지원받을 수 있었다. 빌바오에 대한 리옹의 응답으로 기획되었던 이 박물관—초대 관장이었던 미셸 코테(Michel Côté)의 말을 빌리자면, "세계 어디에서도 유례를 찾을 수 없는 박물관"—은 결국 2014년에 과학 센터 겸 인류학 박물관으로 완성되었다.[18] 그에 따른 비용은 원래 예산의 4배를 넘어섰고, 세금을 낭비했다는 대중적 항의가 격렬하게 일어났다.

'고아가 된 미술관/박물관' 의 트렌드는 잉글랜드의 웨스트브러미치에서 정점에 달했다. 2003년에 이 도시는 옛 산업 자치구였던 샌드웰을 재활성화하는 계획의 일환으로서 윌 알솝에게 '더 퍼블릭(The Public)' 의 설계를 의뢰했는데, 그것은 세드릭 프라이스의 '펀 팰리스(Fun Palace)' 에서 영감을 받은 다목적 장소였다. 비록 공식적으로는 (쌍방향 소통 디지털 예술 전시를 해서) '예술 센터' 로 불렸지만, 이 건물의 궁극적인 존재 이유는 '더 퍼블릭' 이라는 이름만큼이나 막연했다. 2004년, 착공 후 몇 달이 지나자 설계자인 윌 알솝이 이 프로젝트에서 빠졌다. 2009년에는 최초 기획자인 예술 위원회가 손을 떼고 시 정부에 이 프로젝트를 넘겼다. 더 퍼블릭은 운영비로 연간 150만 파운드를 지출하다가 2013년에 공식적으로 폐쇄되었다.

원점으로 되돌아오다

빌바오 효과는 아니나 다를까 스페인에서 최종적인 패배를 맛보았다. 그 현상의 요람이었던 스페인은 새 천년에 접어든 지 10년 차에 그것의 무덤이 되었다. 2008년 금융 위기로 최악의 타격을 입은 유럽 국가 중 하나였던 스페인에서는 그 여진이 이후에도 계속되었다. 이러한 경제적 악조건 속에서 스페인 지방 정부들은 점점 더 늘어나는 정치적 다툼의 희생양이 되었다. 지역 건축가와 해외 건축가 모두에게 거대한 기회의 땅이었던 스페인이 미완성된 건물과 중단된 프로젝트, 보류된 계획의 땅으로 변했다. 유럽의 건축 온실이자 건축의 무한한 힘을 보여주던 진열장이 그것의 실패를 진열하는 쇼윈도가 되었다.

'엔진 속에 낀 모래'와도 같은 가슴 아픈 사례가 갈리시아에서 일어났다. 여기에는 프랭크 게리의 동료이자 오랜 적수인 피터 아이젠만이 개입되었다. 1999년, 우파 정당인 국민당(People' s Party)의 당원이자 프랑코 정권 때 정보관광부 장관이었던 마누엘 프라가(Manuel Fraga)가 갈리시아의 수도인 산티아고데콤포스텔라에 갈리시아 문화 도시를 짓는다는 아이디어를 기획했다. 12팀의 건축가를 지명하는 올스타전으로 국제 설계 경기가 조직되었는데 리카르도 보필, 피터 아이젠만, 마누엘 갈레고 호레토, 아네트 기공/마이크 가이어, 스티븐 홀, 렘 콜하스, 다니엘 리베스킨트, 산티아고 칼라트라바, 후안 나바로 발데베그, 장 누벨, 도미니크 페로, 세사르 포르텔라가 그들이었다. 칼라트라바는 여기서도 철수했지만, 이번에는 그 전술이 먹히지 않았다. 우승자는 아이젠만이었다.

아이젠만의 프로젝트는 도서관, 신문 자료관, 음악당, 갈리시아 역사박물관, 중앙 설비 건물, 신기술 전시관 등 각각의 특수한 용도를 갖는 여섯 건물로 구성되었다. 컴퓨터로 만들어낸 인공의 풍경이 다섯 가지 균열과 교차하는 이 프로젝트의 복잡한 디자인에는 그에 못지않게 복잡한 설명이 뒤따랐다. "산티아고의 이 프로젝트는 합성적이지도 않고, 단일한 대화도 아니다. 그것은 격자와 내력벽 간의 변증법이 아니다. 그보다는 천장이 부피(volume)가 되는 것이고, 커튼월이 부피가 되는 것이다."19

2005년 지방 선거에서 사회주의자들이 승리했을 때, 이 단지는 상당 부분 다시 구획되었다. 일부 용도는 폐기되었고, 또 다른 용도는 추가되었으며, 어떻게든 남은 용도들은 기회를 엿보며 다양한 건물 사이에서 재편되었다. 이러한 전반적인 개조에도 불구하고, 이 프로젝트에 대한 아이젠만의 확신은 거의 누그러지지 않았다. "이 프로젝트의 아이디어는 늘 끊임없이 출현하고 있는 새로운 문화적 관념들의 토대를 제공하는 것"이라는 확신 말이다.

2010년에 국민당이 다시 집권하자 또 한 번의 재편이 일어났다. 갈리시아 박물관은 가이아스 센터 박물관으로 개명되어 기획 전시를 여는 곳이 되었다. 헤리티지 연구 센터는 문화 혁신 센터가 되었고, 기록 보관소가 도서관으로 통합되면서 빈 기록 보관소 건물은 창작자 사업 지원 센터가 될 수 있었다.

2011년에 드디어 도서관과 기록 보관소가 개관했을 때, 이 사건은 국민당의 위대한 승리로 묘사되었다. 갈리시아 지방 정부 지사 알베르토 누녜스 페이호(Alberto Núñez Feijo)는 이를 두고 "세계의 주요 여정에서 꼭 들러봐야 할 또 하나의 방문지"라고 표현했다.[20] 하지만 2013년에 3억 유로가 넘는 비용 증가가 발생하고 연간 6천만 유로가 넘는 유지비를 맞닥뜨리게 되자, 갈리시아 정부는 투표를 통해 이 프로젝트의 중단을 결정했다. 국제 미술 센터와 워크숍 자원 센터가 지어지지 않은 상태로 남게 될 터였지만, 건축가는 당황하지 않고 이렇게 말했다. "이 작업의 규모와 야심은 아마도 세계 유일의 문화 도시를 만들 것이다. 이는 어떤 식으로도 시간 낭비라고 볼 수 없으며, 오히려 갈리시아와 미래 세대의 복지에 진지하게 투자하는 일이다."[21]

갈리시아 문화 도시에서 작동한 정치적 책략들은 발렌시아의 예술 과학 도시를 둘러싼 책략들에 비하면 얌전한 것이었다. 이번에는 스페인 건축가들이 최전선에 나섰다. 1989년에 발렌시아 자치 정부 지사였던 (스페인 사회노동당 소속의) 조안 레르마(Joan Lerma)는 파리에 신축된 과학 산업 도시(Cité des Sciences et de l'Industrie)를 방문하고는 과학자 안토니오 텐 로스(Antonio Ten Ros)에게 발렌시아를 위한 과학 기술 도시 제안서를 작성해달라고 의뢰했다. 이와 같은 취지로 산티아고 칼라트라바와 펠릭스 칸델라가 설계한 프로젝트가 1991년 지역 정부에 제안되었는데, 이때 보수당인 국민당은 그 안이 '사회주의자들의 자아를 부풀린다고' 비판했지만 결국 그들이 집권하고 나서는 훨씬 더 야심찬 형태로 그 안을 포용했다.

처음 기획된 지 20년이 지나 완공된 이 단지는 결국 아이맥스 영화관과 천문관, 쌍방향 소통 과학박물관, 노천 해양 공원, 오페라 하우스, 공연 예술 센터, 유개 광장을 수용하는 단지가 되었다. 하지만 여전히 심각한 문제가 남아 있었다. 과학박물관은 화재 대피로나 장애인용 승강기가 없이 지어졌고, 오페라 하우스는 150석에서 시야가 막힌 데다 개관한 지 얼마 안 되어 그 외피에 주름이 가기 시작했다. 이 명백한 결함들에 더해 6억 유로 가량의 비용 초과까지 일어나자,

좌익 정당 에스케라 우니다(Esquerra Unida)의 발렌시아 지부는 '칼라트라바가 당신의 피를 말리게 한다(Calatravatelaclava)' *는 이름의 웹 사이트를 만들었다.22 칼라트라바가 소송을 걸어 3만 유로의 배상금을 청구하고 나서야 이 웹 사이트는 사라졌다. 법원은 그 사이트의 이름이 불필요하게 '모욕적이고 비하적'이라고 판결했지만, 이 판결은 거의 즉시 '칼라트라바는 우리를 침묵시키지 못한다(Calatrava no nos calla)'는 이름의 새로운 사이트를 활성화시키는 촉매제가 되었을 뿐이다.23

판결 이후 얼마 안 된 시점에 칼라트라바는 훗날 미국 대통령 도널드 트럼프에 필적할 음모론을 꺼내 들었다. "그것은 공산주의자들의 정치적 공작이다. 그들은 그라나다의 알람브라 궁전을 공격하지 않는다. 그들은 산티아고데콤포스텔라의 성당도 공격하지 않는다. 그들은 마드리드의 프라도 미술관도 공격하지 않는다."24

여기서 놓칠 수 없는 아이러니가 있다. 칼라트라바는 심지어 프랭크 게리보다도 더 세계적인 브랜드인데, 그는 세계가 스페인에 미치는 영향만큼 스페인이 세계에 미치는 영향을 거의 단독으로 확신시켜준 건축가다. 칼라트라바는 (일부 도시만 거명하자면) 뉴욕시와 토론토, 리옹, 바젤, 베를린, 말뫼, 달라스, 리우, 두바이, 예루살렘 등에서 건물을 지어 왔다. 만약 빌바오 효과에 누군가의 이름을 붙일 수 있다면, 그것은 게리가 아니라 칼라트라바이리라. 하지만 빌바오 구겐하임 미술관이 개관한 지 15년 후 이 스페인 건축가는 발렌시아에서 행해진 자기 작업에 대한 공격을 자신의 굳건한 거점이라 여기는 스페인 전통에 대한 공격으로 보았다. 세간의 이목을 끄는 값비싼 아이콘적 공공 건축을 둘러싼 논쟁은 그렇게 스페인만의 문제가 되어 있었다. 빌바오 효과는 생각보다 덜 세계적인지도 모른다.

* '칼라트라바의 프로젝트가 혈세를 탕진한다'는 뜻

빌바오 이후의 건축

"가장 광대한 형태의 예술은 세계에 진정한 변화를 일으킬 수 있다!" 이 예언적인 구절은 구겐하임의 창립 헌장에 나오는 말이다. 빌바오 이후의 건축에 대해서도 이와 같이 말할 수 있는지는 의심스럽다. 미술관 건축은 지금껏 1990년대에 시작된 미술관 호황의 궤적을 면밀히 따라왔다. 당시에는 미술계의 인지도를 끌어올렸다가 새 천년에 들어 증발하더니 2008년 이후에는 아무것도 남지 않았다. 이 둘의 운명은 내밀하게 결속되어 있는 듯하다. 그 관계를 즐긴 건축가들도 있었고, 반대로 그걸 혐오한 이들도 있었다. 프랭크 게리는 양가적인 입장을 취했는데, 어떤 경우에는 의지 충만한 예술가 역할을 하다가 또 다른 경우에는 헌신적인 장인으로 분했다. "건물에는 직선도 직각도 없다. 그건 예술성이 아니라, 정밀성일 뿐이다!"[25] 그는 〈심슨 가족(*The Simpsons*)〉에도 등장하여 자신의 창작 과정을 조롱하면서 "그걸 뒤늦게야 정말, 정말 후회한다"고 말했다.[26]

왜 건축이 예술과 경쟁해선 '안 되는가'? 이게 게리의 미술관이 취하는 중심 주제인 듯하다. 개관식에서 건물의 내부와 전시 중인 리처드 세라의 〈스네이크(*Snake*)〉가 연인처럼 꼭 닮은 데서 드러나는 주제 말이다. "예술이 경쟁할 수 없다면, 아마도 그건 그저 충분히 좋지 않은 것이리라"고 영화감독 줄리앙 슈나벨은 〈프랭크 게리의 스케치(*Sketches of Frank Gehry*)〉라는 다큐 영화에서 말했다. 그의 말은 "예술가들은 자신의 상상력을 발휘하여 자기만의 것을 다른 사람들이 활용하도록 영감을 줄 수 있다"는 머샴의 말을 상기시킨다. 여기서 예술가는 게리를 말한다. 그리고 "게리의 언어는 건축이지, 말이 아니다." 예술처럼 건축은 자기 나름대로 존재하고, 그렇기에 설명되지 않은 채로 남을 권리를 보유한다.

건축이 예술이냐 아니냐에 관한 논쟁은 결론을 내리기 힘든 만큼 오래된 사안이며, 거의 개입할 가치가 없는 논쟁이기도 하다. 하지만 1990년대와 2000년대의 미술관 호황이 보여준 한 가지가 있다면, 그것은 미술관이 그 내부의 예술이 없이는 생존할 수 없다는 사실이다. 미술관 건축의 자율성은 그것이 수용하는 예술만큼만 확보될 뿐이다. 결국 예술과 건축은 매우 다른 상업적 현실 속에 있다. 기록적인 경매 가치는 제쳐두더라도, "예술의 가치"는 늘 막연하게 남아 있을 것이다. 가치 명제로 보자면, 건축은 매우 다른 역학 관계에 종속된다. 예술이 가치에 '반항' 하는 곳에서, 건축은 그것을 '전달' 해야 한다.

프랭크 게리나 다른 어떤 건축가가 건축이 예술과 같다고 생각하는지 여부는 결국 하나도 중요하지 않다. 요점은 양쪽에 걸리는 '기대' 가 다르다는 데에 있다. 예술은 면책 조항과 함께 경제 사이클에 진입하고, 그런 게 예술이라고 스스로 선포한다. 하지만 건축은 건물의 기능, 그것이 도시에 주는 효과, 여론 등의 의무 조항을 새기지 않고는 절대로 그 사이클에 진입할 수 없다. 이런 의무 조항이 상업적 관점에서 더 많이 측정 가능해질수록, 그것은 더 불가피해진다. 숫자에 관해서라면, 건축은 책임을 추궁받을 수 있다는 점이 예술과 절대적으로 다르다. 예술과 건축이 맺은 궁극의 충절이었던 빌바오 효과는 아이러니하게도 그런 차이를 더 악화시켜왔을 뿐이다.

빌바오 구겐하임 미술관이 최초의 아이콘적 건물은 아니었다. 하지만 그것은 경제적 파생 효과를 측정할 수 있다는 점에서 인정받은 최초의 건물이었다. 그리고 그게 건축가들의 지위를 거의 신격화하는 수준으로 끌어올렸을지라도, 장기적으로는 해로운 결과로 판명되었다. 구겐하임 이후의 건축은 결코 그전과 같지 않았다. 단 하나의 건물이 모든 기대에 반항한 이후 남은 것은 오직 건축의 모든 것에 반항하길 바라는 기대뿐이었다. 경제적 성공이 건축의 질을 측정하는 척도가 되었고, 건축은 그 척도에 스스로 적응하는 수밖에 없었다. 건축은 그것이 하지 않은 약속들에 빚진 자신을 발견했고, 결국 그 빚을 갚을 수 없었다. 빌바오 이후의 야심찬 미술관 프로젝트들은 불가피한 실패가 기다리고 있었고, 실제로 실패했다. 뉴욕과 아부다비, 헬싱키, 타이중, 리우데자네이루에서. 결국에는 구겐하임 스스로도 그것의 성공을 재현할 수 없었다.

빌바오는 시간 속의 균열을 표시한다. 그 '이전' 의 시간—건축의 변혁적인 힘을 깨닫지 못했던 시절—이 있고, 그 '이후' 의 시간—이제 건축에 그런 힘이 있음을 깨달았다고 추정되는 시절—이 있다. 빌바오 효과를 입증하는 가장 중요한 보고서인 KPMG* 보고서는 효과가 '있었다' 고 주장하는 게 유리할 수밖에

* 기업 경영 전반의 서비스를 제공하는 세계적인 4대 회계 법인 중 하나

없는 구겐하임이 직접 의뢰한 것이었다.[27] 이 보고서의 결론은 지금까지 변하지 않았고, 아울러 건축이 성취할 수 있는 것에 대한 인식도 그렇게 유지된다.

빌바오 이후의 세계는 결코 그전과 같은 방식으로 건축을 바라볼 수 없을 것이다. 구겐하임에 대한 KPMG 보고서의 영향으로 2013년 시드니 오페라 하우스의 경제 효과에 대한 딜로이트*의 유사한 보고서가 나왔을 때도, 우리는 그 말을 따르는 수밖에 없었다. 개관 이후 40년째에 이른 그 건물이 호주 경제에 미화로 연간 7억 7,500만 달러를 기여해왔고, 그에 걸맞은 8,439개의 정규직 일자리를 지원했으며, 호주에 기여한 총 가치는 미화 46억 달러에 달한다는 게 그 보고서의 결론이었다. 시드니 오페라 하우스는 그저 시드니의 이미지만 바꾼 게 아니라, 호주 대륙 전체에 영향을 줬다고 한다. 이제 건축가들의 미래는 어찌되는 것인가?

후기

필립 존슨은 2005년에 사망했다. 〈찰리 로즈〉는 2017년 로즈의 미투 혐의로 PBS에서 퇴출되었고, 프랭크 게리는 수많은 시도를 했음에도 아직껏 또 하나의 구겐하임 프로젝트를 짓지 못했다. 그 와중에도 빌바오시는 계속 진전했다. 2008년 금융 위기를 극복했고, 시민들의 평균적인 부가 스페인 전체 평균을 넘어섰으며, 바스크 분리 독립운동은 무장을 해제했다. 빌바오시장은 세계 시장상(World Mayor Prize)을 받았고, 미슐랭 별점을 획득한 레스토랑 18곳이 도시를 수놓고 있으며, 프로 축구 클럽 아틀레틱 빌바오(Athletic Bilbao)는 바르셀로나를 이기고 스페인 컵 우승을 차지했다. 효과가 있든 없든, 빌바오는 그저 잘 하고 있는 거로 보인다.

* Deloitte: 영국의 다국적 컨설팅 그룹

높이 828미터 이상에 160층이 넘는 **부르즈 할리파(Burj Khalifa, 두바이, 2010)**는 **세계 최고층 건물**로, 엠파이어스테이트 빌딩의 2배이자 에펠탑의 거의 3배 크기다. 부르즈 할리파는 세계에서 가장 높은 점유층(occupied floor)과 세계에서 가장 높은 실외 전망대를 보유하고 있으며, 세계에서 이동 거리가 가장 긴 승강기를 자랑한다. 세계에서 가장 높은 서비스 승강기를 장착했고, 세계에서 가장 높은 LED 발광 파사드와 가장 큰 LED 발광 파사드를 보유하고 있다.[1] 기네스북에서 부르즈 할리파는 또 하나의 극단적인 집합과도 연관되는데, 손으로 잘라낸 유리 패널 26,000개로 이루어진 외피, 건물 상단에서 하단까지 청소하는 데 걸리는 3개월이라는 시간, 건물에서 만들어낸 역사상 가장 높은 불꽃놀이, 건물에서 뛰어내리는 가장 높은 낙하산 점프, 자전거로 건물을 오르는 데 걸리는 가장 빠른 시간을 자랑한다. 부르즈 할리파는 2007년 타이페이 101을 제치고 세계 최고층 건물이 되었는데, 타이페이 101은 지금껏 **최고층 쌍둥이 타워**로 기록되고 있는 **페트로나스 트윈 타워(Petronas Twin Towers, 쿠알라룸푸르, 1996)**를 2004년에 제치고 최고층 건물로 기록되었었다. 최근 맨해튼의 억만장자 거리에 완공된 스타인웨이 타워(Steinway Tower, 뉴욕시, 2022)는 현재 세계에서 가장 가느다란 마천루로 두각을 나타낸다. 1,428피트 높이의 91층 건물인 스타인웨이 타워는 층별로 하나의 숙소만 있고, 높이가 폭의 24배다.[2] 싱가포르의 **클레멘트 캐노피 빌딩(Clement Canopy buildings, 2019)**은 모듈 구조를 활용한 최고층 건물로 기록되어 있다. 459피트 높이에 각각 40개 층으로 된 타워 두 개로 이루어진 클레멘트 캐노피는 지금껏 콘크리트 모듈로 지어진 것 중에서 가장 높은 타워 프로젝트로서, 1,899개의 공장 제조 모듈로 고급 주거 아파트 505세대를 수용한다.[3] **미니 스카이 시티(Mini Sky City, 창사, 2015)**는 **가장 빨리 건설된 고층 건물**로 기록되어 있다. 건물의 모듈 2,736개를 넉 달 반 동안 사전 제작한 뒤 하루에 3개 층씩 올려 57층짜리 마천루를 조립했는데, 총 건설 시간이 3주가 채 되지 않아 건설업계에서 기록된 사례 중 가장 빠른 속도를 자랑한다.[4] 분당 1,260미터의 정격 속도로 1층부터 95층까지 약 42초 만에 이동시키는 **광저우 CTF 파이낸스 센터(Guangzhou CTF Finance Centre, 광둥, 2009)**는 **세계에서 가장 빠른 승강기가 있는 마천루**라는 공식 기네스 세계 기록을 갖고 있다.[5] **메모리얼 네크로폴 에큐메니카(Memorial Necropole Ecumenica, 산투스, 1983)**는 '보다 개인적이고 사적인 방식으로 자기들의 유산을 보존하고 싶어 하는 가족들을 위한' 지하 납골당, 예배실, 화장장, 묘를 갖춘 **세계 최고층 수직 공동묘지**다. 경내에는 폭포가 있는 열대 정원, 전망이 내려다보이는 작은 옥상 카페, 고전적인 자동차 박물관도 있다.[6] **성가정 대성당(La Sagrada Familia Basilica, 바르셀로나)**은 **세계 최고층 교회 건물**이 될 것이다. 3개의 입면 각각을 따라 배치된 4개의 타워는 12사도를 나타내고, 또 다른 4개의 타워는 4대 복음서가를 나타낸다. 이 타워들이 모두 지어지면, 예수 그리스도에게 헌정될 170미터 높이의 가장 큰 타워를 둘러싼 형태가 될 것이다.[7] 478미터 높이의 **가장 높은 유리 바닥 전망대**는 **롯데월드 타워(Lotte World Tower, 서울, 2017)**[8]에 있다. **핑안 파이낸스 센터(Ping An Finance Center, 선전, 2019)**는 547.60미터 높이의 **가장 높은 유리 바닥 캔틸레버 전망대**를 보유하고 있는데, 45밀리미터 두께의 유리 바닥으로 제곱미터 당 500킬로그램 이상을 지지할 수 있다.[9] **에펠탑(Eiffel Tower, 파리, 1889)**은 대중에 처음 공개될 당시 **세계 최고층 구조물**이었는데 그 이전의 최고층 구조물이었던 555피트의 워싱턴 기념비보다 높이가 거의 두 배에 달하며, 1930년에 1,046피트 높이의 뉴욕 크라이슬러 빌딩에 그 자리를 내줬다. 에펠탑이 1957년에 안테나 하나를 더 달아서 다시 크라이슬러 빌딩보다 높아지긴 했지만, 여전히 엠파이어스테이트 빌딩이라는 또 다른 뉴욕 마천루보다는 낮은 상황이었다.[10] 부르즈 할리파도 언젠가는 총 높이 1,008미터에 168개 층을 포함하게 될 **킹덤 타워(Kingdom Tower, 제다)**에 세계 최고층 건물이라는 지위를 내줄 수밖에 없을 것이다. 길이 1,640피트에 폭 1,312피트인 **신세기 글로벌 센터(New Century Global Center, 청두, 2013)**는 **세계 최대의 연면적을 보유한 건물**로, 시드니의 전설적인 오페라 하우스보다 크기가 20배에 달하며 바티칸 시티의 4배 크기, 펜타곤의 3배 크기를 자랑한다. 420에이커의 바닥 공간은 거의 모나코의 면적(499에이커)에 맞먹는다.[11] **보잉 에버렛 팩토리(Boeing Everett Factory, 에버렛, 1967)**는 **세계 최대의 용적을 보유한 건물**이다. 보잉사가 설계한 에버렛 팩토리에서는 747, 767, 777, 787 드림라이너와 747-8 비행기와 대중적인 777X 비행기를 생산한다. 이 건물은 98.3에이커가 넘는 면적에 4억 7,200만 세제곱피트의 공간을 에워싸고 있으며, 매년 수천만 명이 방문한다.[12] 스티브 잡스가 창조성과 협력을 위한 센터로 구상한 **애플 파크(Apple Park, 쿠퍼티노, 2017)**는 수 마일에 걸쳐 확산한 아스팔트 지대를 산타클라라 밸리 중심부의 녹지 공간으로 바꾸고 있다. 280만 제곱피트 넓이의 순환 고리형 캠퍼스는 **자연 환기가 되는 세계 최대의 건물**로서 연중 9개월간은 어떤 냉난방도 필요 없을 것으로 추정되며, **세계에서 가장 큰 곡면 유리 패널을 활용한 건물**이기도 하다. 2만 제곱미터에 걸쳐 이어지는 **트로피칼리아(Tropicalia, 프랑스 오팔 해변, 2024)**는 **세계 최대의 단일 반구형 온실**이 될 것이다. 에너지를 스스로 충당하는 이 거대한 구조물은 2024년에 완공될 예정이다.[13] 미화 370만 달러 이상의 비용이 든 **MGM 코타이(MGM Cotai, 마카오, 2019)**는 테니스장 30개 넓이에 맞먹는 8,0731.1제곱미터를 덮는 **최대 자유 경간의 격자 셸 지붕을 갖춘 건물**이다.[14] 표면적이 3,947.22제곱미터인 **알 로스타마니 메이즈 타워(Al Rostamani Maze Tower (Dubai, 2012)**의 정면은 **세계 최대의 수직 미로**다.[15] 인도 최고 부자(그리고 『포브스(Forbes)』에서 4위로 기록된 부자)인 무케시 암바니를 위해 약 10억 달러로 지어진 **안틸리아 레지던스(Antilia Residence, 뭄바이, 2010)**는 높이 568피트에 27개 층, 총면적 398,000제곱피트 이상의 생활 공간을 자랑하는 **세계 최대 규모의 가정집**이다.[16] **3차원 인쇄 기술로 만든 세계 최대의 건물**은 **두바이(2019)**에 있는데, 이 건물은 높이가

9.5미터고 면적은 640제곱미터다.[17] 세계에서 **가장 긴 건물**은 **프로라(Prora, 루겐, 1939)**다. 1936년부터 1939년까지 지어진 프로라는 서로 연결된 몇 개의 동일한 6층짜리 건물로 구성되는데, 이 건물들을 모두 합치면 길이가 4.5킬로미터에 달한다. 독일 노동 전선의 수장 로베르트 라이(Robert Ley)는 영국 해양 리조트 체인인 버틀린스(Butlin' s)에서 받은 영감을 바탕으로 나치의 '기쁨으로 힘을' 이라는 프로그램의 맥락에서 일반 노동자에게 저렴한 가격의 휴가를 제공하는 수단으로서 프로라를 구상했다.[18] 진핑산 정상에서 2,400미터 밑에는 **세계에서 가장 깊은 지하 실험실**인 **중국 진핑 지하 실험실(China Jinping Underground Laboratory, 쓰촨, 2015)**이 있다. 우주방사선이 관통하는 걸 막아주는 두터운 암석 차폐막에 끼워져 있는 이 실험실은, 우주 만물의 약 85%를 구성한다고 여겨지지만 포착하기 힘든 물질인 '암흑 물질(Dark Matter)' 에 관한 연구를 수행할 수 있다. 이곳의 복잡한 터널 시스템은 공간 활용을 극대화하고 외기의 개입 없이 연구를 진행할 수 있게 해준다.[19] 기존 지반면에서 310피트 아래에 있는 **세일즈포스 타워(Salesforce Tower, 샌프란시스코, 2018)**는 **세계에서 가장 깊은 기초가 있는 건물**이다.[20] 60.02미터라는 믿을 수 없는 깊이에 있는 **딥 다이브 두바이(Deep Dive Dubai, 두바이, 2021)**는 세계에서 가장 깊은 수영장으로서 1,400만 리터의 물을 담아내며, 그 크기는 올림픽 규모의 수영장 6개에 달한다.[21] **세계에서 가장 무거운 건물**은 70만 톤의 철과 청동에 백만 세제곱미터의 대리석과 3,500톤의 크리스털 유리, 90만 제곱미터의 목재를 결합하여 건설한 **의회 궁전(Palace of the parliament, 부쿠레슈티, 1984)**이다.[22] 미화 150억 달러의 건설비가 든 **아브라즈 알 바이트(Abraj Al Bait, 메카, 2012)**는 마카 로열 클락 타워(Makkah Royal Clock Tower)라고도 불리며, **세계에서 가장 비싼 건물**이다. 높이가 601미터인 아브라즈 알 바이트는 세계에서 가장 높은 호텔이며, 150만 제곱미터의 연면적으로 10만 명을 수용한다. 이 건물은 530미터 높이에 직경 43미터의 **세계에서 가장 높고 큰 시계**가 달려 있는데, 이 시계는 30킬로미터 밖에서만 보인다고 한다. 이 시계탑의 상부를 차지하는 23미터 높이의 초승달 구조물은 유리섬유로 채운 위금(僞金)으로 구성되었다.[23] **베네치안 리조트(Venetian Resort, 라스베이거스, 1999)**는 **유광 대리석 타일을 깐 바닥 면적이 가장 넓은 건물**이다. 이탈리아와 스페인에서 운송된 크림색, 갈색, 검정색 대리석 타일들이 테니스장 535개에 달하는 139,354제곱미터 넓이의 바닥 면적을 덮는다. **웨스트 에드먼턴 몰(West Edmonton Mall, 에드먼턴, 1981)**은 **가장 많은 주차 칸**을 보유한 건물로써, 건물 자체는 2만 대의 차량을 수용하고 인접 주차장에는 추가로 자동차 10만 대 이상을 수용할 수 있는 시설이 갖춰져 있다.[24] **웸블리 경기장(Wembley Stadium, 런던, 2007)**은 **세계에서 가장 많은 화장실 칸**을 보유한 건물로, 정확히 2,618칸을 갖추고 있다. **블룸버그 유럽 본사(Bloomberg European HQ, 런던, 2017)**는 세계에서 **가장 지속 가능한 사무소 건물**이다. 포스터 앤드 파트너스가 설계한 이 사무 단지는 지금껏 모든 주요 사무소 개발 단지가 브리암(BREEAM)* 설계 단계 평가에서 획득한 점수 중 최고점인 98.5%를 기록하며 아웃스탠딩(Outstanding) 등급을 획득했다.[25] **디 에지(The Edge, 암스테르담, 2014)**는 세계에서 **가장 스마트한 사무소** 건물이다. 디 에지는 소비하는 에너지보다 더 많은 에너지를 생성하는 건물로서, 미래의 부동산에 새롭게 조명한다. 브리암 점수 99.48%를 획득한 **뉴로직 III 빌딩(NewLogic III building, 털뷔르흐, 2019)**은 세계에서 **가장 친환경적인 산업 건물**이며,[26] 세계에서 가장 친환경적인 의회는 4,560제곱미터의 태양광 밭을 의회 건물의 지붕에 설치하고 13개의 다른 생태적 프로젝트를 7백만 신셰켈(미화 180만 달러)**에 진행하는 **이스라엘 국회(Knesset, 예루살렘, 2015)**다.[27] **뉴욕(New York, 2013)**은 **인스타그램에 가장 많이 등장하는 도시**이며, **베르사유궁(the Palace of Versailles, 1661)**은 군중 투표에서 **가장 아름다운 건물**로 뽑혔다. **메디뱅크 빌딩(Medibank Building, 멜버른, 2014)**은 (비록 나중에 '그중 하나' 로 바뀌긴 했지만) **가장 건강한 직장**이다. 그 디자인은 밝은색과 곡선형 계단으로 긍정적인 업무 환경을 만들어내고, 직원들이 계속 움직이며 서로 소통하고 사무실에서 행복하게 지내도록 유도한다.[28] 하지만 **지구상에서 가장 행복한 주택은 해피 리지 하우스(Happy Rizzi House, 멜버른, 2002)**다. 이 집은 독일의 유서 깊은 고루한 동네 한복판에서 만화적 영감을 받아 지어진 반짝이는 건축의 걸작이다. 구세계적 주변 환경과 완전한 대비를 이루며 서 있는 해피 리지 하우스는 톰 톰 클럽의 1981년 데뷔 앨범 표지를 디자인한 것으로 가장 잘 알려진 뉴욕 팝 아티스트 제임스 리지(James Rizzi)와 건축가 콘라트 클로스터(Konrad Kloster)의 비전이다. 리지의 스타일을 재현하는 이 구조물들은 80년대 뮤직비디오를 연상케 하는 밝은 핑크색과 노란색, 녹색으로 채색된 낙서 같은 형상과 얼굴들로 장식되었다.[29]

* 영국 건설 연구소(Building Research Establishment)에서 실시하는 친환경 건물 평가 시스템.

** 이스라엘 통화인 신셰켈(New Israel Shekel)은 한화로 약 300원 내외에 해당하므로, 7백만 신셰켈은 약 21억 원에 해당한다.

world-class (월드클래스)

[형용사]

(영) /wɜːldˈklɑːs/ (미) /wɝːldˈklæs/

세계 최고에 속하는

예) 월드클래스 선수/공연/건물

2

공식적으로 놀라운 Officially Amazing

기네스 세계 기록 목록에 따르면, "세계에서 가장 기울어진 인공 건물(the farthest man-made leaning building in the world)"은 아부다비에 있는 캐피탈 게이트(Capital Gate)다. 이 건물은 아부다비 국립 전시 센터(Abu Dhabi National Exhibition Centre) 개발 단지의 중심 작품으로 기획된 160미터 높이의 35층짜리 건물이다. 캐피탈 게이트는 18도라는 인상적인 기울기를 자랑하는데, 이는 피사의 사탑보다 14도가 더 기운 것이다. 캐피탈 게이트의 5만 제곱미터 넓이 중 50퍼센트 이상이 가용한 바닥 공간으로 계산되는데, 말하자면 그게 "타워이기보다는 건물"이 될 자격이 있다는 뜻이다.[1] 일견 눈에 띄는 헛된 시도처럼 보이지만, 분명 언급할 가치가 충분히 있는 중요한 건물이다.

한편 "가장 기울어진 인공 타워"는 캐나다에 있는 것으로 나타나는데, 몬트리올 올림픽 경기장의 전망 타워는 45도 각도로 굽어 있다. 오직 최상단의 3개 층만 사용할 수 있기 때문에, 건물이 될 만한 기준은 충족하지 못한다.

여기서 '인공(man-made)'이라는 용어는 흥미롭다. 건물은 기본적으로 사람이 만든다는 걸 감안하면, 이 말이 제한하는 조건은 건물이 아니라 그 기울기일 수밖에 없다. 피사의 종탑은 그저 기울어진 타워이지만, 캐피탈 게이트는 '인공'으로 기울어진 타워다(건물에겐 미안하다). 양자를 가르는 차이는 그 기울어짐의 원인이 무엇인가다. 그냥 기울어진 건물들은 자연력으로 인해 그리되었지만, 인공의 기울어진 건물들은 인간의 힘과 재간으로 그리되었다. 그나저나 피사의 사탑은 기네스 세계 기록 목록에 등장하지 않는다. 세계에서 가장 기울어진 타워는 구 동독의 주르후젠에 있는 14세기 개신교 교회의 종탑인데, 이 탑은 (2007년 1월 측정 결과에 따르면) 5.1939도의 각도로 기울어져 있다.[2]

최초의 기네스 기록 목록(당시에는 기네스북)은 1955년에 출판되었다. 이 목록은 살아 있는 최장신 남자나 살아 있는 최고령 여자와 같은 기록뿐만 아니라 건물 범주도 딱 두 가지를 다루고 있었는데, 하나는 세계에서 가장 높은 마천루(당시에는 엠파이어스테이트 빌딩)였고 다른 하나는 세계에서 가장 큰 사무소 건물(당시에는 펜타곤)이었다. 2021년에 이 목록은 세계에서 가장 큰 거울 반사가 일어나는 건물, 세계에서 가장 빠른 자동화 주차 시설, 세계에서 가장 가느다란 타워, 세계에서 가장 큰 텔레비전 건물(저자의 회사가 유지한 기록), 건물 내에 있는 가장 높은 실외 인피니티 수영장, 가장 큰 별 모양 지붕, 가장 큰 신발 모양 건물, 가장 큰 새 모양 건물, 가장 큰 액자 모양 건물, 세계 최초의 인공 안개 건물까지 포함하게 되었다.

기네스 세계 기록 목록은 의미 없다고 여겨졌을 법한 노력에도 (의미 없는) 최상급의 형태로나마 유효성을 부여한다. 경쟁이 심화할수록 그 범주의 개수도 불어난다. 그래서 캐피탈 게이트도 어느새 동류 집단을 갖게 된다. 가장 대규모의 인원을 동원한 카드 형상 만들기, 자전거로 후진하며 바이올린 켜기, 가장 많은 인원이 동시에 양치질하기, 가장 많은 항공 노선에서 가져온 가장 많은 토사물 봉지 모음 등 '공식적으로 놀라운' 다른 노력들과 함께 정갈하게 순위가 매겨지면서 말이다. 이렇게 나열된 몇몇 기록들에 비추어 보면, 세계에서 가장 기울어진 건물을 만들려는 노력쯤이야 적당히 합리적인 행동으로 여겨질 수도 있겠다.

하지만 캐피탈 게이트 같은 프로젝트가 과연 얼마나 합리적인가? 물론 그것의 공학적인 설계는 인상적이고 몇몇 설계 해법은 황홀할 정도임에 의문의 여지가 없다. 돌이켜보면 이 프로젝트에 기여한 이들에게는 재량껏 쓸 수 있는 온갖 술책이 무궁무진하게 있는 듯하다. 예컨대 건물의 기울기와 반대로 균형을 맞추

* 하중에 따른 인장력이 일으킬 처짐을 막기 위해 하중의 반대 방향으로 볼록한 역처짐 형상(camber)을 미리 만든 것을 말한다. 예컨대 풍하중이나 지진 하중에 대비하여 수평 방향으로 아치 형태를 만들곤 한다.

** 하중에 대비하여 사전에 응력을 가하는 프리스트레스트 콘크리트(prestressed concrete)에 사용되는 두 방식 중 하나로, 콘크리트를 먼저 타설한 후에 강봉을 삽입하여 장력을 가하는 방식. 반대로 강봉에 먼저 장력을 가하고 콘크리트를 타설하는 방식은 프리텐셔닝(pretensioning)이라고 한다.

고자 수직에서 약간 벗어나게 타설한 역변형(precambered)* 콘크리트 코어가 서서히 제자리로 '당겨지는' 동안 건물의 나머지 부분을 짓고 비대칭적인 포스트 텐셔닝(post-tensioning)** 시스템을 통해 상태를 그대로 유지하거나 … 지하 20~30미터 깊이로 490개의 기초 파일을 박아 구조물의 하중을 지지할 뿐만 아니라 상부에 돌출한 구조가 일으키는 반대 응력들을 완화하거나 … 아니면 타워의 위쪽으로 올라갈수록 모양과 방향이 바뀌는 바닥판들이 동쪽에서 서쪽으로 옮겨가면서 '굽은 삼각형'에서 '굽은 직사각형'으로 변하게 만들거나 하는 술책들 말이다. 이 건물의 입면을 장식하는 유리판 12,500개도 동일한 것은 하나도 없다.

이 건물은 대각 격자 보들로 짜인 체계인 다이어그리드(diagrid) 구조를 전개한다. 한 번은 건물의 입면에서, 다른 한 번은 건물의 전체 하중을 줄이고자 적용된 중앙 대형 아트리움의 지지용으로 말이다. 내부의 다이어그리드는 독특한 활절(pin-jointed) 구조 부재 8개를 통해 중앙 코어와 연결되고, 다이어그리드를 이루는 강철 부재 8,250개는 모두 다른 두께와 길이, 방향을 갖는다. 다이어그리드의 결절점은 총 822개(외부 702개와 내부 120개)로, 저마다 크기도 다르고 다른 각도를 이룬다.

이런 복잡성은 제도판에서 그친 게 아니었다. 시공에 18개월을 소요한 이 프로젝트는 중간에 인피니티 수영장과 지상 100미터 높이에 매달린 레스토랑이 갑작스레 도입되었고, 완공이 한 달 남은 막바지에 이르러서도 셰이크***의 집무실로부터 옥상 간이헬기장을 추가해달라는 요청을 받는 등 점점 더 시공을 어렵게 하는 도전들에 봉착했다.[3]

왜?

캐피탈 게이트는 엔지니어링의 위업으로서 잘 기록되었고 잘 알려졌다. (그리고 세계 기록으로도 인정받았으니 더 그럴 것이다.) 다양한 언론 기사들이 등장했

*** Sheikh: 아랍 국가의 왕족에게 붙이는 존칭으로, '주군(lord/master)'을 뜻하는 말이다.

고, 건축가들은 이 프로젝트에 관한 책을 썼다. 인터넷에서도 이 노작에 관한 영상을 여럿 볼 수 있는데, 일례로 내셔널 지오그래픽은 〈메가스트럭처(Megastructures)〉의 한 에피소드에서 이 프로젝트를 다뤘다.[4] 세계에서 가장 기울어진 건물을 만들려는 노력은 늘—그리고 아마도 정당한 이유로—영웅적인 노력으로 묘사된다. 하지만 건물의 최신 엔지니어링만 (심지어 몇 번이고 계속) 강조하다 보면, 정작 확실한 답을 못 내는 초미의 문제가 남게 된다. 그것은 '왜?' 라는 질문이다.

캐피탈 게이트 프로젝트는 늘 역설에 시달릴 수밖에 없다. 그게 어떻게 실현되었는지를 우리가 더 알아갈수록, 그게 왜 실현되었는지는 더 모르게 되는 역설 말이다. 이 프로젝트는 설명할수록 불분명해지는 경향의 부류에 속한다. 그것은 '무엇' 과 '어떻게' 가 계속해서 '왜' 를 흐릿하게 만드는 프로젝트다. 문제를 더 복잡하게 하는 것은 우리의 '왜' 라는 질문을 들어줄 사람도 없어 보인다는 사실이다. 이 프로젝트를 설계한 건축 사무소인 RMJM의 웹 사이트는 프로젝트에 기여한 개인들의 목록을 제공하지 않는다. 결국 저자가 누구인지는 미스터리로 남는다. 우리는 이 건물이 '팀워크' 의 결과라고 결론 내릴 수밖에 없다.

그럼에도 불구하고, 2010년 완공 이후로 이 프로젝트에 관여해온 여러 얼굴들이 드러난 바 있다. 〈메가스트럭처〉에서는 컨셉 건축가(concept architect) 중 한 사람으로 소개된 닐 판 데르 페인(Neil van der Veen)이 이 건물을 스케치하는 장면이 나오고, RMJM의 프로젝트 리더 토니 아치볼드(Tony Archibald)는 이 건물에 대해 아주 유창하게 얘기하기 때문에 마치 이 프로젝트의 근간을 형성한 창조적 사상가처럼 보인다. 물론 이 엔지니어들은 정중히 이견을 밝힌다. 같은 다큐멘터리에서, 이 프로젝트를 맡은 RMJM의 엔지니어 모나 바사이(Mona Vasigh)는 이 건물이 그녀의 건축가 동료들이 부린 숱한 변덕을 이겨내고 실현되었다는 주장을 설득력 있게 펼친다. 그러니까 캐피탈 게이트는 영감의 결과가 아니라 두통의 결과인 셈이다. 그리고 물론 거기에는 의뢰인도 한몫했는데, 그가 바로 아부다비 국립 전시 회사(Abu Dhabi National Exhibition Company) 의장인 셰이크 술탄 빈 타흐눈 알 나흐얀(Sheikh Sultan bin Tahnoon Al Nahyan) 전하이며 RMJM의 작품은 단지 그의 비전을 논리적으로 실행한 것에 다름 아니다.

〈메가스트럭처〉가 이 건물의 저자를 은연중에 암시한다면, 두바이의 건축 사무소 U+A의 웹 사이트는 더 단호하고 분명하다. 그 사무소의 창립 파트너 중 하나이자 RMJM의 전 파트너였던 피에르 마르탱 뒤프렌(Pierre Martin Dufresne)을 캐피탈 게이트의 건축가로 명시하기 때문이다. 하지만 U+A가 2006년에 설립되었고 캐피탈 게이트는 2010년에야 완공되었으니, 뒤프렌이 이 프로젝트의 초기 단계를 넘어서 계속 관여했을 가능성은 높지 않다. (건축계에서는 어떤 프로젝트를 끝까지 감독하지 않은 사람을 그 프로젝트의 저자로 볼 수 있느냐에 대한 의견이 분분한 편이다.) 뒤프렌은 이 건물이 기획되던 시점에 RMJM의 수석 설계 건축가였던 제프 쇼필드(Jeff Schofield)가 이 프로젝트의 역사를 상세히 기술한 책인 『18도(*18°*)』의 공저자이기도 하다.

하지만 그 책이 멀리서 바라보는 거의 관찰자적인 어조로 쓰인 것을 감안하면, 이 프로젝트에 뒤프렌이 참여했다고 해서 그가 명성을 얻을 자격이 얼마나 생기는지는 의문스럽다. 어쨌든 『18도』의 혼합적 성격은 제프 쇼필드가 비평적 글쓰기를 하는 작가로서 갖는 신뢰도와 마르탱 뒤프렌이 캐피탈 게이트의 믿을 만한 건축가로서 갖는 신뢰도를 동시에 깎아내린다. 쇼필드는 RMJM에 계속 관여해오고 있기 때문이고, 뒤프렌은 그와 반대로 RMJM을 떠났기 때문이다. 〈메가스트럭처〉는 이 건물이 완공된 지 얼마 안 된 시점인 2010년 5월에 방영되었지만, 『18도』는 2016년 12월까지 출판이 되지 않았다. 이 책이 정말 제대로 기록하기 위한 진지한 시도인지 아니면 그저 묵은 한을 뒤늦게 푼 사례인지는 여전히 미해결된 질문으로 남아 있다.

이에 못지않게 뒤프렌이 이 건물의 저자라고 보기 어렵게 하는 것은 그 책이 취하는 영감의 원천이다. 다수의 저자와 함께 다수의 공상이 딸려 나오기 때문이다. 쇼필드에 따르면, "이 건물의 형태는 나선형으로 소용돌이치는 모래를 나타내고, 인접한 특별관람석 위로 뻗어 건물의 한쪽 편에서 상승하는 일명 '스플래시(splash)'라고 불리는 곡면 캐노피는 이 건물이 물과 친하고 그 도시가 해상 생활의 유산을 지니고 있음을 반영하는 물결 같은 효과를 만들어낸다." 하지만 이게 전부가 아니다. "캐피탈 게이트는 아부다비의 가장 역사적인 건물 중 하나인 국경일 관람석(National Day Grandstand)과 통합함으로써, 아부다비의 개발 접근법이 취하는 특징인 전통과 현대 간의 유대를 강조한다."[5]

쇼필드와 함께 책을 쓴 뒤프렌의 웹 사이트는 이와 다른 설명을 제시한다. "이 디자인의 색다른 유기적 형태는 기본적으로 배의 선체가 물결을 가른다는 비유적인 해석에서 영감을 받았다. 바다와 해상 교통은 아랍에미리트 연합국의 개발에서 필수적인 역할을 담당한다. (…) 이 건축 전반에 걸쳐서 에너지와 유동성과 역동성이 바다의 개념을 보완한다."[6] 한편 닐 판 데르 페인의 설명은 짧은 타협안을 채택한 듯하다. "우리는 자연 리듬의 역동적이고도 유동적인 유형인 이 바람과 물이라는 개념을 채택하고 이렇게 말했다. 그것들을 시간 속에서 어떻게 담아낼 수 있을까?"

지속 가능성

캐피탈 게이트는 자연스럽게 지속 가능성의 대의에 헌신한다. 금속 메시 차양, 이중 외피 입면, 고성능 유리창, 지하실의 녹화 지붕, 절수형 급수전, 지역 냉방, 인버터(가변 속도) 에어컨, 환기용 열 교환 시스템, 에너지 모니터링과 제어 등 지속 가능성의 모든 특징을 담아낸다. 입면의 저방사 유리(low emissivity glass)는 건물의 실내를 시원하게 유지하고, 눈부심을 없애면서 투명성을 유지한다. 이 건물에서 가장 눈에 띄는 요소인 '스플래시'는 태양열이 건물에 도달하기 전에 그것의 30%를 제거한다고 하며, 이로써 에어컨 공조 부하를 줄이고 지상층 주출입구에 그늘을 제공한다. 2012년 『세계 초고층 도시 건축 학회 저널(*CTBUH Journal*)』에 실린 이 프로젝트의 사례 연구는 역시 또 (그새 RMJM 동인[associate]의 직급으로 승진한) 제프 쇼필드가 저자였는데, 건물을 가늘게 만들수록 더 지속 가능하다는 강력한 주장까지 한다. "이 건물의 유기적 형상은 가느다란데도 건설 자재를 절약하는 역할을 완벽하게 수행하기도 한다. 그것의 둥근 형태는 직각 형태보다 바람에 대한 저항이 작아서 수평 하중을 견딜 구조를 덜 필요로 하게 된다. 둥근 외주부는 직사각형보다 더 효율적으로 공간을 감싸서 동일 면적의 전형적인 바닥판보다 입면을 덜 필요로 하게 된다." 아마도 결론은 구조와 입면에 필요한 재료가 더 적다는 것이리라. 이는 탄소 함량과 내재 에너지 비율이 높은 재료들인 콘크리트와 강철과 유리를 적게 쓴다는 뜻이다.[7]

아마 이 모든 게 사실일 것이다. 하지만 초미의 문제가 남아 있다. 만약 건물이 직선으로 올라갔다면 그 수치들은 어떻게 달라졌을까? 그 경우 탄소에 굶주린 강철과 콘크리트가 얼마나 많이 절약되었을까? 진실인즉, 우리는 절대 그걸 알지 못할 것이다. 건물의 지속 가능성에 대한 평가는 대개 사후 평가로 이루어진다. 최선의 경우라면 그런 평가가 설계 과정의 나중 단계에서 '최적화'로 이어질 수는 있겠다. 하지만 어떤 경우에도 우리는 가설적 대안과의 비교 시점을 훌쩍 지나친 상태에 있다.

캐피탈 게이트의 지속 가능성에 대한 주장은 많은 건물에서 그렇듯이 사후적인 생각에 불과할 수밖에 없다. 그 눈부신 엔지니어링에도 불구하고 캐피탈 게이트의 기울기가 단지 꾸며낸 역경에 도전하는 곡예 행위라는, 말하자면 존재하지 않는 문제에 대한 허식적인 해법이라는 느낌을 지우기 어렵다. 이 프로젝트에 대한 셰이크 술탄 빈 타흐눈 알 나흐얀의 수사법은 많은 것을 말해준다. "캐피탈 게이트는 아부다비를 위한 랜드마크의 개발이며, 이렇게 인식되는 타워는 세계에서 가장 위대한 건물의 대열에 선다. 그것은 아부다비 토후국의 미래에 말을 거는 상징적인 건물이다."[8]

인접한 토후국인 두바이는 이미 세계에서 가장 높은 마천루를 세웠기 때문에, 아부다비로서는 더 크거나 높은 걸 만드는 게 아니라 건축의 규칙에 도전하는 게 관건이다. 아니나 다를까 의뢰인과 건축가의 동기가 완벽하게 일치했다. RMJM 두바이 지부의 대표 닐 판 데르 페인은 이 프로젝트의 동기를 이렇게 설명한다. "우리는 한계를 밀어붙이고 싶었고, 우리가 뭘 할 수 있는지를 세계에 보여주고 싶었다. 그리고 그게 이 건물이 상징하는 바이며, 이 건물이 도시의 아이콘이 된 이유다. 그것은 문헌에도, 브로슈어에도, 관광 정보에도 활용된다."[9]

아이콘병

결국 건축가는 (그가 건축가라면) 분명해지고 이 프로젝트 이면의 진정한 동기가 드러난다. 건물이 아니라 '아이콘'을 짓겠다는 것이다. 궁금해진다. 둘은 무슨 차이일까? 건물은 언제 아이콘이 '되는가'? 『옥스퍼드 영어 사전』에서는 '아이콘(icon)'을 대표적 상징으로 여겨지거나 숭배할 가치가 있다고 여겨지는 사람 또는 사물로 정의한다. 하지만 무엇이 건물을 상징으로 만드는가? 건물에 관한 무엇이 숭배를 고취하는가? 그리고 누가 숭배하는 것인가?

2019년에 생성된 한 위키피디아 페이지는 건축 아이콘(architectural icon)들을 다루면서 사례가 될 만한 건물들을 모조리 모아 나열한다. 가장 오래된 예는 파르테논(기원전 5세기)이며, 최근의 예는 위르겐 마이어(Jürgen Mayer)의 메트로폴 파라솔(세비야, 2011)이다. 다른 건물들로는 시드니 오페라 하우스와 가우디의 성가정 대성당, 르 코르뷔지에의 롱샹 성당, 빌바오 구겐하임 미술관, 헤르초크와 드 뫼롱의 버즈 네스트(Bird's Nest), 베를린 필하모닉 홀, 그리고 부르즈 알 아랍(두바이) 등이 있다.

이 목록에는 세계에서 가장 기울어진 인공 건물인 캐피탈 게이트나 그 건물의 선구자인 피사의 사탑은 없다. 이 목록에서는 오직 제한된 소수의 건물만이 (측정 가능한) 보잘것없는 기록을 자랑할 뿐이다. 판테온은 1,700년 넘게 세계에서 가장 큰 돔이 있는 건물이었다. 조지프 팩스턴의 수정궁(1851)은 당대에 가장 큰 강철 모듈과 유리로 시공된 구조물이었다. 1967년 몬트리올 엑스포의 미국관은 세계에서 가장 큰 생물권 돔이(었)고, 마이어의 메트로폴 파라솔은 세계에서 가장 큰 목구조다.

건물이 아이콘이 되기 위한 가장 입증된 방법은 단연코 높이에서 기록을 내는 것이다. 그 기록이 더 오래갈수록 더 쉽게 아이콘이 된다. 에펠탑은 1889년에 건립된 이후 41년간 세계에서 가장 높은 구조물로 남아 있었다. 1995년에 지어진 동방명주(Oriental Pearl Tower)는 중국에서 가장 높은 구조물이었다가 2007년 상하이 세계금융센터에 그 지위를 내줬다. 그리고 부르즈 할리파도 언젠가는 총 높이 1,008미터에 168개 층을 포함하게 될 킹덤 타워(제다)에 현존하는 세계 최고층 건물이라는 지위를 내줄 수밖에 없을 것이다.

우리가 지금 '아이콘'으로 거론하는 사례들 가운데 얼마나 많은 건물이 그런 단어를 염두에 두고 기획되었는지는 의문이다. 'icon'이라는 용어가 영어에서 처음 사용되었다고 알려진 때는 1572년으로 거슬러 올라가며, 그 유래는 'eikon'이라는 그리스어에서 왔다. 당시 이 말은 비잔틴 교회나 다른 동방 교회에서 대개는 목판에 그려 의례에 활용했던 그리스도나 또 다른 성인의 성화(聖畵)를 의미했다. 건물을 지칭한 용례는 좀처럼 찾아보기 힘들다. 구글 말뭉치에서 이용 가능한 인쇄된 출처에서 한 용어가 사용되는 빈도를 차트로 표시해주는 구글 엔그램 뷰어(Ngram Viewer)에 따르면, '아이콘적 건물(iconic building)'과 '아이콘적 건축(iconic architecture)' 같은 용어들은 1980년대 초부터 실제로 쓰이기 시작했고 2000년대 초를 지나면서 급속히 용례가 늘어났다. 그때는 모든 국가와 모든 도시가 세계적 인정을 갈구하는 경쟁 속에서 아이콘을 원한 시절이었다.

"아이콘병(Iconitis)은 어디에나 있는 질병이다"라고 건축 비평가 찰스 젱크스는 말했다. 아이콘적 건물에 관한 이론을 제시한 최초의 인물 중 하나인 그는 2005년 출판된 『아이콘적 건물: 수수께끼의 힘(*The Iconic Building: The Power of Enigma*)』에서 1960년대 움베르토 에코와 롤랑 바르트의 글쓰기 정신으로 기호론적 관점에서 아이콘적 건물을 살펴본다. 그러면서 '성공적인' 아이콘은 수수께끼 같은 기표를 보유하고, 이미지 속에 코드화된 다수의 은유에 의존한다고 주장한다. 두 가지 사례로 르 코르뷔지에의 롱샹 성당과 게리의 빌바오 구겐하임 미술관이 있다. 하지만 실패한 사례는 이보다 더 많은데, 예컨대 이오 밍 페이의 루브르 박물관 피라미드 출입구와 원 월드트레이드센터(One World Trade Center)는 한 줄짜리 문구로 환원되어버린 아이콘들이다.

한 줄짜리 문구에 대한 비유는 흥미롭다. 이는 알게 모르게 아이콘이 기록 수립과 갖는 양가적 관계를 조명하기도 한다. 경신되는 기록은 궁극적인 한 줄짜리 문구다. 젱크스의 이론으로 생각해보자면, '나쁜' 아이콘은 기록을 추구하고 '성공적인' 아이콘은 그러지 않는다. 그리고 젱크스의 이론에서뿐만 아니라, 나쁜 것은 좋은 것을 수적으로 크게 압도한다. '아이콘적 기록들'의 확산은 많은 걸 말해준다. 세계에서 가장 높거나 큰 건물뿐만 아니라 가장 높은 쌍둥이 타워,

세계에서 가장 가느다란 마천루, 자연 환기가 되는 가장 큰 건물, 가장 큰 곡면 유리 패널을 활용한 건물, 3차원 인쇄 기술로 만든 세계 최대의 건물, 가장 많은 화장실 칸을 보유한 건물, 인스타그램에 가장 많이 등장하는 건물, 가장 높은 미사용 건물도 있다. 이 목록은 의미 없이 길게 계속 이어진다. 더 이상 어떤 하나의 범주 속에서 기록을 내려고 다투는 경쟁 개념은 없다. 하지만 이런 기록들의 범주 사이에서도 결국 경쟁은 일어나게 된다.

시드니 오페라 하우스, 퐁피두 또는 구겐하임 … 젱크스가 '성공적인' 아이콘이라고 이름 붙인 건물들은 대부분 공공건물이지만, '나쁜' 아이콘은 대체로 민간 부문의 건물이다. 민간 부문에서는 경쟁이 일상적이며 경제국, 특히 신흥 경제국들은 스카이라인의 형태로 자신을 구현하려는 경향이 있으며 그중 가장 눈에 띄는 요소가 고층 건물이다. 높이나 크기 또는 다른 측정 가능한 특징들의 관점에서 경쟁해온 게 대부분 민간 부문에서 생산된 '아이콘'들이라는 사실은 좀처럼 놀랍지 않다. 한편 이런 종류의 아이콘들이 2008년 금융 위기 이후로 생산되지 않고 있다는 사실은 인상적이다. 위키피디아의 아이콘 목록에 실린 마지막 두 프로젝트인 부르즈 할리파와 메트로폴 파라솔은 각각 2010년과 2011년에 완공되긴 했지만 둘 다 2008년 이전에 (각각 2004년과 2005년에) 의뢰를 받아 착수된 프로젝트였다. 캐피탈 게이트도 그랬다. 부르즈 할리파를 이어 지구상에서 가장 높은 건물이 될 제다의 킹덤 타워는 오늘날까지 미완성이다.

공공 부문과 민간 부문의 아이콘들이 구분되지만, 가장 호화로운 궁극의 아이콘들은 양자 간에 결정적으로 모호한 경계가 존재하는 맥락 속에서 등장하는 듯하다. 대부분의 아이콘이, 그리고 특히 신기록을 수립하는 범주는 모호하게 권위적인 체제의 맥락에서 생산되는 게 우연일까? 전형적인 경제국에서는 민간 집단의 이익이 그들만의 사업에 대한 손익 계산에 국한되는 편이지만, 두바이나 아부다비 또는 사우디아라비아 같은 곳에서는 그렇지가 않다. 이런 경제국의 사업체들은 대체로 더 큰 지주 회사에 속해 있고, 지주 회사들은 종종 대규모 국부 펀드를 마음껏 활용할 수 있는 정부의 직접 통제 하에 있기 때문이다. 부르즈 할리파의 개발업자인 에마르(Emaar)는 대부분 두바이 왕가의 소유이고, 캐피탈 게이트의 개발업자인 아부다비 국립 전시 회사(ADNEC)는 아부다비 국부 펀드인 ㈜

아부다비 개발 지주 회사(Abu Dhabi Developmental Holding Company: ADQ)의 자회사다. 외관상 민간 기업으로 보이는 모습은 국가 이익을 위한 베일로 작동하며, 거시경제에 대한 고려를 포함하는 게 공식이다. 더 이상 어떤 건설 프로젝트의 대차대조표가 건설비와 매출 또는 임대료 수입으로만 결정되지 않으며, 한 건물이 그 도시나 국가에 배당하는 더 큰 가치—추가로 올 방문객들, 부유한 신규 주민, 다른 부동산의 늘어난 가치—가 재무제표에 포함되기 시작한다. 본전을 뽑을 건축적인 역작이나 도전적인 엔지니어링 위업과 관련된 추가 투자금은 도시나 국가 전체를 위한 수입으로 상계된다. 건설비는 비싸고 수입이 생기는 바닥 면적도 적은 캐피탈 게이트와 부르즈 할리파는 거의 경제적 의미가 없을 수도 있다. 에펠탑이나 빌바오 구겐하임 미술관은 그렇지 않았지만 말이다.

모순적으로 보일지 몰라도, 캐피탈 게이트 같은 프로젝트의 기본이 되는 합리적 근거는 바로 비합리적으로 보이는 그 특징들에서 드러난다. 이 건물이 전형적인 부동산 개발 금융 논리로는 실패작이라 하더라도, 바로 이러한 실패가 그런 논리의 한계를 입증할 뿐이다. 캐피탈 게이트는 따로 떼어놓고 볼 때만 어리석은 건축이다. 오히려 더 큰 규모에서 그 영향을 감지하기 시작하면, 아주 다른 그림이 자연스럽게 나타난다. 에펠탑이나 구겐하임에서도 그랬듯이, 이 건물의 경제성은 건물을 제외한 모든 것에 존재한다. 건물이 아니라, 그 뒤에 잇따르는 모든 게 캐피탈 게이트를 정당화해준다. 그것의 경제적 가치는 그것이 만들어내는 스펙터클에서 —그것이 존재하기 때문에— 도출된다. 논리는 다음과 같이 간단하다. "가장 기울어진 인공 건물"의 존재감이 인접한 컨벤션 센터에 프리미엄을 더하고, 인근 몰과 호텔이 북적이도록 도와주며, 에티하드 항공(Etihad Airways)을 찾는 여객의 흐름이 지속되도록 도와준다. 이 모든 요인을 결국 동일한 왕가가 소유하는 정치 시스템의 맥락에서, 캐피탈 게이트처럼 엉뚱해 보이는 모험은 갑자기 아주 현실적이고 수익성 좋은 제안이 된다. 전형적인 부동산 개발의 레이더에 잡히지 않은 돈의 흐름이 구체적으로 드러나기 시작한다. 더 큰 그림이 부분적인 금융 지분들을 지배하기 시작한다. '민간' 집단들은 국가의 권력과 권세에 기여하는 동시에 그로부터 혜택을 얻는다. 모두가 승자다. 사치는 계산이 된다.

세계 기록 수립은 이런 원리가 작동하는 여러 기제 중 하나에 불과하다. 건축은 또 하나의 기제다. 캐피탈 게이트는 건축의 이름으로, 기능적으로나 기술적으로 의미 없는 기록을 깬다. 반대로 그것은 기록을 깬다는 이유로 건축으로 등재될 뿐이다. 이 프로젝트의 서사는 완벽하게 순환적이다. 건축의 이름으로 수립한 세계 기록, 그리고 세계 기록의 이름으로 등재된 건축. '왜?' 라는 질문에 대한 결정적 대답은 '우리는 할 수 있으니까!' 다. 건축은 이것이 빠질 수 있는 극단들, 말하자면 국가와 그 행위자들이 체결한 파우스트적 약속의 핵심을 실례로 입증한다. 건축가는 '유일무이한' 창작을 함에도 불구하고 그저 다수 중 하나일 뿐이다.

'우리들'—이 직종에서 존경할 만하다고 여겨지는 부분—은 캐피탈 게이트 같은 프로젝트를 적당히 경멸적인 시선으로 바라보는 경향이 있다. 오직 온 힘을 다해 아이러니한 태도로만 취급해야 할 아이콘적인 창조물로 말이다. 집단적으로 창조된 괴물의 저자인 체하며 경쟁하는 현재와 예전의 RMJM 협력자들은 열의와 허세의 치명적인 혼합을 영속화한다. 하지만 캐피탈 게이트의 일견 난센스로 보이는 외관은 어쩔 수 없이 우리 모습을 반영한 거울상이기도 하다. 결국 이 프로젝트는 예를 들어 토머스 헤더윅(Thomas Heatherwick)이 허드슨 야즈에 설계한 베셀(Vessel)과, 데이비드 아자예가 뉴욕시 11번로 418번지에 설계한 타워와, 또는 BIG의 밴쿠버 하우스나 심지어 OMA의 CCTV 건물과도 얼마나 다른가? 캐피탈 게이트에 대해 물은 "왜?"라는 질문은 건축 일반에 대해서도 물을 수 있다. 정작 우리는 어느 정도로 집착—중력에 저항하려는 충동, 투명성에 대한 집착, 또는 계속 더 심화하는 추상을 향한 표류 등—을 하는가? 그 자체가 스스로 발명한 도전들을 향한 곡예적인 높이뛰기인데 말이다.

궁금해진다. 근대 건축의 전범(典範, canon)이 건축계가 '공식적으로 놀라운' 것이라고 여기게 된 걸작들의 목록이 아니라면—즉 피할 수 있었던(그리고 그랬다면 더 좋았을 법한) 문제들에 대한 해법 꾸러미가 아니라면—무엇일까? 우리가 광대한 자연 부지 위에 앉은 복잡한 3층짜리 건물이 명백히 부적절하다고 여기는 순간, 사부아 주택(Villa Savoye)의 유명한 경사로는 대단히 의심스러운 요소로 변한다. 폭스리버 밸리의 범람원 (그리고 이후의 잦은 홍수) 위로 우아하게 떠 있는 판스워스 주택은 다른 입지를 선택했다면 피할 수 있었을 해법이다. 퐁피두 센터가 보여주듯이, 한 건물의 안팎을 뒤집는다는 전형적인 논리는 그것이 구원하고자 했던 실내 그 자체를 훼손하는 역할을 했을 뿐이다. 그리고 제정신이라면 누가 대체 폭포수 위에 집을 지으려 했겠는가? 현실 세계의 문제에 현명한 해법을 제공한다는 관점에서 보면, 근대 건축은 기껏해야 무언가를 무언가로 대체했을 뿐이다.

하지만 그 모든 결점에도 불구하고, 건축의 전범은 캐피탈 게이트 같은 프로젝트에 대해 중요한 차이를 인정해주기도 한다. 건축이 기록 타파의 영역에 진입하고 나서 근본적인 무언가가 상실되었다. 기록은 만물을 측정 가능한 속성으로 환원한다는 원리를 바탕으로 수립된다. 기록이 설정하는 도전 과제는 논쟁거리가 아닌 충족해야 할 목표가 된다. 그런 원리를 건축에 적용하는 것은 상당히 손해 보는 장사다. 건축가는 더 이상 스스로 발명한 도전 과제를 충족하지 않고, 부과된 도전 과제에 굴복한다. 더 이상 건축은 제작자의 (이데올로기라고 불리는) 창조적 의도가 주도하는 게 아니라, 건축이 발명하지 않은 범주들 속에서 이겨야 한다는 정언 명령에 이끌리게 된다.

이제는 거의 모든 건축 유형에 대한 기록의 지수들이 존재한다. 가장 높고, 가장 크고, 가장 무겁고, 가장 비싸고, 가장 기울고, 가장 지하 깊숙이 있는 것 등등 … 건축은 그 어느 때보다 더 많은 수의 스포츠를 개최하는 올림픽처럼 된다. "요점은 옛 기록을 깨는 게 아니라 새로운 기록을 생각해내는 것"이라고 기네스 영국 마케팅 이사 스튜어트 클랙스턴(Stuart Claxton)은 말한다. 지수들의 증가는 그것들의 시의성과 반비례하는 듯하다.

20세기는 우리에게 이데올로기의 일탈을 자각하게 만들었고, 여기에는 아마도 건축의 일탈도 포함될 것이다. 하지만 우리는 서서히 그 반대 상황, 즉 이데올로기의 부재가 만들어내는 일탈과 타협해가고 있다. 가장 기본적인 수준의 합의를 이루는 것조차 골칫거리인 세계에서는 결국 숫자가 지배한다. 하지만 숫자는 의미를 거의 보상하지 못한다. 방법적인 면에서 우리는 하나의 헛된 노력을 그다음의 헛된 노력과 비교하고 있으며, 그 결과 절대적인 무작위성 법칙의 근간은 궁극적으로 숫자의 힘임을 발견할 뿐이다.

회상

16개월간의 정신없는 시공 과정에서 1,200명이 넘는 노동자들이 650만 시간의 노동을 기록했고(사상자는 알려지지 않았다), 강철 21,500톤과 콘크리트 36,000톤 그리고 맞춤형 유리 패널 728장을 자랑하는 캐피탈 게이트는 결국 2010년 1월에 완공되었다. 아직껏 내부 작업은 시작하지 않았는데도, 인근 아부다비 국립 전시 센터에서 열릴 세계 에너지 정상 회의에 맞춰 제시간에 건립을 마쳐야 해서 외부는 충분한 수준으로 마감했다. 나도 그 정상 회의에 참석했기 때문에 그 회의의 수사법을 기억한다. 나는 대표단들로부터 지속 가능성에의 헌신이라는 끝없는 고백이 나온 것을 기억하며, 리처드 로저스가 기조연설을 한 것도 기억한다. 하지만 한 가지, 기울어진 타워만은 기억을 못 하겠다. 나에겐 기억을 떠올려줄 기네스 세계 기록이 필요하다.

아이코닉 어워즈 혁신적 건축 부문(Iconic Awards: Innovative Architecture)은 최고 중의 최고에게 수여된다. 국제적으로 존경받는 우리의 공평무사한 디자인 · 건축 공모전은 건축과 실내 건축, 제품 디자인, 브랜드 커뮤니케이션 분야에서 총체적 비전을 선보이는 프로젝트들에 영예를 안겨준다.[1] **아크 디자인상(Arch Design Award)**은 건축과 인테리어 디자인 분야에서 가장 흥미롭고 잘 설계되었으며 혁신적인 해법들을 조명한다. 이 상은 재능 있는 디자이너들에게 수여되어 그들의 인지도와 유명세를 높여주는 데 일조한다.[2] **아가 칸 건축상(Aga Khan Award for Architecture)**은 3년마다 건축과 도시 계획 실천, 역사적 보존 및 조경 건축 분야에서 선정된, 새로운 탁월성의 기준을 설정한 프로젝트들에 수여된다. 이 상은 이슬람 신자들의 존재감이 상당한 전 세계 사회들의 필요와 열망을 성공적으로 다루는 건축 개념들을 파악하고 독려하기 위해 노력한다.[3] 연례행사인 **아키텍처 마스터상(Architecture MasterPrize: AMP)**은 디자인의 탁월성을 공인해주는 세계적인 건축상이다. 전 세계 고품질 건축 디자인의 진가를 더 인식하고 드러내기 위해 만든 이 상은 건축, 인테리어 디자인, 조경 건축, 건축 제품 디자인, 그리고 건축 사진의 창조성과 혁신을 기념한다.[4] **2A 컨티넨탈 건축상(2A Continental Architectural Awards: 2ACAA)**은 기본적으로 전 세계 건축 분야에서 개인과 조직의 주목할 만한 기여들을 알아보고 공인하도록 구조화되고 설계되었다.[5] **A' 건축 디자인상(A' Architecture Design Award)**은 좋은 건축 디자인을 알아보고 진흥하고자 설립된 국제적으로 심사를 거치는 디자인상이다.[6] **AIA 골드 메달(AIA Gold Medal)**은 미국 건축가 협회가 매년 수여하는 최고 영예로서, 건축의 이론과 실무에 지속적인 영향을 준 작업을 한 개인들을 공인한다.[7] **알바 알토 메달(Alvar Aalto Medal)**은 1967년 창조적인 건축에 상을 수여하고자 설립되었다. 이 훈장은 건축 분야에서 의미 있는 방식으로 창조적으로 두각을 나타낸 살아 있는 개인들에게 수여될 수 있다. 가능한 한 이 메달은 알바 알토의 생일이나 기타 기념일에 수여되며, 이와 관련해서 적절히 엄숙한 분위기로 수여식을 열 수 있다.[8] **커리 스톤 디자인상(Curry Stone Design Prize)**은 디자인이 건조 환경 및 그 안에 사는 사람들과 관련이 있다는 믿음에서 생겨났지만, 그 사람들이 너무 자주 상류 사회에 국한되곤 한다. 커리 스톤 재단의 희망은 과거나 지금이나 선구적인 사회적 디자인 실천가들을 지원하여 그들의 작업을 통해 다른 사람들도 영감을 받아 각자의 커뮤니티를 더 활기차게 할 디자인 접근을 적용할 수 있게 하는 것이다.[9] **데달로 미노세* 국제 건축 위임상(Dedalo Minosse International Prize for commissioning a building)**은 프로젝트와 건설 계획의 과정에 집중하여 그것을 분석하고 작품의 성공을 결정하는 사람들, 즉 (시공사와 공공 당국이 뒷받침하는) 건축가와 건축주에게 특별히 주목하는 방식으로 최종 결과를 바라봄으로써 건축의 질을 끌어올리고자 한다.[10] **글로벌 지속 가능 건축상™(Global Award for Sustainable Architecture™)**은 매년 북반구와 남반구 모두에서 '지속 가능한 개발의 원리'를 활용하여 '사회적 필요에 대한 참여 건축적 접근'을 하는 건축가 다섯 팀을 뽑는다.[11] **프리츠커 건축상(Pritzker Architecture Prize)**은 재능과 비전과 헌신을 결합한 자질을 보여주면서 건축 기술을 통해 인류애와 건조 환경에 일관되고도 상당하게 기여해온 살아 있는 건축가(들)에게 수여된다.[12] **뉴캐슬 건축상(Newcastle Architecture Awards)**은 뉴캐슬에서 디자인이 탁월한 건축을 기념한다. 이 상은 건축가들이 프로젝트에 대한 대중과 동료의 인정을 받을 수 있는 큰 기회로서, 호주 건축가 협회가 뉴사우스웨일스 뉴캐슬의 건축가들과 건축을 호주 전역에 걸쳐서, 또한 국제적으로도 홍보할 수 있게 도와준다.[13] **영국 왕립 건축가 협회 국제상(RIBA International Prize)**은 비전가적이고 혁신적인 사유와 탁월한 실행력을 보여주고 사용자와 물리적 맥락에 뚜렷하게 기여하는 가장 변혁적인 건물에 수여된다.[14] **타마유즈 평생 공로상(Tamayouz Lifetime Achievement Award)**은 근동과 북아프리카에서 인류애와 건축 및 건조 환경의 진보에 상당히 기여해온 개인들의 공로를 기린다.[15] 평생 공로를 인정받을 때 수여되는 로열 골드 메달은 영국 여왕이 개인적으로 재가하며, 건축의 진보에 상당히 기여해온 개인이나 집단에 수여된다.[16] **인터내셔널 아키텍처 어워즈(International Architecture Awards)**는 세계적 관점에서 탁월한 건축과 도시 계획을 공인하는 데 전념한다.[17] 호주 건축가 협회 시상 프로그램은 **빅토리아 건축상(Victorian Architecture Awards)**을 통해 빅토리아 지역 건축가들의 혁신적인 작업이 대중과 동료들에게 인정받을 기회를 제공한다. **프로그레시브 아키텍처 어워즈(Progressive Architecture [P/A] Awards)**는 전반적으로 탁월한 디자인과 혁신을 보여주는 지어지지 않은 프로젝트들을 공인한다.[18] 예전에 위민 인 아키텍처(Women in Architecture) 어워즈로 불렸던 **W 어워즈(W Awards)**는 여성과 논-바이너리의 훌륭한 작업을 기념하며 평생 공로자부터 미래가 유망한 자들의 작업까지, 세계에서 가장 중요한 신축 건물부터 더 폭넓은 건축 문화에 기여한 작품까지 시상한다.[19] **유럽 연합 현대 건축상—미스 반 데어 로에 상(EU Prize for Contemporary Architecture—Mies van der Rohe Award)**은 유럽 전역에 지어진 뛰어난 건축 작품들을 조명하는 격년제 상이다.[20] **ABB 리프 개축상(ABB LEAF Refurbishment Award)**은 기존 건물 중 새로운 개념으로 바꾼 최고의 사례를 조명한다.[21]

* Dedalo Minosse는 '다이달로스 미노스'를 뜻하는 이탈리아어로, 그리스 신화에 등장하는 다이달로스와 미노스가 각각 건축가와 건축주의 상징으로 활용되었다.

excellence (탁월성)

[불가산명사]

(영) /ˈek.səl.əns/ (미) /ˈek.səl.əns/

탁월함의 특성

예) 그 학교는 학문적인 탁월성으로 유명하다.

3

모두가 승자 Everyone a Winner

건축 잡지 『빌딩 디자인(Building Design)』은 매년 "지난 12개월간 영국에서 가장 못생긴 건물"을 뽑는 뾰루지 컵(Carbuncle Cup)을 연다. 시상식도 없고 상금도 없다. 물리적인 트로피마저 수여되지 않는다. 따라서 이 컵은 한 편의 만화에 지나지 않는다. 뿔 두 개와 뾰족한 꼬리 하나가 달린 선홍색 컵이다. 골든 라즈베리상이 오스카상에 대한 농담이라면, 뾰루지 컵은 저명한 스털링상(Stirling Prize)에 대한 농담이다. 이 컵은 대개 스털링상과 같은 주에 발표되며, '디자인에 대한 범죄'를 저지른 건물에 수여된다.

최초의 뾰루지 컵은 2006년에 발표되었는데, 채프먼 테일러(Chapman Taylor)라는 건축 사무소가 플리머스*에 설계한 드레이크 서커스 쇼핑센터(Drake Circus Shopping Centre)에 수여되었다. 선정 이유는 아마도 그 해 『더 타임스(The Times)』에 실린 한 리뷰 기사에서 가장 잘 요약한 듯하다.

> 첫째, 지진이 일어난 듯 리베스킨트 스타일로 경쾌한 각도를 이루며 둘로 나뉜 거대한 적갈색 점토 시트들의 물결은 아마도 플리머스가 건축적으로 함께 한다는 걸 증명하는 듯하다. 이어서 매끄러운 전이의 시도는 전혀 없이, 임신한 듯 거대하게 배가 부른 목재 격자가 나타난다. 그다음에는 (지역의 맥락을 미약하게 긍정하는) 커다란 체크 무늬 석재 블록 위를 나무 무늬 금속 패널들의 격자가 장식한다. 그다음에는 주차장 출구의 거대한 원통형 벽돌 두 개가 보이는데, 마치 꼭 그 괴물의 궁둥이 두 쪽인 것만 같다.[1]

* 영국 잉글랜드 서남부에 있는 항구 도시

뾰루지 컵은 당사자들의 항의를 수용할 가능성이 없지만—우승자 선정은 온라인 투표 형식으로 일어난다—설령 항의할 기회가 주어진다 한들 그 수령자들이 정말 항의를 할지도 의문이다. 이 컵은 모욕일 뿐만 아니라 자부심의 배지이기도 한데, 특히 그 이름이 찰스 왕세자가 영국 왕립 건축가 협회 150주년 기념식에서 한 유명한 '뾰루지 연설'에 빗댄 것이기 때문이다. 당시 연설에서 찰스 왕세자는 당시 제안된 내셔널 갤러리 증축 안을 "매우 사랑받는 우아한 친구의 얼굴에 난 괴물 같은 뾰루지"라고 묘사했었다.

찰스의 연설에 대한 의견은 계속해서 양분된다. 누군가에겐 대중적 취향과 너무 동떨어진 직종에 매우 필요했던 교정 효과로 여겨졌지만, 다른 누군가에겐 추후 왕이 될 인물로서 부적절한 개입으로 비춰졌다. 뾰루지 컵은 왕세자와 건축가 모두를 화나게 할 가능성이 많은 '노골적인' 건축 대회로서 이상적인 중간지대를 찾은 거로 보인다. 또한 클릭 수를 낚시질하는 온라인 콘텐츠로서도 완벽하다. "유명인의 비키니 굴욕 사진이나 성형 수술 실패에 관한 사진에서처럼, 사진 한 장 더 클릭하려는 욕망에 누가 저항할 수 있겠는가?"[2] 정말 끝도 없이 못생긴 건물들로 얼룩지고 있는 이 시대에, 눈에 띄게 못생긴 건물보다 더 적합한 수상 후보가 뭐가 있겠는가?

학생 상에서 평생 상으로

최초로 수여된 건축상은 1720년 프랑스의 루이 14세가 유망한 미술 및 (결국에는) 건축 전공 학생들에게 수여한 여행 보조금인 로마 상(Prix de Rome)이었다. 수상 후보들은 몹시 치열한 대회를 치러야 했다. 각자만의 부스에 따로 고립되어 아무런 참고 자료도 없이 연필과 잉크만으로 그려야 했고, 주어진 공공건물 유형 하나에 대한 평면과 단면, 입면의 상세도들을 그려야 했다. 우승자에게는 최대 5년간 로마의 만치니 주택(Villa Mancini)에 체류할 수 있는 권리가 주어지고, 여행에서 돌아오는 대로 수많은 대형 공공건물을 의뢰받을 미래가 기다리고 있었다.

19세기 초반 몇십 년간 나폴레옹의 정복 전쟁으로 영토를 확장한 프랑스는 로마 상의 국지적 판본들을 네덜란드(1808)와 벨기에(1832)에도 도입했다. 하지만 이 상은 프랑스 제국주의의 범위를 훌쩍 뛰어넘어 호소력을 발휘했고, 1921년부터는 미국에서도 수여되었다. 정작 프랑스에서는 1968년 5월 학생 시위 이후 로마 상을 폐지했지만, 캐나다에서는 1987년에 자체적인 로마 상을 설립했다.

로마 상은 기본적으로 학생 상이었다. 그러다 1848년이 되어서야 영국 왕립 건축가 협회의 후원자였던 빅토리아 여왕은 실무 건축가들의 성취도 기릴 수 있는 '건축 진흥을 위한 로열 골드 메달(Royal Gold Medal for the Promotion of Architecture)'을 제도화했다. 이 상의 도입은 1834년에 영국 왕립 건축가 협회가 전문 직능 단체로 형성된 데 따른 것이었다. 그전에는 크리스토퍼 렌과 존 밴브루, 윌리엄 체임버스 같은 특출한 건축가들에게 왕이 기사 작위를 수여하거나 궁정 공사 총감독이라는 직위를 수여했을 뿐이었다. 처음에는 22캐럿 금으로 만들었던 이 골드 메달은 몇 번 그 무게가 축소되었는데, 1932년에 18캐럿으로 줄었다가 1947년에는 9캐럿으로, 1974년에는 은광 도금으로 바뀌었다.[3]

다른 나라들도 그 뒤를 이었다. 미국 건축가 협회는 1907년에 골드 메달을 도입했고, 아일랜드 왕립 건축가 협회는 1934년에 트라이에니얼* 골드 메달을, 호주 건축가 협회는 1960년에 골드 메달을 도입했다. 캐나다 왕립 건축가 협회는 핀란드 건축가 협회가 알바 알토 메달을 도입한 것과 같은 형식으로 1967년에 자체적인 골드 메달을 도입했다. 대부분의 사례에서 메달 수상자들은 은퇴 연령을 훌쩍 넘은 나이였다. 레슬리 윌킨슨(Leslie Wilkinson)은 78세에 호주 골드 메달을 받았고, 세르게이 체르마예프(Serge Chermayeff)는 73세에 캐나다의 골드 메달을 받았다. 알바 알토 메달의 첫 수상자는 69세의 알바 알토 자신이었다.

기성 건축가들에게 전작에 걸친 상을 수여하는 것은 영국 왕립 건축가 협회나 미국 건축가 협회 같은 전문 직능 단체들의 설립 이후 이뤄져야 할 논리적 수순이었다. 이런 단체들은 두 가지 사명을 갖고 있었는데, 첫째는 전문 실무의 일

* triennial, 3년마다 수여되는

반적 수준을 제고하기였고 둘째는 전문직 종사자들의 법적 · 사회적 위치를 강화하기였다. 그중 가장 특출한 이들에게 (왕실에서 승인한) 저명한 상을 수여하여 그들을 영원히 기념하는 방식은 두 가지 목적을 효과적으로 수행한다.

시간이 지나면서 부유한 예술 후원자들이 평생에 걸친 작품 활동에 수여하는 다른 상들도 생겨났다. 그중 일부인 토머스 제퍼슨 건축 메달(Thomas Jefferson Medal in Architecture)과 프리츠커 건축상(Pritzker Architecture Prize)은 서로 라이벌이 되었고, 후자의 경우는 전문 직능 단체가 수여하는 상들의 명성을 훨씬 뛰어넘는다. 토머스 제퍼슨 재단과 버지니아 대학교 건축 대학원이 함께 만든 토머스 제퍼슨 상의 역사는 (미스 반 데어 로에에게 수여된) 1966년으로 거슬러 올라간다.

프리츠커상은 1979년에 처음 (필립 존슨에게) 수여되었다. 하얏트 호텔 법인을 창립한 제이 A. 프리츠커(Jay A. Pritzker)와 그의 아내 신디(Cindy)가 설립한 이 상은 매년 "재능과 비전과 헌신을 결합한 자질을 보여주면서 건축 기술을 통해 인류애와 건조 환경에 일관되고도 상당하게 기여해온 살아 있는 건축가(들)에게"[4] 매년 수여된다. 그들의 아들 토머스 J. 프리츠커는 『포브스』와의 한 인터뷰에서 부모가 이 상을 만들게 된 동기를 이렇게 설명했다.

> 건축에 대한 우리 가족의 예민한 의식은 시카고 토박이로서 당연한 겁니다. 저희는 시카고의 건축을 통해 건축의 예술을 인식하게 되었고, 호텔을 설계하고 건설하는 작업을 통해서는 건축이 인간 행동에 미칠 수 있는 영향을 자각하게 되었죠. 그래서 1978년에 살아 있는 건축가들을 기리자는 생각을 접했을 때 저희는 호응했지요. 부모님은 의미 있는 상 하나가 건물에 대한 대중의 더 큰 자각을 장려하고 자극할 뿐만 아니라 건축 직종 안에서 더 큰 창조적 영감을 불어넣을 거라고 믿으셨어요.[5]

건축가의 "국적이나 인종, 신념, 이데올로기와 무관하게" 그가 걸어온 경력의 성취에 대해 수여되는 프리츠커 건축상은 현재 가장 저명하고 진정 세계적인 건축상으로 여겨지며, 일반적으로 노벨 건축상으로 불리곤 한다. 최근에는 이 상의 심사위원을 했던 알레한드로 아라베나(Alejandro Aravena)가 2016년 수상자로 결정되었다거나 미투 운동으로 맹비난을 받은 예전 수상자들에 대한 반대 입장이 없다는 비판이 있긴 했지만, 그럼에도 프리츠커 건축상은 오늘날 탁월한 건축의 주된 척도로 여겨진다. 1989년 일본 왕가와 일본 미술 협회가 만든 프리미엄 임페리얼(Praemium Imperiale)과 같이 전체적인 작품 활동을 평가하는 다른 중요한 상들은 기존 프리츠커 수상자들에게 수여되는 경향이 있는데, 대략 같은 순서로 몇 년 후에 그들에게 수여되곤 한다.

현대적인 것 대 전통적인 것

더 최근에는 건축 대신 건물에 상을 주는 경향이 있다. 미스 반 데어 로에 상은 그의 바르셀로나 파빌리온이 재건된 지 1년 후인 1987년에 시작되었다. 이 상은 유럽 연합과 미스 반 데어 로에 재단이 함께 제정한 것으로, 2001년부터는 유럽 연합의 공식 건축상으로 여겨진다. 2년마다 수여되는 이 상은 수여 시점을 기준으로 최근 2년 이내에 유럽에서 완공된 모든 건축 작품들을 대상으로 심사가 이뤄진다.

영국의 저명한 스털링상(Stirling Prize)은 영국 왕립 건축가 협회가 예전에 수여하던 '올해의 건물상(Building of the Year Award)' (1987)을 1996년부터 대신하며 이어져 온 상으로 비슷한 기조를 유지하고 있지만, 매년 수여된다는 점과 2015년 브렉시트 국민 투표라는 생각이 처음 출현한 이후 뚜렷이 국내 상으로 전환했다는 점은 예외다. 그전까지 유럽 연합 내에 완공된 모든 건물은 이 상의 후보작이 될 수 있었지만, 2015년부터는 영국 건물로만 후보작이 한정되었다.

미스 반 데어 로에 상의 규칙에 따르면, 후보작들은 최근 2년 이내에 완공된 건물들이어야 한다. 이로써 기본적으로 동시대(contemporary) 작품들이 후보에 오르지만, 이 상의 기원과 그 이름을 두고 일각에서는 특정한 건축 유형을 향한 편향을 나타낸다고 여겨왔다. 한때 독일 바우하우스의 교장이었던 미스 반 데어 로에는 명백한 모더니스트 건축가로 여겨지기 때문에, 동시대 건축에 수여한다는 이 상의 공식적 기능은 때때로 모더니즘 건축에 대한 선호를 거의 감추지 않고 드러낸 완곡어법으로 여겨지곤 한다. (유럽 연합이 때때로 좌파 구성체로 가정되는 것과 같이 말이다.)

이런 가정이 스털링상에 대해서는 덜한 편인데, 미스의 경력이 오로지 모더니티에 대한 헌신을 보여준 데 반해 스털링은 다소 모호하기 때문이다. 하지만 스털링상도 논쟁에서 자유롭지 않다. 2000년에 최종 후보작으로 선별된 디자인 7개 가운데 5개가 런던 대도시 권역 내에 위치한 건물이었을 때, 스코틀랜드와 웨일스의 몇몇 건축가들은 심사위원단을 재판에 회부했다. 그들의 주장은 결국 법정에서 기각되었지만, 그 기조는 이미 굳어졌다. 유럽 연합의 가장 저명한 건물상은 너무 모던하다고 여겨지고, 영국의 가장 저명한 건물상에는 '대도시 편향' 적이라는 오명이 붙었다. 서로 다른 말이지만, 그 정서는 아마도 비슷할 것이다. 21세기의 동시대성은 영국-프랑스 간 해협*의 양쪽에서 하나의 상당한 홍보 문제를 공유하는 듯하다.

구대륙(유럽)은 모던한 (그리고 대도시적인) 편향들에 탐닉했지만, 신대륙(미국)은 그와 반대되는 구상들의 광풍을 목격했다. 2002년 미국에서 열린 전통 빌딩 콘퍼런스(Traditional Building Conference)는 "서양 건축의 2,500년 전통 속에서 개발된 설계 원리들의 창조적 해석 또는 변용"을 기리는 첫 번째 팔라디오 상을 수여했다. 2003년에는 펀드매니저이자 인도주의자인 리처드 드리하우스(Richard Driehaus)가 "동시대 토속 및 고전 건축 분야의 주요 기여자들"을 기릴 드리하우스 건축상(Driehaus Architecture Prize)을 제정했다. 이 상은 주로 모더니즘적인 프리츠커상에 대한 합리적 대안을 자처했는데, 노트르담 대학교에서 수여된 그 첫 번째 상은 레온 크리에에게 돌아갔다. (2012년에는 당시의 찰스 왕세자에게 수여되었다.) 2005년에는 "건축 실무자가 아니지만 글쓰기나 계획 또는 진흥을 통해 전통적인 도시와 그 건축 및 미술의 함양을 도운 개인"을 기리는 헨리 호프

* 영국에서는 '영국 해협(English Channel)' 으로, 프랑스에서는 '라 망슈(La Manche)' 로 부르는 곳이다. La Manche는 '웃소매' 라는 뜻이며 유럽 대륙의 저자인 더 흐라프는 the Channel이라는 중립적 명칭을 사용하고 있다. 페르시아만 또는 아라비아만을 중립적으로 the Gulf로 부르는 것과 같은 용법이다.

리드 상(Henry Hope Reed Award)이 제정되었다.6 이 상은 노트르담 대학교에서 드리하우스 상과 함께 수여되었고, 2005년에 시작된 리드 상은 2020년에 이르자 제일 처음 팔라디오 상을 만들었던 클렘 라비니(Clem Labine)에게 수여되었다.

모두를 위한 상

다양한 건물 '양식'에 수여되는 상의 범주를 넘어 다양한 건물 '유형'에 수여되는 상의 수도 끊임없이 늘어나고 있다. 21세기 초부터는 특히 고층 건물들에 수여되는 상이 넘쳐나게 되었는데, 2000년에 제정된 엠포리스 마천루상(Emporis Skyscraper Award)과 2002년에 제정된 세계 초고층 도시 건축 학회 마천루상(CTBUH Skyscraper Award), 2003년 제정된 인터내셔널 고층 건물상(International Highrise Award)이 그 예다. 하지만 이와 다른 범주들도 있는데 『부동산 주간(*Property Week*)』 매거진이 2016년부터 수여해온 레지 어워즈(RESI Awards)*, 그리고 『인사이드 하우징(Inside Housing)』 매거진과 영국 공인 주택 협회(Chartered Institute of Housing)가 1996년부터 수여해온 영국 주택상(UK Housing Awards)이 그것이다. 게다가 건물 유형이 소진될 경우에 대비하여 2000년에 만들어진 유럽 도시 공공 공간상(European Prize for Urban Public Space)도 있다.

건물 유형에 대한 상뿐만 아니라, 다양한 건설 재료에 수여되는 상도 있다. 예컨대 1984년에 제정된 목조 디자인상(Wood Design Award), 1986년 제정된 국제 석조 건축상(International Stone Architecture Award), 1989년 제정된 벽돌 건축상(Brick in Architecture Award), 2006년 제정된 건축 프리캐스트 협회 우수상(Architectural Precast Association Awards for Excellence), 2008년 제정된 구리 건축상(Copper in Architecture Awards), 2011년 제정된 금속 건축 디자인상(Metal Architecture Design Awards), 그리고 2013년 제정된 엔지니어링 · 건축 강구조 혁신 디자인상(Innovative Design in Engineering and Architecture with Structural Steel [IDEA] Awards)이 있다.

* Recognising Excellence in Residential Property('주택 부동산의 탁월성 인정'이라는 뜻)를 줄여서 지은 이름이다.

고층 건물 관련 상들의 재정을 가장 중요한 이해관계자—부동산계와 건설업계—가 지원하는 것과 같이, 재료에 수여되는 각 상들의 재정도 역시 다양한 공급업체와 제조업체가 지원한다. 더 최근에는 건축 잡지들이 건설업의 역할을 기리는 경향이 있다. 미국 건축가 협회의 저널 『아키텍트(*Architect*)』 매거진은 "건축가와 엔지니어와 제조사 간에 대화를 촉진하고자 2007년부터 연례적인 연구 개발(R&D) 상을 수여하기 시작했다. 독일의 『디테일(*Detail*)』 매거진은 업계 스폰서들의 지원을 공공연히 받아 2012년부터 디테일상(Detail Prize)을, 영국의 『아키텍츠 저널(*Architects' Journal*)』은 2018년부터 AJ 명세상(AJ Specification Awards)을 수여하기 시작했다.

AJ 명세상은 "위대한 제품들이 위대한 설계를 만날 때"라는 슬로건 하에서 "제품 및 재료 공급업체 또는 제조업체와 건축가 간의 협력이 한 프로젝트의 성공에 중요한 핵심이 된 사례를 공인"하고 싶어 한다. 이 상은 총 14개 범주로 되어 있다. '화장실', '벽돌과 석재', '컬러와 마감', '문과 창문', '입면과 외장', '설비와 인테리어', '바닥재', '기계 · 전기 설비', '천연 재료', '현장 외 제작', '지붕과 배수', '계단과 승강기', 그리고 더 넓게는 '기술' 범주인데, 이 모든 범주가 (영국 기반의) 한 프로젝트에 협력해온 공급업체와 제조업체 그리고 건축가에게 열려 있다.

최종 후보가 된 출품작들은 『아키텍츠 저널』의 웹 사이트와 인쇄물에 게재되며, 각 범주의 수상작들은 AJ 명세 특별 호에 게재된다. 건설업계는 노출되기를 몹시도 원하고 잡지는 광고를 몹시도 원하므로, 한 업계가 또 다른 업계를 돕는 꼴이다. 따라서 건축 잡지들은 프로젝트 수행 관계자들을 위한 홍보 창구가 된다. 광고와 콘텐츠를 분간하기가 점점 더 모호해지면서, 건축은 '제품 진열장'으로 활용된다.

남는 장사

잡지가 수여한 최초의 건축상은 1950~60년대로 거슬러 올라간다. 1954년에 미국 건축가 협회가 펴내던 『프로그레시브 아키텍처(*Progressive Architecture*)』의 편집자들은 "위험을 감수하는 실무가들을 공인하고 건축 분야의 진보를 진흥하려고 노력하기" 위해 제1회 '프로그레시브 아키텍처(P/A) 어워즈'를 주최했고, 1960년에는 『프랑스 건축(*L'Architecture francaise*)』 매거진이 프랑스 땅에서 혁신적인 건물이 실현된 사례들을 기리기 위해 제1회 은빛 T자상(Prix de l' Equerre d' argent)을 수여하기 시작했다. 하지만 그간 이러한 영웅적 사명들은 유례를 찾기 힘든 드문 사례로 남았다. 두 잡지 모두 이제는 존재하지 않으며, 잡지들이 폐간된 후에 이 상들은 다른 잡지들이 주관하는 여러 범주로 확대되었다.

시상식의 세계에 진입하는 건축 출판물은 건축가들에게 새삼 중요한 참가 동기를 제공한다. 출판물에 실린다는 것은 건축가들이 주목받을 수 있는 한 가지 방식이다. 건축가의 작업에 보상하는 방식이었던 시상식은 점점 더 건축가가 일감을 얻기 위한 방식이 되는데, 예컨대 최근 『아키텍츠 저널』이나 『바우벨트(*Bauwelt*)』, 또는 『아키텍처럴 리뷰(*Architectural Review*)』 같은 잡지들이 수여하는 상에서 그런 현상이 나타난다. "작은 예산에 맞는 큰 아이디어"라는 모토 하에 스몰 프로젝트상(Small Project Award)을 수여하기 시작한 『아키텍츠 저널』은 "이 상을 받은 다수의 사무소가 가장 인정받는 건축 사무소 집단에 속해 더 큰 성공을 거두고 있다"는 전망을 제시하며 "고급 주택 개축, 아주 작은 예산의 증축 프로젝트, 문화 예술 스튜디오 및 공간, 장식용 건물(folly), 커뮤니티를 염두에 둔 시민적인 시장 노점"의 설계자들을 유혹한다.

소규모 프로젝트가 대규모 프로젝트로 이어질 수 있는 것처럼, 첫 작품은 더 많은 작품으로 이어질 수 있다. 2015년에 독일 잡지 『바우벨트』는 처음 시작하는 건축가들에게 도약의 발판을 마련해주고자 "첫 작품(First Work)"이라는 수상 부문을 도입했다. 거의 비슷한 방식으로 『아키텍처럴 리뷰』는 "경력의 핵심 단계에 있는 젊은 건축가와 디자이너를 지원하고 그들의 최고 작품을 세계에 알리기" 위해 "떠오르는 건축가들(Emerging Architects)"이라는 수상 부문을 도입했다.

잡지가 수여하는 상들은 "경력의 핵심 단계"에 있는 건축가들을 진흥하는 걸 넘어 그 상이 놓쳤을 수 있는 이들의 구미도 자극한다. 『아키텍츠 저널』과 『아키텍처럴 리뷰』는 그동안 저평가되어 온 여성 건축가들의 기여를 인정하고자

W 어워즈(W Awards)를 공동으로 수여하기 시작했다. 예전에는 '위민 인 아키텍처(Women in Architecture)' 라고 불렸던 이 상은 "여성과 논-바이너리(non-binary)*의 훌륭한 작업을 기념하며 평생 공로자부터 미래가 유망한 자들의 작업까지, 세계에서 가장 중요한 신축 건물부터 더 폭넓은 건축 문화에 기여한 작품까지 시상한다."[7] 그렇게 경력도 진흥하고, 대의도 진척시킨다. 그 둘이 하나의 상으로 합치는 것보다 안성맞춤이 또 있을까?

상들은 결코 건축에 국한되지 않는다. 사실 건축상들은 점점 더 다른 상들과 결합하여 더 폭넓게 정의된 '디자인 부문' 으로 수여되고 있다. 『아주어(*Azure*)』, 『월페이퍼*(*Wallpaper**)』, 『패스트 컴퍼니(*Fast Company*)』 같은 잡지들이 수여하는 상들에는 '건축' 부문과 나란히 '교통', '소비자 제품', '2D 디자인', '서비스 디자인', '인터랙티브 디자인', '산업 장비', 게다가 더 난해한 '공간' 과 '컨셉' 부문까지 있다. 창조성에 대한 기여를 끝없이 추구하는 '컨셉' 부문에서는 심지어 이 상 자체의 설계자들까지 각광을 받는다. 『아주어』가 수여하는 AZ 어워즈(AZ Awards)는 『아주어』에도 상을 주었을 뿐만 아니라, 총 7개 부문으로 나누어 수여하는 '시그니처 트로피(signature trophy)' 를 만든 전도유망한 디자이너는 향후 이 상을 받을 수 있는 잠재적 후보가 된다.

하지만 어떤 트로피도 거의 스타들로만 꾸려진 심사단에는 견줄 바가 못 된다. 이러한 심사단의 진용은 월페이퍼* 어워즈(Wallpaper* Awards)의 수상자들에게 제공되는 보상인데, 그것은 각광을 받는 게 아니라 "패션계, 디자인계, 사진계, 건축계, 요리계, 대중문화계의 유명 선수들"과 함께 각광을 공유하는 것이다. 『월페이퍼*』는 빅토리아 베컴, 도나텔라 베르사체, 파렐 윌리엄스, 카니예 웨스트, 노먼 포스터, 이안 슈레거, 론 아라드, 페드로 알모도바르 등을 나열하면서, 그들이 "단지 체크박스에 표시하여 최종 후보자 명단을 올리는 게 아니라 자신의 선택과 더 넓은 디자인 세계에 대한 예리하고 신중한 관점을 전해주는 심사위원들" 이라고 표현한다.[8]

하나의 극단은 반대편의 극단을 촉발한다. 눈길을 끄는 심사단의 반대편 끝

* non-binary: 남녀로 이분화하여 구분할 수 없는 성

에는 눈길을 끌지 않는 심사단이 있다. 때로는 심사위원들의 수가 너무 많고 — 온라인 잡지 『디진(*Dezeen*)』이 2017년에 수여한 상들은 심사위원이 총 75명이다 — 때로는 『아크데일리(*ArchDaily*)』의 올해의 건물상(Building of the Year Awards)처럼 심사단이라는 개념을 버리고 잡지 독자들의 온라인 투표를 선호해서이기도 하다.

어떠한 성공도 성공에 미치지 못한다. 아니, 성공은 불가피하게 대가를 치러야 한다. 그리고 그 대가에 관해서는 심사단이 눈길을 끌어봐야 달라지는 바가 거의 없다. 『패스트 컴퍼니』의 디자인 혁신상(Innovation by Design Award)은 최대 295달러의 참가비를 부과하고, 디진 어워즈(Dezeen Awards)는 최대 300파운드의 참가비를 부과한다. 디진 어워즈의 수상자들은 그들의 작품이 출판되는 권리를 갖지만, 오로지 유한 회사 디진이 "모든 제출물의 전부 또는 일부를 홍보나 마케팅의 목적을 비롯하여 어떤 형태로든 활용할 수 있고 그것의 2차적 저작물을 사용하고, 전재하고, 출판하고, 배포하고, 공연하고, 표시할 수 있는, 돌이킬 수 없고 영구적이고 비독점적이며 세계 어디에서나 저작권료 없이 적용되는 완전히 양도 가능한 권리"를 지체 없이 승인하는 조건에서만 그러하다.

시상 산업을 향하여

상을 사업 모델로서 처음 끄집어낸 게 잡지들이었다면, 그런 모델을 극단으로 끌고 간 것은 건축 관련 축제들이다. 세계 건축제(World Architecture Festival: WAF)와 세계 건축 뉴스상(World Architecture News Award: WAN Award) 같은 행사들의 맥락에서, 시상은 그 고유의 자율적이고 자기 영속적인 산업으로 발전한다. 여기에는 더 이상 왕의 후원도, 명성 있는 전문 단체나 기성 건축 출판물의 지원도 필요가 없다.

세계 건축제는 미디어 파트너인 아크데일리가 기획한 것으로, "세계 최대의 건축상 프로그램"을 자처한다. 이 행사는 상업적으로 엄청난 잠재력을 지닌 것으로 판명되는데, 잡지 주관 상들의 참가비가 비교적 무색하게 느껴질 만한 금액을 출품자들에게 부과하기 때문이다. 예컨대 세계 건축제는 조기 출품자들에게 '참가비 889파운드 + 부가가치세', 표준 출품자들에게는 '참가비 1,399파운드 + 부가가치세'를 부과한다. 셋 이상의 작품을 제출하면 후하게 10퍼센트를 할인받는다. 최종 후보자 명단에 오른 출품자들은 축제 기간에 각자의 프로젝트를 발표하게 되는데, 이때는 추가 참가비로 '1,399파운드 + 부가가치세'(표준 패키지), '1,699파운드 + 부가가치세'(축제 패키지), '2,199파운드 + 부가가치세'(인근 호텔 체류 비용을 넉넉히 포함하는 숙박 패키지)를 지불할 필요가 있다.

이 상들 가운데 어느 것도 상금과는 무관하지만, 세계 건축제 웹 사이트에서는 참가해야 할 또 다른 이유를 충분히 늘어놓고 있다. 예컨대 세계적으로 유명한 심사위원들의 중요한 통찰을 얻고, 세계 미디어에 유례없이 노출되며, 미래 작업을 위한 영감과 다른 건축가들과의 협업으로 세계에서 가장 영향력 있는 건축 커뮤니티에 합류할 기회를 얻는다. 또한 그중에서도 가장 매력적인 것은 잠재적인 의뢰인들을 만날 기회를 얻는다는 점이다.

세계 건축제가 수년간 그 상업적 공식을 완벽하게 만들어온 방식은 수상 부문의 수에서 가장 분명하게 나타나는데, 수상 후보자보다 수상 부문의 수가 더 빠르게 증가해왔기 때문이다. 세계 건축제가 처음 제정된 2008년에는 17개 부문에서 722팀이 수상했지만, 이제는 33개 부문에 걸쳐 수상자가 1,000팀을 좀 넘을 정도로 수상 기회가 상당히 늘었다. (아울러 축제의 참가비 수익까지 더 늘어났다.)

수상 부문의 수가 늘어날수록 후원사들의 목록도 길어진다. 그리고 세계 건축제는 양자가 서로 주제별로 연결된다는 사실을 거의 대놓고 드러낸다. 엔지니어링상(Engineering Prize)은 엔지니어링 자문 업체인 에지앨리(Edgeallies)가 후원하고, 인증 목재 활용 모범상(Best Use of Certified Timber Prize)은 산림 인증 승인 프로그램(Programme for Endorsement of Forest Certification: PEFC)이, 자연광 활용 모범상(Best Use of Natural Light Prize)은 천창과 창문 블라인드를 만드는 회사인 벨룩스(VELUX)가, 물 연구상(Water Research Prize)은 욕실 및 주방 설비 제조업체인 그로헤(GROHE)가 후원한다. 후원사들과 그들의 기여는 세계 건축제 웹 사이트에서 눈에 띄게 표시되며, 이 상의 주관 기관은 다음과 같이 감사를 표한다. "세계 건축제는 대표 파트너사인 그로헤가 물 연구상을 후원해준 것을 기쁘게 생각합니다. 그로헤는 물이 제기하는 독특한 도전들과 씨름할 연구를 후원하고 있으며, 수상한 기획안에는 1만 파운드의 상금이 주어집니다."

세계 건축제는 사무실도 상임 직원도 없으며, info@worldarchitecturefestival.com 외에는 어떤 이메일 주소도 그 이름으로 등록되어 있지 않다. 세계 건축제를 소유한 이맵(Emap)은 세계 건축제 직원으로 인용되는 이메일 계정의 대부분을 서비스하는 회사다. 이 미디어 회사는 최근까지 세계 건축제의 주요 미디어 파트너사인 『아키텍처럴 리뷰』와 『아키텍츠 저널』도 소유했다.[9] 세계 건축제의 프로그램 디렉터와 『아키텍처럴 리뷰』와 『아키텍츠 저널』의 편집장은 똑같은 사람이 맡고 있다. 예전에는 — 영국 왕립 건축가 협회의 스털링상처럼 — 미디어가 상의 지속을 도왔다면, 세계 건축제에서는 미디어의 지속을 위해 상이 도입된다. 미디어에 무료 콘텐츠를 제공한다는 점에서도 그렇고, 그런 미디어에 실리길 바라는 지원자들의 참가비로 수익을 끌어모은다는 점에서도 그렇다. 이런 미디어들이 (적어도 그중 일부가) 세계 건축제의 소유주와 똑같은 미디어 회사의 소유라는 사실은 세계 건축제의 수상 후보로 지원해야 할 이유로 거론되는 '타의 추종을 불허하는 미디어 노출'에 대해 흥미로운 의미 전환을 일으킨다. "미디어는 메시지(The medium is the message)"*이며, 그 책이 나온 지 50년이 넘은 지금 세계 건축제의 성공은 마셜 매클루언의 이론을 뒤늦게 입증하는 사례처럼 느껴진다.

경쟁에 참여하기 위해 돈을 내는 상보다 더한 것은 경쟁에 참여하지 않고도 돈을 내는 상이다. 2015년에 처음 만들어진 영국 기반의 온라인 매거진 『빌드(BUILD)』는 얼마 지나지 않아 "세계에서 가장 혁신적이고 상상력이 뛰어나며 헌신적인 디자이너 및 건축가들의 뛰어난 작품들을 공인하고 보상하기" 위해 자체적인 건축상을 만들었다. 그 수상 부문은 100가지를 훌쩍 뛰어넘는데, "가장 신뢰받는 종합 서비스 건축 회사(Most Trusted Full-service Architecture Firm)"부터 "최고

* 마셜 매클루언의 『미디어의 이해: 인간의 확장(*Understanding Media: The Extension of Man*)』(1964) 제1장의 제목이다.

의 맞춤형 주방 가구 디자이너(Best Bespoke Kitchen Furniture Designers)"까지, "가장 역동적인 건축 사무소(Most Dynamic Architecture Practice)"부터 "최고의 건축 철물 회사(Best Architecture Ironmongery Company)"까지, "최고의 엔지니어드 스톤 설치 전문가(Best Engineered Stones Installation Specialist)"부터 "올해의 혼합 용도 시설 건축가(Mixed Use Architect of the Year)"까지 포함한다.

이 상에 대한 최초의 반응은 2016년 온라인에서 나오기 시작했는데, 그전까지는 이 상에 의문을 갖지 않다가 "세계를 정의했다"거나 "소속 업계에 실제로 영향을 미쳤다"는 표현들에 혼란을 느낀 회사들의 반응이었다. 이에 대한 매거진 측의 응답은 한결같았는데, 다른 다양한 온라인 매거진에서 값비싼 광고 패키지를 구매하라는 제안이었다. 인터넷 검색을 더 해보니 이런 매거진들은 모두 AI 글로벌 미디어(AI Global Media Limited)라는 똑같은 디지털 출판사 소속이었다. 이 회사에 대한 항의를 접수받은 광고 표준 위원회(Advertising Standards Authority)는 2018년 8월, AI 글로벌 미디어가 사실은 그저 광고 공간을 판매하려는 의도였음에도 수상자들이 후보로 지명되었다가 상을 받은 것처럼 오도했음을 인정했다.[10]

승자 독식

1950년에는 국제 건축상이 10개 미만이었다. 하지만 오늘날에는 100개를 훌쩍 넘는다. 이렇게 급격히 수가 불어난 것은 1970년대 중반부터였는데, 그때부터 건축상이 자사 브랜드의 광고 수단을 찾던 민간 후원사들의 눈에 띄기 시작한 것이다. 1990년대부터는 온라인 지원도 가능해지면서 건축상은 또 한 번 급격히 성장하기 시작했다.

수가 급격히 늘어날수록 상의 성격도 변화하기 마련이다. 1950년에는 건축가의 전 작품에 수여되는 상과 개별 프로젝트에 수여되는 상이 고르게 나뉘어 있었지만, 오늘날에는 개별 프로젝트에 수여되는 상이 압도적 다수를 차지한다. 후보를 지명하는 상과 후보에 지원할 것을 요구하는 상의 구분에서도 마찬가지다. (오늘날에는 후자가 어마어마한 다수를 차지한다.) 게다가 1950년에는 거의 모든 상에 무료로 후보 지원을 할 수 있었지만, 오늘날에는 절반 이상이 참가비를 요구한다. 이런 경향은 계속 늘어나는 추세인데, 2000년부터 추가된 상 중에는 무려 80퍼센트가 참가비를 부과한다.

지난 몇십 년간 상의 수는 실무 건축가의 수보다 상당히 더 빠르게 증가해왔다. 이론적으로는 그게 모든 건축가의 수상 기회를 늘려주고 상을 골고루 수여하게 되는 좋은 결과로 이어질 거 같지만, 실제로는 정반대의 추세가 일어났다. 하나의 상은 그다음 상을 받을 수 있는 조건으로 판명된다. 가장 저명한 건축상들을 보라. 프리츠커상, 영국 왕립 건축가 협회와 미국 건축가 협회의 골드 메달, 일본 미술 협회의 프리미엄 임페리얼, 그리고 베네치아 비엔날레의 평생 공로상인 황금사자상은 늘 똑같은 목록에 있는 건축가들이 돌아가며 받는 것을 알 수 있다.

그야말로 승자 독식이다! 스포츠와 영화, 연예 산업에서 익히 나타나던 추세가 건축에서도 나타난다. 전체적인 작품 활동에 대한 상을 15개, 미국 건축가 협회가 전국적으로나 지역적으로 개별 건물에 주는 상을 100개 받았고 명예박사 학위도 15개인 프랭크 게리의 '수상 기록'은 스티븐 스필버그(175개 수상)와 마이클 잭슨(240개 수상) 같은 영화계 및 음악계 권위자들의 기록과 견줄 만하다.

심지어 건축계에서 게리는 최다 수상자도 아니다. 리처드 로저스는 217개 수상, 자하 하디드는 234개 수상, 노먼 포스터의 사무소는 400개를 훌쩍 넘는 수상으로 게리의 기록을 갈아치웠다. 그런데 이런 현상은 최상위의 행복한 소수에게만 국한되는 게 아니다. '수상 기록이 있다(award-winning)'는 수식어를 달지 '않은' 건축 사무소는 거의 남아 있지 않고, 수상 목록이 하나, 둘, 또는 셋에 그치는 경우도 별로 없다. 이제 상 자체는 거의 중요해 보이지 않는다. 경쟁은 어떤 상 자체를 받기 위해서가 아니라, 가장 많은 상을 받기 위해 일어난다.

상은 더 이상 공연한 찬사의 성격을 갖지 않는다. 상은 일감을 따내기 위한 하나의 '필수' 조건이 되어 과당 경쟁을 촉발하고, 그 경쟁에 '불참'할 여유를 부릴 수 없게 만든다. 상업적인 생존 능력을 갖추려면 일련의 수상 목록을 유지할 필요가 있다. 국제 표준화 기구(ISO)의 인증서가 서비스 및 제조 과정에 대한 품질 보증서를 제공하는 것과 마찬가지로, 상은 건축적인 능통함을 나타내는 최고의 지표가 되었다. 최고의 건축 사무소는 불가피하게 가장 상을 많이 받는 사무소가 된다. 일단 그런 경쟁에 개입하면, 더 이상 개입을 멈출 수 없게 된다. 하지만 개입하면 할수록, 자신의 창조적 자유가 더 줄어드는 것을 느낀다. 가장 쉽게 수상할 수 있는 부문들은 사전에 규정하는 조건이 가장 많은 부문이기도 하다 — 올해 최고의 커뮤니티 개입 건물, 가장 지속 가능한 천연 석재 활용, 40세 미만 유색 인종 여성이 만든 최고의 건물 등등. 그런 게 찬사를 받을 만할지라도, 그런 부문에서 자기만의 방식으로 수상하는 경우는 절대 없음을 깨닫는 게 중요하다. 남들이 설정한 기준에 굴복할수록 자기만의 기준은 더 잊게 된다. 수상 기록은 수상자가 벗어날 수 없는 구속이 된다.

현재의 경제 체제와 유사하게 진행되는 으스스한 그림이 떠오른다. 전 세계 국내총생산도 1970년대 중반부터 폭발적으로 늘어났지만, 결국에는 점점 더 소수의 초갑부(uber-rich) 지주들의 손에 집중되고 있을 뿐이다. 마치 돈을 만들려면 돈이 있어야 하듯이, 상을 받으려면 상이 있어야 한다. 그 수가 계속 더 늘고 영광을 함께 나눌 기회도 계속 더 커지는 거로 보일지라도, 상을 받기 위한 경쟁은 결국 서로를 따라잡기 바쁜 건축가들만 남기게 될 것이다.

가는 경계선

뾰루지 컵은 그새 15년째가 되었다. 드레이크 서커스 쇼핑센터와 그것을 설계한 건축 사무소는 꾸준히 착실한 행보를 보이고 있다. 그 건물은 뾰루지 컵을 수상한 지 1년 후에 『리테일 위크(*Retail Week*)』 매거진의 '올해의 쇼핑 명소상(Shopping Location of the Year)' 을 수상했고, 건축 사무소 채프먼 테일러의 웹 사이트에 나열된 목록에는 새로 받은 국제 디자인상만 250개가 넘는다. '디자인에 대한 범죄'의 관점에서도 채프먼 테일러는 좋은 친구들을 뒀다. 드레이크 서커스 쇼핑센터의 2006년 수상 당시 함께 경쟁한 최종 후보들은 시티 오브 런던의 무어 하우스를 설계한 포스터 앤드 파트너스, 서펜타인 갤러리 파빌리온을 설계한 OMA, 런던의 러프 로드(Lough Road) 하우징을 설계한 CZWG,* 런던의 유니버시티 칼리지 병원을 설계한 루웰린-데이비스 같은 유명 건축 사무소들이었다. 그 이후의 뾰루지 컵 수상자들로는 런던 그리니치의 커티 사크(Cutty Sark)**를 복원한 그림쇼 아키텍츠(2012년 수상)와 시티 오브 런던의 워키토키 건물을 설계한 라파엘 비뇰리(2015년 수상)가 있다. 다음엔 또 어떤 작업이 수상할지 누가 알겠는가? 새 천년에 접어든 지 20년이 지난 지금, 걸작과 뾰루지를 가르는 경계선은 그 어느 때보다 더 가늘어 보인다.

* 1975년 런던에 설립된 영국 건축 사무소. Campbell, Zogolovitch, Wilkinson and Gough의 약자다.

** 1869년 스코틀랜드에서 진수된 쾌속 범선으로, 1957년부터 그리니치에서 기념물로 대중에 공개되었다. 2007년 화재가 일어난 이후 재건되었다.

sustainability (지속 가능성)

[불가산명사]

(영) /səˌsteɪ.nəˈbɪl.ə.ti/ (미) /səˌsteɪ.nəˈbɪl.ə.ti/

1. 일정 기간 동안 지속될 수 있는 특성

   예) 커뮤니티의 장기적 지속 가능성

2. 환경에 거의 또는 전혀 해를 입히지 않음으로써 오랫동안 지속할 수 있는 특성

   예) 환경적 지속 가능성에 대한 회사의 헌신

4

위기? 어떤 위기? Crisis? What Crisis?

어느 일요일 블룸버그의 홍보실에서는 24일 뒤에 있을 새 건물의 개관을 알리는 뉴스를 내보냈다. "2017년 10월 1일 — 블룸버그의 새 유럽 본부, 세계에서 가장 지속 가능한 사무소 건물로 설계되다."[1] 월요일이 되자 건물을 설계한 포스터 앤드 파트너스 측에서도 앞선 보도를 입증하는 언론 보도를 자체적으로 내보냈다. 98.5%의 브리암(BREEAM)* 점수를 주요 사무소 개발이 거둔 최고의 성취로 강조하면서 말이다. 그러자 온라인 건축 매체들도 이에 즉각 반응했다 — "포스터 앤드 파트너스의 블룸버그 본부는 '세계에서 가장 지속 가능한 사무소'다"(『디진』), "세계에서 가장 지속 가능한 사무소 건물로 평가된 블룸버그의 새 유럽 본부"(『아크데일리』), "세계에서 가장 지속 가능한 사무소 건물로 지명된 블룸버그 유럽 본부"(『아키텍트』 매거진), "포스터의 블룸버그 본부는 '세계에서 가장 지속 가능한 건물' 이다"(『빌딩 디자인』).

이 건물은 2025년까지 순 제로(net-zero)의 탄소 배출량을 달성하겠다는 블룸버그의 야심과 포스터 앤드 파트너스가 지닌 전문적인 지속 가능 설계 기술의 완벽한 결합이 낳은 결과물이었다. 이 건물의 지속 가능성에 대한 증거는 차고 넘쳤다. 냉난방과 음향 기능이 결합된 꽃잎 모양의 천장 패널, 50만 개의 LED 전등, 입면의 자동 개폐식 청동 루버(블레이드) 등은 기계 환기에 덜 의존하게 함으로써 이 건물이 자연스럽게 '숨쉴' 수 있게 해줬다. 특별한 물 보전 시스템들은 매년 최대 2천 5백만 리터의 (올림픽 수영장 10개에 해당하는) 물을 저수하고, 이산화탄소를 감지하는 스마트 센서들은 매년 600~750메가와트시의 전력

* 'Building Research Establishment Environmental Assessment Method (건설 연구소 환경 평가법)' 의 준말

을 아껴 300톤의 이산화탄소를 절감하며, 현장 열 병합 발전 센터는 건물의 이산화탄소 배출량을 매년 500~750톤 더 줄일 것으로 기대되었다.[2]

3주 후에 열린 이 건물의 개관식은 마이클 블룸버그 자신이 진행했고, 그 옆에는 사디크 칸 시장과 포스터 앤드 파트너스의 창립자 겸 회장인 포스터 경이 있었다. 이 건물은 포스터 앤드 파트너스가 캘리포니아 쿠퍼티노에 애플 본사를 지은 지 1년 후에 완공시킨 두 번째의 주요 사무소 건물이었다. 하지만 스티브 잡스가 오랜 기대 속에서 영리하게 내놓은 프로젝트가 (참석이 허용된 소수의) 저널리스트들에게 경외심을 남긴 데 반해, 블룸버그 본부의 프레스 투어는 그와 같은 인상을 남기지 못했다.[3] 그 입면의 금속 루버들은 건물 내부에서 바라보는 시야를 가린다고 비판받았다. 루버를 주조하는 데 쓰인 600톤의 청동을 일본에서 수입했고 외장은 1만 톤의 인도산 화강석으로 덮은 만큼 건설 과정의 지속 가능성에 의문이 제기되었다.[4] 에너지 절감 기능이 결합된 열병합 발전 센터는 통상적인 시스템보다 더 효율적이었을지 몰라도, 여전히 천연가스를 태우고 있었다.[5] 13억 파운드가 든 이 건물이 브리암 등급만큼이나 '친환경적(green)' 이었을까?

블룸버그 본부 건물의 개관식은 지속 가능성 등급 산정에 의문이 제기된 최초의 사례가 아니었다. 2011년 『유에스에이 투데이(*USA Today*)』는 미국에서 리드(LEED)* 인증을 받은 상업 건물 중 7천 건 이상이 최소 점수로 통과되었음을 밝혀냈다. 탄소 배출이 적은 페인트를 사용하고, 소방관들의 스트레스를 덜어주는 화재 경보 시스템을 설치하고, 직원들에게 비디오 게임방을 제공하고, 설계팀에 리드 전문가를 포함시키고, 건물에 관한 교육적인 디스플레이를 전시하면서 말이다. 이와 같은 척도들이 최소 필요 점수인 40점 중 32점에 기여할 수 있었다는 것이다.[6]

라스베이거스의 팔라초 호텔 및 카지노는 연비 좋은 자동차를 위한 주차 구획, 자전거 거치대, 수건이 교체된 시간을 객실 손님에게 알려주는 카드식 열쇠, (여하튼 간에 네바다주가 금지한) 잔디를 뺀 조경에 기대어 2008년 세계 최대의 '친환경' 건물 등급을 부여받게 되었다. 개발업자의 입장에서는 건물이 리드 인

* 'Leadership in Energy and Environmental Design (에너지 및 환경 설계 분야 리더십)' 의 준말

증을 받은 결과 미화 2,700만 달러의 감세 혜택을 얻었다. 『유에스에이 투데이』에 따르면, 이와 비슷한 감세 혜택을 얻은 다른 건물들이 미국 전역에 약 2천 개에 이르며 그 총합은 미화 5억 달러에 달하는 것으로 나타났다. 마이클 블룸버그는 이렇게 말한다. "우리는 친환경적 실천이 지구에 좋은 만큼이나 비즈니스에도 좋다고 믿는다."[7]

브리암 대 리드

1987년 7월 17일, 런던 도크랜즈 개발 공사(London Docklands Development Corporation)와 카나리 워프 인베스트먼트(Canary Wharf Investment Ltd., 캐나다 부동산 개발 회사 '올림피아 앤드 요크'의 자회사)는 유럽 최대의 마스터 플랜인 카나리 워프 개발 건의 합의서에 서명했다. 이 프로젝트에 관여한 올림피아 앤드 요크와 몇몇 다른 개발업체들, 예컨대 런던 회사들인 스탠호프 프로퍼티(Stanhope Properties)와 그레이코트 리얼 에스테이트(Greycoat Real Estate) 등은 경쟁 우위를 확보하기 위한 방법으로서 이 개발에 환경적 요소를 포함시키는 데 관심이 있었다. 투자자와 임차인을 설득하기가 어렵다고 여긴 스탠호프 임원 론 저먼(Ron German)은 에너지 컨셔스 디자인(Energy Conscious Design)의 파트너인 건축가 존 다거트(John Doggart)와 함께 대안적인 길을 나아가기로 결심하고는 정부 자금을 지원받는 건설 연구소(Building Research Establishment: BRE)와의 접촉을 시도했다. 건설 연구소는 1921년에 발족되었는데, 처음에는 다른 유럽 국가들에 뒤처져 있던 영국 건설업을 위한 재료 및 공법 연구를 수행한다는 사명으로 시작했다. 하지만 1972년에 석유 위기가 터진 이후로 이 센터는 에너지 효율성으로 초점을 확장해왔다. 개발업체 및 에너지 컨셔스 디자인과 함께, 건설 연구소는 상업 건물을 위한 일반적인 환경 등급화 도구를 개발했다. 3년 후 '건설 연구소 환경 평가법 버전 1/90 신축 사무실용(BREEAM 1/90 New Offices)' *이 개시되었다.

* 1/90에서 1은 첫 번째 버전임을, 90은 1990년에 출시된 버전임을 뜻한다.

몇 년 뒤에는 이와 비슷한 무언가가 대서양 건너편에서 일어났다. 미국 건축가 협회의 1992년 연례 회의에서 (10년 후 『요람에서 요람으로: 사물의 제작 방식 바꾸기(*Cradle to Cradle: Remaking the Way We Make Things*)』의 공저자가 될) 건축가 윌리엄 맥도너(William McDonough)의 강연에 참석한 개발업자 데이비드 갓프리드(David Gottfried)는 "지속 가능한 건물로 세상을 바꿀" 수 있다는 깨달음을 얻었다.[8] 사촌들이 운영하는 건설 회사에서 일하고 있던 갓프리드는 그들에게 지속 가능한 건물 시공에 관해 자문하는 자회사를 설립하도록 설득했다.

"건물 녹화"에 더 많은 돈을 써서 혜택을 본 의뢰인이 아무도 없자 갓프리드는 사임했다. 환경 관련 법률과 표준에 관한 법적 자문을 구하던 갓프리드는 환경 소송 전문 변호사인 마이크 이탈리아노(Mike Italiano)와 손잡고 같은 해에 그들만의 환경 관련 건설 자문 회사를 개설했지만, 이 회사도 역시 실패했다. 1년 뒤에 그들은 엔지니어링 다국적 회사 유나이티드 테크놀로지 코퍼레이션(United Technologies Corporation)의 임원인 릭 페드리치(Rick Fedrizzi)를 선임하여 지속 가능한 건물의 진흥을 위한 비영리 기관을 설립했고, 60개의 회사 및 비영리 기관이 이 기관의 후원 회원사로 합류했다. 페드리치가 최고 경영자로 선임되었고, 이 기관은 '미국 그린 빌딩 협의회(US Green Building Council: USGBC)'로 명명되었다.

이 협의회가 곧 재정난에 빠져들면서 갓프리드는 1994년에 사임했고, 그때 미국 그린 빌딩 협의회는 천연자원 보호 협의회(Natural Resources Defense Council)의 수석 과학자인 로버트 왓슨(Robert Watson)을 영입했다. 왓슨은 지속 가능한 건물을 등급화하기 위한 미국만의 고유한 시스템이 필요하다고 주장했다. 에너지 계통이 크고 불균등하며 기후대가 다양한 미국에서는 영국의 브리암 시스템을 채택한들 효과가 없을 것이었다. 게다가 브리암은 이산화탄소 배출량에 너무 초점을 맞췄지만, 미국 그린 빌딩 협의회는 에너지 효율성을 우선시했다. 2000년에 리드 버전 1이 발표되었다.

오늘날에는 리드와 브리암 모두 세계적으로 가장 많이 쓰이는 지속 가능성 등급화 시스템으로 동등한 취급을 받는다. 브리암은 유럽 내 상업 건물에 대한 모든 지속 가능 인증 가운데 81퍼센트를 차지하며, 모든 대륙에 걸친 86개 국가에서 인정받는다. 그중에는 네덜란드와 스페인, 노르웨이, 스웨덴, 독일처럼 각

국가의 특정한 척도를 개발한 나라들도 있다. 갓프리드가 다시 한번 창립 멤버로 참여한 미국 그린 빌딩 협의회는 2002년 국제적으로 확장하면서 세계 그린 빌딩 협의회(World Green Building Council)를 구성했는데, 이 협의회의 회원국은 현재 전 세계 70개국에 달한다. 2014년 기준으로, 리드가 미국에 이어 두 번째로 큰 시장을 형성하고 있는 나라는 중국이다.

업데이트

브리암과 리드는 처음 출시된 이후로 몇 번의 업데이트를 거쳤다. 브리암은 원래 사무소 건물에 대한 '친환경' 인증 표시로 개발되었는데, 공식 출시된 지 1년 후에 브리암 신축 슈퍼스토어(BREEAM New Superstores) 버전과 브리암 신축 주택(BREEAM New Homes) 버전이 출시되었다. 뒤이어 1993년에는 산업 건물(Industrial Buildings) 버전이 나왔고, 같은 해에 '통과(Pass)', '좋음(Good)', '매우 좋음(Very Good)', '우수(Excellent)' 등급으로 나눠 인증하는 전체적인 점수 체계가 도입되었다. 1998년에는 브리암 사무소(BREEAm for Offices) 버전이 업데이트되었고, 2000년에는 브리암 신축 주택 버전을 '생태 주택(EcoHomes)' 버전으로 대체하여 주거의 신축과 정비 부문 모두에서 이산화탄소 배출의 최소화를 도모했다. 계속해서 2004년에는 브리암 상점(BREEAM Retail), 2005년에는 브리암 학교(BREEAM Schools), 2006년에는 브리암 공동 주택(BREEAM Multi-Homes)과 브리암 교도소(BREEAM Prisons) 그리고 브리암 맞춤형(BREEAM Bespoke)이라는 척도가 잇따라 도입되었다. 2008년에는 완공 후 사용자 평가와 필수 배점 항목, '최우수(Outstanding)' 등급을 도입하는 중대한 업데이트가 이뤄졌다. (그 이전까지는 전체적인 최소 인증 점수를 얻기 위한 배점 항목들을 개발업자가 자유롭게 선택할 수 있었다.) 같은 해에 브리암 계획의 국제 버전도 출시되었으며, 2011년에는 앞선 계획들이 브리암 신축(BREEAM New Construction)이라는 이름으로 병합되는 또 한 번의 업데이트가 이뤄졌다.

오늘날의 브리암 '기준(standard)'은 주택과 상업 건물을 위한 '신축', 상업 건물을 위한 '사용 중(In-Use)', 역시 주택과 상업 건물을 위한 '정비(Refurbishment and Fit-

Out)’, 종합 계획 프로젝트를 위한 ‘커뮤니티(Communities)’, 그리고 토목 및 공공 영역 사업을 위한 ‘기반시설(Infrastructure)’까지 총 5가지로 구성된다. 지속 가능성은 ‘에너지(Energy)’, ‘보건 · 복지(Health and Wellbeing)’, ‘혁신(Innovation)’, ‘토지 이용(Land Use)’, ‘재료(Materials)’, ‘관리(Management)’, ‘오염(Pollution)’, ‘교통(Transportation)’, ‘폐기물(Waste)’, 그리고 ‘물(Water)’이라는 10개 ‘부문(category)’에서 측정된다. 각 부문은 ‘평가 이슈들’로 분류되고, 각 이슈는 자체적인 ‘목적과 목표, 기준점들’을 갖는다. 각각의 목표와 기준점을 달성할 때마다 ‘배점(credit)’을 얻게 되는데, 그렇게 충족한 배점들의 개수에 부문별 가중치를 곱해 그 부문의 점수(score)를 매긴다. 모든 부문의 가중치를 매긴 총점이 건물의 최종적인 성능 등급이 되며, 건물이 받을 수 있는 등급은 ‘허용(Acceptable)’(‘사용 중’ 척도에만 해당), ‘통과’, ‘좋음’, ‘매우 좋음’, ‘우수’, ‘최우수’로 나뉜다.

평가와 인증은 설계 · 시공부터 운영 · 정비에 이르는 건물의 생애 주기 중 어느 순간에도 일어날 수 있다. 그 과정은 건축주가 정확한 브리암 기준에 따라 프로젝트에 서명할 공인된 평가자를 지목하면서 시작된다. 그다음에는 평가자가 프로젝트를 등록하고, 사전 평가를 실시하고, 건축주와 설계자로부터 관련 정보를 수집하여 검토하고, 기준을 준수했는지 여부를 점검한 다음, 그 결과를 평가단에 제출하여 판단을 내리게 한다.[9]

리드는 모든 신축 건에 대한 친환경 건물 등급화 도구로 시작되었다. 리드의 시범 버전은 총 16개 배점 항목으로 구성되었고, 그중 최소 12개를 달성해야 인증을 받을 수 있었다. 그중에서도 4개, 즉 ‘폐수’와 ‘폐기물 처리’, ‘식수 납 함량(lead in drinking water)’, ‘금연’ 항목의 배점은 꼭 따야 했다. 가중치는 없었으며, 각 항목별로 1점씩 배점되었다. 공식 출시 버전에서는 항목이 40개로 늘어났다. 리드 버전 2에서는 가중치 부여 시스템을 도입하면서 ‘토지’, ‘물’, ‘에너지’, ‘재료’, ‘실내 환경 품질(Indoor Environmental Quality)’이라는 5개 부문으로 항목들을 구성했다. 배점 항목의 수는 더 늘어나서 69개가 되었다. 잇따라 새로운 척도들이 도입되었는데, 2004년에는 리드 코어 및 외피(LEED Core & Shell) 척도가, 2005년에는 리드 신축(LEED New Construction), 리드 기존 건물(LEED Existing Buildings), 리드 주택(LEED Homes), 리드 상업 인테리어(LEED Commercial Interiors) 척도가 도입되었다. 2009년의 리드 버전 3에서는 리드의 척도들을 병합하여 친환경 건물 설계 및 시공(Green Building Design and Construction), 친환경 실내 설계 및 시공(Green Interior Design and Construction), 친환경 건물 운영 및 유지 관리(Green Building Operation and Maintenance)로 구성했다.

2018년에 출시되어 현재 쓰이고 있는 리드 버전 4.1은 건물과 커뮤니티 및 도시를 위한 것으로, 총 5가지 척도로 구성된다. 먼저 리드 건물 설계 및 시공(LEED for Building Design and Construction: BD+C) 척도는 신축 건물, 코어 및 외피, 데이터 센터, 의료 시설, 환대 산업(Hospitality)* 시설, 소매점, 학교, 창고 및 유통 센터로 나뉜다. 리드 운영 및 유지 관리(LEED for Operations and Maintenance: O+M) 척도는 기존 건물, 데이터 센터, 환대 산업 시설, 소매점, 학교, 창고 및 유통 센터를 위한 용도다. 리드 실내 설계 및 시공(LEED for Interior Design and Construction: ID+C) 척도는 상업 인테리어, 환대 산업 시설, 그리고 소매점을 위한 용도다. 리드 주거(LEED for Residential) 척도는 1가구 주택, 공동 주택, 공동 주택 코어 및 외피를 위한 용도다. 그리고 리드 도시 및 커뮤니티(LEED for Cities and Communities) 척도는 계획(Plan)과 완공 프로젝트(Built Project)로 나뉜다.

'지속 가능한 대지' 부터 '수자원 효율성', '실내 환경 품질', '재료 및 자원', '에너지 및 대기', '입지 및 교통', '혁신', '지역 우선', '교육 및 의식' 까지 총 9부문에서 최대 100개의 배점 항목을 달성할 수 있다. 그렇게 한 프로젝트가 얻은 총점이 40~49점이면 '인증(Certified)', 50~59점이면 '실버(Silver)', 60~79점이면 '골드(Gold)', 80점 이상이면 '플래티넘(Platinum)' 표시를 획득할 수 있다. 이 과정은 한 명의 리드 인증 평가사와 함께 진행되며, 영업일 기준으로 20일에서 25일이 소요된다. 건축주는 일괄로 정해진 인증 수수료뿐만 아니라, 프로젝트 규모와 리드 인증 목적에 따라 미화 1,200달러부터 최대 1만 달러에 달하는 등록비를 내야 한다. 그리고 프로젝트가 인증을 받고 나면 설계 부문으로 받았는지, 시공 부문으로 받았는지, 아니면 둘 다로 받았는지에 따라 제곱피트당 0.009달러에서 0.0057달러의 추가 요금이 부과된다.

브리암과 리드의 인증을 신청하고 획득하는 과정은 투자해야 할 비용을 늘리

* 숙박(호텔), 외식, 관광 서비스를 아우르는 산업

지만 재정적인 혜택도 가져다준다. 영국 건설 연구소의 웹 사이트에서 볼 수 있는 '왜 브리암을 선택하는가(Why Choose BREEAM)' 라는 섹션에서는 개발업자들이 얻어야 하는 게 무엇인지를 이렇게 강조한다. "브리암은 계획이나 설계, 시공, 운영, 정비 기간 중에 나타나는 지속 가능성의 성과를 보여줌으로써 건축주들이 위험을 관리하고 완화할 수 있도록 돕고, 운영비를 낮추고 시장 가치를 통해 투자 회수를 극대화하며 살기 좋고 일하기 좋은 장소들로 임차인들을 유치할 수 있게 도와준다."10

이와 비슷한 생각이 미국 그린 빌딩 협의회의 "왜 리드인가(Why LEED)"라는 페이지에서도 언급되고 있다. "기업을 이끄는 리더들의 61%는 지속 가능성이 시장에서 차별화를 유도하고 재무 실적도 높인다고 믿는다." 이 사이트는 또 이렇게 덧붙인다. "리드 인증을 받은 건물들은 가장 높은 임대료가 따라붙고, 임대율은 보통 평균에서 그보다 20%를 웃도는 수준 사이에서 책정된다. 친환경 인증을 받은 건물들은 그렇지 않은 건물들보다 공실률이 4% 더 낮은 것으로 추산된다."11

지속 가능성의 300년

지속 가능성 인증을 받을 때 따라오는 분명한 재정적 혜택은 환경적 관심과 다소 어긋나 보일 수 있지만, 지속 가능성이라는 개념이 출현했던 맥락을 생각해보면 전적으로 놀라운 일은 아니다. 이 개념의 기원들은 18세기 초 독일로 거슬러 올라갈 수 있다. 작센의 프라이베르크 근방 광산 지역 관리자였던 한스 카를 폰 카를로비츠(Hans Carl von Carlowitz)는 1713년에 펴낸 『경제적 산림 관리, 또는 주택 소유자를 위한 정보와 자연적인 야생 수목 재배 지침(*Sylvicultura oeconomica, oder haußwirthliche Nachricht und Naturmäßige Anweisung zur wilden Baum-Zucht*)』이라는 이론서에서 수 세기 동안 이어진 광범위한 벌목으로 유럽에 어렴풋이 나타나던 경제 위기를 경고했다. 목재가 희귀해지면서 가격이 폭등했고, 목재에 의존하던 광업은 도산할 위기에 처하고 있었던 것이다. 이런 위기를 피하기 위해 카를로비츠는 목재를 조심히 수확하여 "연속적이고, 영구적이며, 지속된 사용"이 가능하게 만들자고 제안했다.12

그렇게 하려면 벌목과 재식(再植, replanting)의 균형을 맞출 필요가 있었고, 카를로비츠는 인간이 더 이상 풍요로운 자연에 의존하지 않고 있음을 지적했다. 인간은 현재 수요를 관리함으로써 미래 세대들도 같은 자원을 누릴 수 있게 할 책임이 있다는 것이었다.

카를로비츠는 『경제적 산림 관리』를 펴낸 지 1년 뒤에 사망했지만, 이 책은 독일의 관방학파(官房學派)* 행정 관료들 사이에서 필독서가 되었다. 나중에는 산림과학자 빌헬름 고트프리트 모저(Wilhelm Gottfried Moser)의 『산림경제의 기본 원리(*Grundsätze der Forst-Oeconomie*)』(1757)와 알렉산더 폰 훔볼트(Alexander von Humboldt)의 『1792년 바이로트안스바흐 공국의 광업 및 야금술 상황에 관하여(*Über den Zustand des Bergbaus und Hüttenwesens in den Fürstentumern Bayreuth und Ansbach im Jahre 1792*)』 같은 책들에서 지속 가능성(Nachhaltigkeit)이라는 개념이 발전되었다. 임업의 기술과 과학을 가르치기 위한 아카데미들이 설립되었고, 카를로비츠의 지속 가능성은 곧 독일어권 너머로 확산되었다. 이 용어는 불어에서 '지속되는 생산물(produit soutenu)' 로, 영어에서는 '지속되는 수확량(sustained yield)' 으로 번역되었다.[13]

지속 가능성 개념은 20세기 초에 미국에 도달하여 '지혜로운 이용(wise use)' 이라는 용어로 알려지게 되었는데, 이 용어는 미국 최초로 전문적으로 훈련받은 산림 감독관인 기포드 핀쇼(Gifford Pinchot)가 도입한 것이었다. 유럽에서 프랑스의 산림 관리 실무를 숙지했던 핀쇼에게 '지혜로운 이용' 이란 미래 세대를 위해 자원을 보존하는 것, 말하자면 그가 자신의 비망록에서 썼듯이 "인류의 최후 공익을 위해 지구와 그 자원을 지혜롭게 이용하는 것"을 뜻했다.[14] 하지만 핀쇼의 보전(conservation)은 정신적 특질을 이유로 자연의 가치를 중시했던 존 뮈어(John Muir) — 스코틀랜드 태생으로 제2의 고향인 미국에서 전국적인 공원 운동을 이끈 아버지 — 같은 자연주의자들이 옹호하던 보존(preservation)과는 거의 관련이 없었다. 오히려 핀쇼는 보전이 경제적 이익에 기여한다고 믿었는데, "가장 수익성 있게 이용되는 산림은 가장 잘 보존된 산림"[15]이라는 것이었다. 핀쇼는 제러미 벤담의 공리주

* Kameralismus (cameralism): 18세기와 19세기 초 독일에서 주로 국가의 혜택을 위해 강력한 중앙 집권형 경제 관리에 초점을 둔 행정학.

의를 철학적 근거로 두고 시간이라는 요소를 덧붙였다. “보전은 가장 오랜 시간 동안 최다수의 선을 최대로 제공하기 위해 미래를 내다보며 숲과 물, 토지, 광물을 활용, 보존, 그리고/또는 재생하는 것이다.”[16]

한 세기가 지나고서야 지속 가능성은 그런 숫자식 열거를 뛰어넘어 지구 전체를 위한 화두가 되었다. 1968년 크리스마스이브에 세계는 처음으로 우주 공간에서 아폴로 8호 비행사 빌 앤더스가 찍은 지구의 사진을 보았다. 우주를 배경으로 달 표면 뒤로 떠오른 작고 푸른 지구는 지구의 유한한 본질에 대한 의식을 제고했다. “지구가 떠다니는 곳의 영원한 침묵 속에서 작고 푸르고 아름다운 지구의 진짜 모습을 보는 것은 우리를 지구상에 함께 탑승한 승객들로, 그 영원한 추위 속에서 저 밝은 사랑스러움 위에 선 —자기들이 진짜 형제임을 알아보는— 형제들로 바라보는 것”이라고 시인 아치볼드 매클리시는 『뉴욕타임스』에서 썼다.[17]

서양에 세계적 패권을 쥐어준 영구적 성장에 기초한 경제 시스템은 의문시되기 시작하고 있었고, 이 문제를 가장 유창하게 다룬 두 책이 1972년 봄에 출판되었다. 『이콜로지스트(*The Ecologist*)』 매거진의 에드워드 골드스미스(Edward Goldsmith)와 로버트 프레스콧-앨런(Robert Prescott-Allen)이 쓰고 30명 정도의 영국 과학자들이 서명한 『생존을 위한 청사진(*A Blueprint for Survival*)』은 산업화가 인류의 파멸을 향한 길이라고 경고했다. “확장의 기풍과 함께 하는 산업적인 생활 방식의 주된 결함은 지속 가능하지 않다는 것”이라고 이 보고서는 시작했다.[18] 집약형 농업과 살충제의 사용은 인류 생존의 바탕을 이루는 토대인 생태계의 예측 가능성을 와해시킬 위협이 있었다. 식량 공급의 실패와 자원의 고갈은 커뮤니티를 파괴하고 실업을 일으키고 범죄를 부추겨 결국 사회의 총체적 붕괴로 이어질 수순이었다. 이러한 멸망의 시나리오를 피할 방법은 “가능한 최대의 만족을 구성원에게 부여할 지속 가능한 사회를 만드는 것”이라고 이 보고서는 결론 내렸다.[19] 그런 사회를 달성할 수 있는 방법은 자원을 절약하는 경제로 전환하고, 인구 성장을 중단하고, 탈중심화된 소규모 커뮤니티들의 새로운 사회적 시스템을 만드는 것이었다. 『생존을 위한 청사진』은 영국 녹색당의 전신인 생태당(Ecology Party)이 채택한 『지속 가능한 사회를 위한 선언(*Manifesto for a Sustainable Society*)』에 영감을 주었다.

또 다른 출판물인 『성장의 한계(*The Limits to Growth*)』는 『생존을 위한 청사진』과 대체로 메시지가 같았지만, 차이는 그 방법에 있었다. 로마 클럽의 의뢰로 17명의 연구자 집단이 수행한 이 연구는 매사추세츠 공과대학교의 시스템 과학자 제이 라이트 포레스터(Jay Wright Forrester)가 개발한 수학적 세계 모델을 활용하여 인구, 자본, 식량, 비재생 자원, 오염이라는 다섯 요소의 성장을 분석했다. 다양한 시나리오들이 검증되었다. 핵에너지로 '무제한' 자원을 이용할 수 있는 시나리오, 이산화탄소 배출 감축과 재활용으로 오염을 제한하는 시나리오, 다수확 작물로 식량을 늘리는 시나리오, 자발적 피임으로 인구를 조절하는 시나리오 등등. 하지만 그 결과는 모두 똑같을 수밖에 없었는데, 2100년이면 성장이 끝난다는 것이었다. "세계 체제는 기본적으로 인구와 자본이 기하급수적으로 성장했다가 붕괴가 뒤따르는 식으로 움직인다"는 것이다.[20]

누군가는 이 문제에 대한 해법이 기술이라고 믿었지만, 이 저자들이 보기에 그것은 유한한 세계 속에서 근본적인 성장의 문제에 대한 집중을 방해하는 것에 불과했다. 대신 그들이 제안한 것은 평형 상태로 정의되는, 말하자면 인구와 자본이 계속 안정성을 유지할 새로운 모델이었다. "우리는 다음과 같은 세계 체제를 재현하는 모범적인 결과를 찾고 있다. 첫째 급작스럽고 통제 불가능한 붕괴가 없이 지속 가능하고, 둘째 모든 사람의 기본적인 물질적 요구를 충족시킬 수 있어야 한다."[21]

1970년대 들어 '지속 가능한' 이라는 단어는 자원을 관리하는 방법 이상을 정의하게 되었다. 이 말은 하나의 생활 방식을 내포했다. 미래는 더 이상 몇몇 비전가들의 선견지명이 아닌 모두의 손에 맡겨졌다. 차후 세대들이 적어도 세계대전 이전 세대와 동일한 번영을 누릴 수 있으리라 기대하려면, 억제되지 않는 소비와 성장에 기초한 생활 양식을 근본적으로 수정할 필요가 있었다.

하지만 과학자들이 제시한 증거가 정치인들에게는 충분하지 않았고, 사회의 반응도 마찬가지였다. 『성장의 한계』에 대한 『뉴욕타임스』의 리뷰는 성장을 멈추는 게 해법이라는 생각을 단호하게 일축했다. "성장을 멈추지 않으면 오염을 통제해도 소용없다는 주장은 틀렸을 뿐만 아니라, 해롭기까지 하다"고 말이다.[22] 리뷰를 쓴 기자들은 포레스터가 앞서 발전시켰던 붕괴하지 않은 세계 모델은 일부러 그 책에서 회피되었다고 주장했다. 그로부터 얼마 안 지나서 실제로 물가가 올랐는데, 당시는 석유 수출국 기구 회원국들이 1973년 아랍-이스라엘 전쟁 기간에 이스라엘을 지지한 국가들에 대항하여 석유 금수 조치를 시행했을 때였다. 그렇게 이어진 위기 속에서 서양 세계는 '아랍' 석유에 대한 의존도를 줄이고 대체 에너지원을 모색해야 했다. 지속 가능성에 대한 논의가 동력을 얻은 데 반해, 성장을 줄여야 한다는 얘기는 더 이상 우선순위로 보이지 않았다.

1983년에 유엔 사무총장 하비에르 페레스 데 케야르(Javier Pérez de Cuéllar)는 전(前) 노르웨이 국무총리 그로 할렘 브루틀란(Gro Harlem Brundtland)을 초빙하여 2000년부터 지속 가능한 개발을 달성하기 위한 세계적 의제를 정의하는 임무를 지닌 독립 위원회를 설립하고 그 의장을 맡게 했다. 유엔은 각국의 경제적 · 사회적 발전과 무관하게 모든 나라의 환경적 관심사들을 다루는 데서 더 큰 협력을 모색하고 있었다. 브루틀란 위원회로 알려져 있는 '환경과 개발에 관한 세계 위원회(World Commission on Environment and Development)' 는 21개국의 정치인, 공무원, 환경 전문가들로 구성되었고, 그중 절반 이상은 남반구 출신이었다. 1984년 제네바에서 있었던 창립총회에서 이 위원회는 전 세계에서 과학 연구소와 비정부 기구, 정부 및 개인들을 초빙하여 환경 의제를 어떻게 시행할지에 대한 각자의 관점과 조언을 들어보는 공청회를 열기로 합의했다. 1만 쪽이 넘는 서면 제출물이 검토되었다.

창립총회로부터 900일이 지난 1987년에 이 위원회는 '브루틀란 보고서' 라고도 알려진 『우리 공동의 미래(*Our Common Future*)』라는 보고서를 펴냈다. 그 서론에서 그로 브루틀란은 이렇게 진술했다. "지금 필요한 것은 새로운 경제 성장의 시대, 말하자면 강력한 동시에 사회적으로나 환경적으로나 지속 가능한 성장의 시대다."[23] 『성장의 한계』와 『생존을 위한 청사진』의 저자들과 달리, 이 보고서는 경제 성장이라는 관념이 지속 가능한 개발에 필수적이라고 보았다. 그로 브루틀란의 팀은 1970년대의 종말론적 예측을 일축하고 인류가 기술로 한계를 극복할 수 있는 역량이 있다고 믿었다. 『성장의 한계』에 대한 『뉴욕타임스』의 비판적 논평에서도 그랬듯이, 이 위원회는 희박한 자원이 완전히 고갈되기 전에 그런 자원을 착취하려는 열망이 시장 경제 속에서 꺾일 거라고 믿었다. 이 위원회에 따르면 지속 가능한 미래의 달성을 방해하는 주된 걸림돌은 빈곤이었다. "빈곤은 사람들이 지속 가능한 방식으로 자원을 이용할 수 있는 역량을 줄이며, 환경에 대한 압력을 강화한다"는 것이다.[24] 따라서 지속 가능한 미래를 달성하려면 빈곤을 근절할 필요가 있었고, 그래서 제2차 세계대전이 끝난 이후 처음으로 1980년대 들어 쇠퇴하고 있었던 경제는 반드시 성장시켜야 하는 것이었다. 지속 가능성에 관한 논의는 그 초점을 서양에서 남반구로 옮겨가고 있었으며, 산업화된 국가들은 가난한 나라들이 국제 금융 기관들을 통해 지속 가능한 대책들을 시행할 수 있도록 도울 책임이 있었다. 세계 경제는 지구의 환경 문제를 다루기 위한 수단이 되었다. 지속 가능성은 환경적 관심 이상의 이슈들을 끌어왔다. 경제적이고 사회적인 이슈들까지 동반한 것이다.

지속 가능성은 1992년 리우데자네이루에서 열린 유엔 환경 개발 회의(United Nations Conference on Environment and Development)에서 세계적인 정치 의제로 확고히 자리매김했다. 리우 지구 정상 회의(Rio Earth Summit)라고도 불리는 이 회의에서 175개 참가국은 각국을 지속 가능한 미래로 인도할 27개 원칙으로 구성된 5쪽짜리 선언에 서명했고, 이 선언에는 '의제 21(Agenda 21)' 이라는 이름의 강제성 없는 행동 강령이 동반되었다. 리우 정상 회의는 지속 가능성을 각국의 미래 의제로 상정시켰지만, 그것은 어디까지나 민간 부문의 관점에서 상정한 것이었다. 세계 최대의 오염원으로서 환경 규제를 받을 전망에 놓인 초국적 기업들은 자기들의 사업을 더 지속 가능해 보이도록 만들기를 자청하면서, 의제 21을 정의하는 과정에서 일익을 담당하기 위한 로비를 했다. 비판적 평가를 받을 전망이었던 초국적 기업들은 그렇게 대화의 파트너가 되었고, 스스로를 문제가 아닌 해법으로서 내세울 수 있게 되었다. 지속 가능성에 관한 담론은 생산 효율성에 관한 담론으로 전락했고, 이때 주도권을 얻은 것은 기술과 혁신이었다.

지속 가능성의 척도

의제 21은 지속 가능한 척도의 시행이 데이터 수집에 의존함을 인정했다. 하지만 국민 총생산, 자원 및 오염도의 측정과 같은 기존 지표들에 의존하기는 부적절하며 새로운 방법들이 필요하다고 보았다. "지속 가능한 개발의 지표들은 모든 수준에서 의사 결정의 튼튼한 토대를 제공할 수 있도록, 또한 자기 규제가 이뤄지는 통합된 환경 · 개발 시스템의 지속 가능성에 기여할 수 있도록 개발될 필요가 있다"는 것이었다.[25]

의제 21의 시행 책임을 맡은 지속 가능한 개발 위원회(Commission on Sustainable Development)는 1995년에 '지속 가능한 개발 지표 연구 프로그램(Programme of Work on Indicators of Sustainable Development)'을 승인했다. 유엔의 다양한 부서들은 사무국의 조율 속에서 세계은행과 세계 자원 연구소, 유럽 연합 통계청 등과 함께 의제 21의 각 장과 관련된 134개의 지표 및 방법론적 기술을 정리한 『지속 가능한 개발의 지표들: 프레임워크와 방법론(*Indicators of Sustainable Development: Framework and Methodologies*)』을 펴냈다. 출생 시 기대 수명과 온실가스 배출량, 1인당 국내총생산부터 피임 보급률, 민물 내 분변계 대장균 농도, 주민 1,000명당 인터넷 구독자 수까지 다양한 지표들이 사회적 · 환경적 · 경제적 · 제도적 범주로 4분화되었다. 이 지침은 2001년에 개정되었다가 2007년에 또 한 번 개정되면서 지표의 수가 각각 96개와 50개로 줄어들었다. 2015년 유엔 총회에서는 의제 21의 목표들을 반복하고 확장하여 통상 '의제 2030'이라고 불리는 '지속 가능한 개발 목표(Sustainable Development Goals)'를 정식화했다. 2017년의 세계적 지표 체계는 의제 2030에서 정의한 약 169개의 목표와 17개의 목적을 중심으로 구성된 231개의 독특한 지표들을 포함한다.

1992년에 유엔이 지속 가능한 개발 지표를 개발하도록 요청한 이후로 더 많은 지수가 제시되어 왔다. 참 진보 지표(Genuine Progress Indicator, 1992), 생태 발자국(Ecological Footprint, 1996), 지속 가능성 바로미터(Barometer of Sustainability, 1997), 지구 생명 지수(Living Planet Index, 1998), 환경 압력 지표(environmental pressure indicators, 1999), 환경 지속 가능성 지수(Environmental Sustainability Index, 1999), 생태 지수 방법론(Eco-Index methodology, 2000), 지속 가능성 대시보드(Dashboard of Sustainability, 2001), 지-스코어 기법(G Score method, 2001), 환경 성능 지수(Environmental Performance Index, 2002), ITT 플라이트 지속 가능성 지수(ITT Flygt Sustainability Index, 2002), 컴퍼스 지속 가능성 지수(Compass Index of Sustainability, 2005), 바움가르트너(Baumgartner)의 복합 지속 가능성 개발 지수(Composite Sustainability Development Index, 2005), 그리고 싱(Singh) 외의 저자들이 개발한

복합 지속 가능성 성능 지수(Composite Sustainability Performance Index, 2007) 등이 그 예다.

이런 방법론들이 환경과 경제 간의 관계를 너무 적게 고려했다고 본 '지속 가능한 개발을 위한 세계 기업 협의회(World Business Council on Sustainable Development: WBCSD)'는 2000년에 자체적인 측정 도구인 생태 효율성 지표들을 만들었다. 이 협의회는 슈테판 슈미트하이니(Stephan Schmidheiny)가 『진로 변경(*Changing Course*)』이라는 저서에서 도입한 생태 효율성 개념을 이렇게 정의했다—"인간적 수요를 충족하고 삶의 질을 가져다주는, 경쟁적으로 가격이 매겨진 상품과 서비스를 제공하면서 전반적인 수명 주기에 걸쳐 적어도 지구의 부담 능력이라고 추정되는 수준에 발맞추어 환경적 영향과 자원 집약도를 점차 줄여나가는 것."[26] 그렇게 생태 효율성은 상품 또는 서비스의 가치와 환경적 영향 간의 비율로 계산되었다. 세계 기업 협의회의 체계는 '일반에 적용할 수 있는' 지표와 '기업에 특화된' 지표를 구분하면서, "그것들이 과학적 근거가 있고, 환경적으로 타당하며, 정확하고, 전 세계 모든 종류의 기업에 유용함을 보장하는" 8가지 원칙에 근간을 두었다.[27] 이 생태 효율성 지표들은 유엔 아시아 태평양 경제 사회 위원회에서 '녹색 성장' 정책과 기조를 맞추어 채택되었다.

도시와 건물이 세계적인 이산화탄소 배출과 자원 고갈에 기여하는 주된 원인으로 파악되면서, 도시의 지속 가능성을 측정하기 위한 다양한 지수들도 개진되어 왔다. 대표적인 예로는 도시 지속 가능성 지수(Urban Sustainability Index), 도시 청사진(City Blueprint) 접근법, 유럽 환경청의 도시 물질대사 프레임워크(EEA Urban Metabolism Framework), 유럽 친환경 수도상(the European Green Capital Award), 유럽 위원회 친환경 도시 도구(European Commission's Green City Tool), 유럽 친환경 도시 도구(European Green City Tool), 유럽 그린 리프 어워드(European Green Leaf Award), 세계 도시 지표 프로그램(Global City Indicators Program), 지속 가능한 도시를 위한 준거 체계(Reference Framework for Sustainable Cities), 스타 커뮤니티 등급화 체계(STAR Community Rating System), 도시 현황 평가(Urban Audit), 그리고 도시 생태계 유럽(Urban Ecosystems Europe) 지표의 영리한 도시(Informed Cities) 구상 등이 있다. 자체적으로 지표를 개발한 도시들도 있는데, 예컨대 타이베이 지속 가능성 지수(Sustainability Index for Taipei), '지속 가능한 시애틀: 지속 가능한 커뮤니티 지표 개발(Sustainable Seattle: Developing Indicators of

Sustainable Community)', 그리고 플로리다의 올랜도를 위해 개발된 '컴퍼스 지속 가능성 지수'가 그러하다.

브리암과 리드 말고도 건물의 지속 가능성을 측정할 수 있는 척도로는 홍콩 건축 환경 평가법(Hong Kong Building Environment Assessment Method: HK-Beam, 1995), 프랑스의 환경 고품질 척도(Haute Qualité Environnementale: HQE, 1996), 스위스의 미네르기(Minergie, 1996), 일본의 건조 환경 효율성 종합 평가 시스템(Comprehensive Assessment System for Built Environment Efficiency: CASBEE, 2000), 그린 글로브(Green Globes, 2000), 도쿄 그린 빌딩 프로그램(2002), 이탈리아의 카사 클리마(CasaClima, 2002), 그린 스타(Green Star, 호주 2003, 뉴질랜드 2006), 싱가포르의 BCA 그린 마크 척도(BCA Green Mark Scheme, 2005), 리빙 빌딩 챌린지(Living Building Challenge, 2006), 독일 지속 가능 건축 협회 척도(Deutsche Gesellschaft für Nachhaltiges Bauen: DGNB, 2007), 카타르 지속 가능성 평가 시스템(Qatar Sustainability Assessment System: QSAS, 2007), 홈스타(Homestar, 2009), 스웨덴의 친환경 건물 척도(Miljöbyggnad, 2010), 피트웰(Fitwell, 2016) 등이 있다.

리드는 현재 그린 빌딩 인증 법인(Green Building Certification Inc.)이 실시하는 추가적인 등급화 시스템들로 보충되고 있는데, 지속 가능한 경관을 평가하는 '사이츠'(SITES, 2015년 획득), 고체 폐기물 전환 성능을 평가하는 '트루'(TRUE: Total Resource Use and Efficiency, 2016년 획득), 전력 시스템 성능을 평가하는 '피어'(PEER: Performance Excellence in Electricity Renewal, 2015년 출시), 프로젝트와 투자자가 거래비와 엔지니어링 간접비를 줄인 정도를 평가하는 '아이리'(IREE: Investor Ready Energy Efficiency, 2018년 획득), 탄력성에 초점을 둔 등급화 시스템인 '렐리'(RELi, 2019년 출시), 자원 효율성이 높은 건물을 평가하는 '에지'(EDGE: Excellence in Design for Greater Efficiencies, 2015년 출시), 그리고 인간의 보건 복지에 영향을 주는 특징들을 측정하기 위한 성능 기반 평가 시스템인 '웰'(WELL, 2014년 출시)이 그것이다.28

다시 정신을 차려야 할 때

아울러 우리는 의제 2030의 지속 가능한 개발 목적을 충족하기 위한 일정에서 40

년 뒤처져 있다.[29] 오직 노르웨이만이 이런 목표를 달성하는 궤도에 올라와 있다. 다른 국가들은 대부분 2015년의 수준을 넘어선 경우가 거의 없고, 브라질과 미국 같은 일부 국가들은 심지어 더 후퇴하고 있다. 기후 변화에 대한 약속은 여전히 끊임없이 갱신되는 중이다. 지금까지 유엔에 제출된 모든 목표가 충족된다면 탄소 배출량은 2030년까지 1퍼센트 미만으로 줄어야 한다.[30] 목적들이 더 종잡을 수 없게 설정될수록 그 어느 때보다 더 많은 방법론이 개발되는 중이다. 2021년 9월 22일에 세계 기상 기구(World Meteorological Organization)는 『기후 지표와 지속 가능한 개발: 상호 연결점들의 예시(*Climate Indicators and Sustainable Development: Demonstrating the Interconnections*)』에 관한 보고서를 펴냈는데, 이 보고서는 기후 변화가 지속 가능한 개발 목적에 주는 영향이 의제 2030의 기후 행동 목적 13개가 준 영향보다 훨씬 더 크다는 걸 보여주고자 했다.[31]

그 와중에 세계적인 지속 가능성 시장의 가치는 상승 일변도에 있다. 친환경과 사회적 사업, 지속 가능성 관련 채권들은 2021년에 5천억 달러대를 넘어섰고, 친환경 주식에 대한 수요는 경제학자들이 녹색 버블을 두려워할 정도로 늘어났다.[32] 탄소 배출은 이제 전용 시장에서 거래되는 새로운 상품이다. 산업 회사들은 탄소 배출 상한을 준수하는 데 도움이 되는 탄소 배출 상쇄 점수(carbon credit)를 얻기 위해 아마존 재조림(reforestation) 프로젝트에 재정을 지원하거나, 아니면 지속 가능성 목적을 과도하게 달성하는 특화된 소매업자나 회사로부터 그런 점수를 그냥 구매한다. 지속 가능성 관련 자문단은 배타적인 양품 회사 영역부터 딜로이트와 맥킨지가 이끄는 수익성 좋은 세계적 기업에까지 신설되어 왔다. 경쟁 우위를 확보하려는 회사라면 최고 지속 가능성 책임자(chief sustainability officer)라는 이사직을 새로 두는 게 필수가 되었다. 지속 가능성은 곧 기업의 책임과 다름없다.

건축에서 지속 가능성의 수용은 윌리엄 맥도너 등의 집단을 넘어 이제 어엿한 주류로 자리 잡았다. 설계 커뮤니티는 세계에서 가장 시급한 관심 및 실무와 확실하게 장단을 맞추며, 세계적으로 회사들은 그들이 해당 분야에서 지닌 전문성과 대의를 향한 헌신을 홍보할 모든 기회를 갖는다. 진지한 모든 프로젝트에서 지속 가능성 관련 자문가는 설계팀의 퍼즐을 맞추는 데 없어서는 안 될 존재다. 실무는 녹색 건물, 생태 친화 건물, 생태 중심 설계, 친환경 건설, 생태 건축(ecotecture), 자연 순응형(passive) 주택, 제로-난방 건물, 제로-에너지 건물, 에너지-플러스 건물, 탄소 중립 건물, 탄소 흡수 건물(carbon sink building), 순환적 건설, 도시 물질대사, 물질대사적 활력과 같은 새로운 개념들을 낳고 있다. 지속 가능한 건물들로 세계를 바꾸려는 데이비드 갓프리드(David Gottfried)의 꿈은 바로 우리 눈앞에서 펼쳐지고 있다.

지속 가능한 설계 윤리를 준수하려면 삶의 즐거움을 삼가야 한다고 의심하는 경우가 있을지라도, 덴마크 건축가 비야르케 잉엘스는 양자를 대립적으로 볼 필요가 없다고 우리를 안심시키며 이렇게 말한다. "지속 가능성은 일종의 도덕적 희생이거나 정치적 딜레마 또는 심지어 인도주의적 대의일 수도 없다. 그것은 설계의 도전 과제여야 한다."[33] 건축은 환경에 유익할 뿐만 아니라 그 속에 사는 사람들에게도 훌륭할 수 있다. 이러한 기풍을 가리켜 잉엘스는 "쾌락주의적 지속 가능성(hedonistic sustainability)"이라고 부른다. 그것은 더 즐길 만한 생활 방식으로서, 생태 의식을 갖춘 이들을 위한 조직화된 재미로서의 지속 가능성이다. 물론 그럴 수만 있다면 좋을 텐데 말이다.

wellbeing (웰빙)

[불가산명사]

(영) /ˌwelˈbiː.ɪŋ/ (미) /ˌwelˈbiː.ɪŋ/

건강하고 행복하다고 느끼는 상태

예) 요가는 사람들에게 웰빙의 느낌을 키워주는 이점이 있다.

5

모두가 웰 All WELL

1976년 7월 미국의 비영리 참전 용사 단체인 미국 재향 군인회(American Legion)의 회원 2천여 명은 필라델피아의 벨뷰-스트랫포드 호텔에서 3일간 열린 연례 총회에 참석했다. 1900년대 초에 프랑스 르네상스식 고층 버전으로 지어진 이 호텔은 1,090개의 객실을 갖춘 미국 최대의 호텔 중 하나였다. 총회가 끝나고 며칠이 지난 뒤 이 단체의 회원인 61세의 퇴역 공군 대위 레이 브레넌은 피로감을 호소하다가 자택에서 외견상의 심장 마비로 급사했다. 2주가 채 안 지나서 십수 명의 회원들이 더 죽었는데, 모두가 피로감과 가슴 통증, 신열을 호소하다가 사망했다. 186명의 회원은 폐렴과 증상이 유사한 질병에 걸렸고, 벨뷰-스트랫포드 호텔 인근 거리를 지나던 몇몇 행인과 에어컨 기술자까지 같은 질병에 걸렸다.

역학 조사관들은 이 질병의 원인을 찾으려고 분투했고, 사건은 언론의 조명을 받게 되었다. 밥 딜런은 '재향 군인병(Legionnaire' s Disease)' 이라는 노래도 만들었다.

1년이 더 지나고 또 한 번의 발병이 있고 난 후에야 비로소 이 불가사의한 질병의 원인이 밝혀졌다. 건물 냉각탑의 온수에서 번성하던 박테리아가 발견되었고, 이 박테리아는 최초 발병 사례를 따라 '레지오넬라(Legionella)' 균으로 명명되었다. 레지오넬라균은 쉽게 에어로졸이 되어 에어컨 배관을 타고 확산하고 심지어 건물 입면을 따라 외부로도 퍼져 나가는데, 특히 여름철에 기온이 급상승하면서 에어컨 시스템이 재빨리 가동될 때 그런 확산이 잘 일어난다. 벨뷰-스트랫포드 호텔 자체는 이 시련에서 살아남지 못했다. 재향 군인회 총회에서의 발병 이후 4개월가량 지난 1976년 11월, 부정적 여론으로 최악의 객실 점유율을 면치 못한 이 호텔은 결국 문을 닫았다.

하지만 그 여파는 벨뷰-스트랫포드 호텔을 훌쩍 넘어 확산했다. 1983년 세계 보건 기구는 신축하거나 개축한 사무소 건물의 최대 30퍼센트에서 실내 공기 질에 관한 불만이 제기될 수 있다는 보고서를 발표했다. 이 보고서는 '병든 건물 증후군(Sick Building Syndrome: SBS)' *이라는 표현을 도입했는데, 이 말은 "일부 직장들의 공간 점유율과 관련이 있어 보이는, 눈 · 코 · 목구멍의 거슬리는 느낌, 정신적 피로, 두통, 메스꺼움, 어지러움, 피부 자극을 비롯한 일단의 비특이성 증상들"로 기술된다.[1] 세계 보건 기구는 한 건물을 '병든' 것으로 간주하기 위해 접수되어야 하는 불만들의 최소 '밀도'도 설정했는데, 건물 이용자들의 20퍼센트가 증상을 나타내야 한다는 것이었다.

미국 국립 생명 공학 정보 센터(NCBI) 홈페이지의 『인도 직업 환경 의학 저널(*Indian Journal of Occupational and Environmental Medicine*)』에 실린 한 논문에 언급된 추가적인 "조짐과 증상" 중에는 "냄새에 대한 민감성"과 "인성의 변화" 뿐만 아니라 "가슴의 두근거림(심계 항진), 코피, 암, 임신상의 문제와 유산"도 있다. 논문의 저자들은 또 이렇게 덧붙였다. "이 증상들의 원인은 알려져 있지 않으며, 업무 효율을 떨어뜨리고 결근 비율을 높인다. 건물을 벗어난 후에는 이런 불만들의 대부분이 곧 감소하는 것으로 보고되지만 여전히 남아 있는 신경 독소의 효과가 일어날 수 있다."[2]

이와 같이 일각에서는 중대한 우려를 표명했지만, 또 다른 일각에서는 그보다 평이하게 어리둥절함을 표현했다. 영국의 교통 유급 직원 협회(Transport Salaried Staffs' Association)는 병든 건물 증후군을 "분명치 않은 이유로 특정 건물과 연관되는 흔한 증상들을 묘사하는 데 쓰이는 보편적 용어"로 기술했다.[3] 스웨덴 카롤린스카 연구소의 연구원인 아케 퇴른 박사는 병든 건물 증후군과 연관되어 온 원인들을 광범위하게 언급했는데 기계 환기, 특히 에어컨 사용, 증기와 기화를 이용한 가습, 휘발성 유기 화합물, 조명, 포름알데히드, 먼지, 바닥 전체를 덮은 카펫과 직물, 소음, 실내 공기, 복사기를 쓰는 작업, 업무 위계상 부하 직위, 젠더, 흡연, 아토피성 질환 병력, 심리사회적 불만 등이 그것이다.[4]

병든 건물 증후군은 사무직 노동자들이 호소하는 다양한 불만들, 예컨대 '사무실 질병', '가습기 신열', '건물 관련 질병', '월요병', '직업성 천식', '문제

* 국내에서는 소위 '새집 증후군'이라는 말로 잘 알려져 있지만, 꼭 새 집이나 신축 건물에만 해당하는 증후군은 아니다.

있는 건물', '건물 관련 재실자 불만 증후군', 또는 '남용되는 건물 증후군' 가운데 일부였다. 미국 국립 직업 안전 위생 연구소(American National Institute for Occupational Safety and Health)는 1980년에 직장 환경의 질과 관련하여 150건의 진정서를 접수했는데, 이는 전체의 8퍼센트에 불과했다. 하지만 1990년에 이르러서는 전체의 52퍼센트라는 엄청난 비율의 진정서들이 '병든' 업무 환경에 관한 우려에서 비롯된 것이었다.

건강을 위한 건축

비트루비우스는 습하지도 얼지도 않은 곳에 도시를 조성하라고 권했다. 르 코르뷔지에는 결핵을 치료하는 데 빛이 중요하다고 확신했다. 알바 알토는 파이미오 요양원을 설계할 때 자신의 건축을 '의료 수단'으로 간주했다. 건축의 역사는 질병에 대한 오랜 집착을 보여준다. 심지어 건축의 자매 학문인 도시 계획은 대개 공중 보건을 위한 대책으로써 출현했다고 주장할 수도 있다. 오스망의 파리 개조는 사실상 그 도시에 현대적인 배수로와 배관을 도입하는 공중위생 프로젝트였다. 센트럴 파크는 뉴욕시의 필수적인 허파로 고안되었다. 그리고 템스강둑 산책로(Thames Embankment)와 같은 작업은 콜레라균이 득실댄다고 알려진 습한 강둑 지대를 배수하여 근대적인 하수 시스템을 도입하고자 한 시도였다. 1884년에는 '헬서리스(Healtheries)'라는 이름으로 유명한 런던 국제 보건 전시회(International Health Exhibition) 같은 대중 행사에서 17세기의 옛 런던 거리를 재현했는데, 여기서 방문객들은 '음침한 위층의 작은 방들'이 있는 여관과 주막을 따라 거닐면서 비위생적인 중세 도시의 비좁고 불결한 조건에 혀를 내두를 수 있었다.[5]

"현대 건축업자가 자택을 지을 때 활용하는 것과 동일한 세심한 정밀성과 과학적 정확성으로 우리 몸을 짓는 법을 배울 때 비로소 건강해질 수 있을 것"이라고 자연요법 의사이자 『로스앤젤레스 타임스』 건강 칼럼니스트인 필립 로벨 박사는 썼다.[6] 오스트리아계 미국인 건축가 리하르트 노이트라가 1920년대 후반 로스앤젤레스에 로벨 가족을 위한 '건강 주택(Health House)'을 설계하기로 결정한 것은 자명한 선택으로 보인다. 노이트라는 건축을 '예방 의학의 지류'로 보았고, 인간이라는 종의 생존은 '생리학적 공간'에 초점을 두는 설계자들에게 달려 있다고 주장했다. 그는 로벨 가족 주택의 각본이 된 공기와 햇빛, 움직임과 다이어트의 체제를 확립했다. 이 집의 띠를 이루는 유리 입면은 안팎의 구분을 흐리면서 거실 공간에서 뻗어 나온 테라스들에서 알몸으로 일광욕을 즐길 수 있게 설계되었다. 노이트라는 "비대한 장식과 곡률의 과잉"에 맹렬히 저항하면서 병원의 흰색 벽체를 유익한 수단으로 채택했다.[7]

한 설명도에서는 공사 중인 로벨 주택의 철골 그림을 인체 순환계를 그린 의학 도해 위에 겹쳐 놓았다.

스페인 독감: 건축의 역할에 찾아온 종말

제1차 세계대전과 스페인 독감 이후에는 백신 개발이 시작되었다. 국가 보건 프로그램의 출현과 함께 그때까지 적절히 치료될 수 없었던 질병들—황열(1932), 독감(1937), 소아마비(1952), 홍역(1963)—이 이내 상당히 줄어들었다. 범아메리카 보건 기구(Pan American Health Organization)를 비롯하여 1948년에 설립된 세계보건 기구(World Health Organization)와 세계 보건 총회(World Health Assembly) 등 여러 기관의 후원하에 질병 퇴치를 위한 조직적인 노력이 광범위하게 일어났다. 인간사 전반에 걸쳐 나타났던 주된 전염병인 천연두는 1977년 소말리아에서 보고된 자연 발생 사례를 끝으로 결국 박멸되었다. 노벨상을 수상한 바이러스학자 프랭크 맥팔레인 버닛 경(Sir Frank Macfarlane Burnet)은 1962년에 "전염병에 대한 글쓰기는 거의 역사가 되어버린 무엇에 대한 글쓰기"라고 진술했다.[8]

의학과 공공 보건에 관한 구상들이 성공할수록 건축은 더 이상 역할이 없어 보였고 결국 건강과는 완전히 분리되었다. 전염병의 시대가 저물면서 새로운 요인들이 각광을 받기 시작했다. 비만과 같이 생활 방식과 연관된 만성 질환, 흡연과 연관된 폐 질환, 그리고 좌식 생활 및 과식과 연관된 심혈관계 질환이 그것이다. 이런 조건들에는 건물이 영향을 줄 수도 없었다. 아닌가, 그럴 수 있었던가?

증거 기반 설계

1980년대 중반에 피실험자들의 심리 반응과 행동 반응을 기록한 정보를 모은 경험적 방법론인 '증거 기반 설계(evidence-based design: EBD)'는 건물이 사람에게 미치는 영향을 바라보는 새로운 관점을 열었다. 「창밖 풍경이 수술 회복 시간에 영향을 준다(View through a Window May Influence Surgery Recovery Time)」라는 로저 울리크(Roger Ulrich)의 1984년 연구는 1972년부터 1981년까지 펜실베이니아의 한 병원에서 기록된 관찰에 근거하여 수행되었는데, 그 결론은 창밖으로 자연이 보이는 병실의 환자들이 벽돌 벽체가 보이는 병실의 환자들보다 진통제를 더 적게 썼고 퇴원도 더 빨리했다는 것이었다.

이후로 수많은 연구가 쏟아졌다. 연구자들은 자연광과 인공조명, 소음, 실내 표면의 물성, 자연과 식생이 존재하거나 보이는지 등 구체적 환경의 변화가 피실험자들에게 미치는 효과를 관찰했다. 환자 회복 시간과 같이 외적으로 자명한 요인뿐만 아니라, 연구자들은 심장 박동과 근육 긴장, 피부 전도, 그리고 (수축기 혈압을 드러내는 기법인) 맥파 전달 시간 같은 요인들에도 주목했다.[9]

증거 기반 설계는 앞선 증거 기반 의학(evidence-based medicine: EBM)의 이복동생 격이다. 일부의 설명에 따르면 증거 기반 의학은 1662년부터 전해져 왔는데, 당시 사혈(瀉血)의 효과성에 관해 이루어진 최초의 통제된 임상 실험에 대해 얀 밥티스트 판 헬몬트(Jan Baptist van Helmont)는 이렇게 묘사했다. "병원이나 수용소 또는 다른 곳에서 열병이나 늑막염을 앓는 200명 또는 500명의 빈민을 대상으로 실험합시다. 그들을 반씩 나누고 제비뽑기를 하여 절반은 제가, 나머지 절반은 여러분이 맡지요. 저는 사혈과 적절한 삐 뽑기를 하지 않고 치료하겠습니다. 하지만 여러분도 알다시피 여러분은 할 거고요, (…) 우리는 우리 모두가 얼마나 많은 장례를 치러야 할지 보게 될 겁니다."[10]

증거 기반 의학은 "개별 환자들의 치료에 관한 결정을 내릴 때 현존하는 최상의 증거에 대한 양심적이고 명시적이며 신중한 활용"을 규정한다.[11] 다른 한편으로 "증거 기반 설계자는 믿을 만한 연구와 프로젝트 평가에서 얻을 수 있는 최상의 정보를 바탕으로 — 정보를 숙지한 의뢰인과 함께 — 결정을 내린다. 독특한 상황과 정확히 맞을 때가 거의 없는 정보로부터 합리적 추론을 이끌어내려면 비판적 사고가 필요하다."[12] 임상적인 증거 기반 의학은 "최상의 증거"를 요구하는 데 반해, 증거 기반 설계는 "믿을 만한 연구"를 요구한다. 증거 기반 의학은 "양심적이고 명시적이며 신중한" 모델을 규정하지만, 증거 기반 설계는 "합리적 추론"을 이끌어내는 데 만족한다.[13] 증거 기반 의학과 달리 증거 기반 설계는 보통 자체적인 실험을 수행하기보다 기존의 기록된 정보를 바탕으로 이뤄진다. 그 과정에서 수집되는 데이터가 꼭 상관성을 지닐 필요는 없는데, 이는 특히 '개방형 평면' 같은 개념들이나 '대규모'와 같은 공간 기술어들이 명시적으로 정의되지 않을 때가 많기 때문이다. 증거 기반 설계의 한 옹호자에 따르면 "이것은 새로운 데이터에 대해 특별히 창조적이고 늘 변화하는 해석을 요청한다."[14]

증거 기반 설계의 세계관에서 중심을 이루는 건 환자가 중심을 이룬다는 매력적인 개념이었다. 더 이상 의사나 기술진 또는 얼굴 없는 광대한 병원 관료제의 이익이 지배할 수 없게 되었으며, 결국 중요한 것은 '사람'이었다. 증거 기반 설계가 초기에 병원 건축의 맥락에서 활용되긴 했지만, 건물이 거주자들의 건강에 영향을 줄 수 있다는 개념은 곧 이 기법이 더 폭넓게 적용될 수 있음을 의미했다.

증거 기반 설계와 같은 기법이 환자들의 회복 속도를 높이는 요인들을 드러낼 수 있었을지라도, 그것은 환자들을 — 또는 더 일반적으로 다양한 맥락에서 사람들을 — 더 오랫동안 아프게 하는 요인들이 뭔지도 알려준다는 뜻이었다. 증거 기반 설계의 방법론이 의학적이기만 한 맥락에서 더 폭넓은 범위로 이식되면서 건강 개념은 '생리학적 스트레스 지표', '심장 대사 위험 요인', '근골격계 조직,' '피부/눈/코/목구멍 자극', '피곤함', '두통'과 같은 엄밀히 물리적인 요인들로부터 '시각적 쾌적성', '열 쾌적성', '불쾌한 냄새', '전반적 쾌적성', '수면의 질', '분위기', '일반적 짜증', '대인 관계', '인식되는 조직적 지원'과 같은 더 폭넓은 관심사들로 이식되었다.[15]

실내 사무 공간과 건강의 관계에 대한 연구는 세 가지 결과를 보여준다. 첫째,

> (…) 개방형 평면과 공동실, 그리고 높은 배경 소음만이 건강에 부정적 영향을 끼치는 특징들로 나타난다. 둘째, 논문에서 분석되는 다른 특징들은 건강에 무익하기보다 유익한 경우가 더 많다. 셋째, 실내 공간의 모든 특징은 건강과 긍정적 관계가 있는 것으로 보고된다. 입좌식 의자(sit-stand)와 자전거 책상(bike desk)처럼 신체 활동을 장려하는 특징들이 있거나 공동 시설과의 거리가 멀수록 신체적 웰빙과 긍정적 관계가 있는 것으로 나타난다. 마찬가지로 빛(자연광)과 개별 제어가 늘어날수록, 그리고 식물과 바깥 풍경이 존재할수록 심신 모두의 웰빙에 긍정적 결과가 있는 것으로 나타난다. 소규모의 공동실은 사회적 웰빙에 기여한다.16

이 보고서는 6인 이상이 근무하는 개방형 평면의 일터가 건강에 부정적 영향을 주는 경향이 있다는 결론을 내린다. 덴마크의 「개방형 평면의 공유 사무실과 관련하여 본 병가(Sickness Absence Associated with Shared and Open-plan Offices)」와 같은 최근 연구들도 특정한 건물 유형이 결근으로 이어질 수 있음을 보여줬다. 덴마크의 노동력을 전국적으로 조사한 연구의 결론은 개방형 평면의 사무실에서 일하는 노동자들이 병가를 가장 많이 내는 것으로 나타났고, 그다음은 2~6인이 한 사무실을 공유하는 경우인 것으로 나타났다. 대부분의 자리를 지키는 — 따라서 건강하다고 여겨지는 — 노동자들은 자기만의 구획된 사무실에서 일하는 이들이었다.

너의 내면을 탐색하라

증거 기반 설계는 그것에 대한 연구 결과를 이 시대의 지배적인 업무 환경인 사무실이 건강에 미치는 효과로 한정했지만, 그 이후로 이러한 인과 관계를 더 깊이 탐구하기 위한 여러 개념이 출현했다. '업무'라는 개념의 경계가 흐려질수록, 업무 환경이라는 개념의 경계도 흐려진다. 원격 업무나 탄력 근무제 또는 양자를 모두 혼합하는 식으로 노동 개념에 대한 시공간적 제한이 점점 더 사라지는 변화는 우리가 언제 어디서나 일한다는 뜻을 내포하게 되었다. 더 이상 하루 8시간이라는 정해진 시간에만 우리의 업무 조건에 영향을 주는 근대적인 사무실이 아니다. 건물과 그 너머를 포함하는 우리의 모든 환경이 끊임없이 우리에게 영향을 준다. 노동 생산성을 최적화하기 위해서는 어떠한 외부 요인도 배제될 수 없다. 특히 예전에는 업무와 무관하다고 여겨졌던 요인들을 포함해서 말이다.

한 가지 흥미로운 상황이 나타난다. 우리의 건강에 영향을 주는 것으로 파악되는 요인들의 수가 늘어날수록, 이런 요인들을 충분히 통제할 수 있는 능력은 줄어들 수밖에 없다. 이론상 어느 개별 사무실의 환경이 그 이용자들의 건강에 미치는 영향은 여전히 하향식 설계 과정으로 다뤄지거나 확정된 수의 (측정 가능한) 기준들을 시행하는 방식으로 보장되지만, 이론상 무한히 많은 원인에 맞닥뜨릴 때는 그러한 보장이 불가능하다.

우리의 건강(과 생산성)에 영향을 주는 상황들이 더 보편적이고 일반적으로 되어갈수록, 그런 상황들에 적용되는 언어도 그렇게 변한다. 과거에 '사무실(office)'이었던 것이 이제는 '일터(workplace)'가 되었다. 과거에 우리의 '건강'이었던 것이 이제는 우리의 '웰빙'으로 진화했다. 의미론적 변화는 사소해 보일 수 있지만, 그럼에도 중요한 변화가 진행되고 있다. '건강한(healthy)' 것이나 '잘(well)' 있는 것에 대한 이해는 크게 다르지 않을 수 있지만, 각각에 내포되는 책임은 근본적으로 다르다. 건강은 개인들이 스스로를 '위한' 치료를 받았다고 기대할 수 있는 수준까지는 어느 정도 외부 요인들에 귀속될 수 있다. 하지만 웰빙은 대개 그 개인들에 '의한' 선택의 문제다.

건강이라는 개념은 본래 하나의 '권리'였지만, '웰빙'으로 이미지 변신을 하면서 이제는 '의무'로 변한다. 그것은 관대한 언어의 외양을 취하지만, 노동 참여의 관점에서 양도할 수 없는 조건이 된다. '열심히 일하고 열심히 놀아라(work hard, play hard)'와 같은 주문들은 거의 무조건적이고 끝없는 일의 본성을 고취하기 위한 완곡어법이나 다름없다. 현대적인 사무소의 설계는 이런 어법에 기여하는 핵심적인 부분이다. 일과 여가의 조건들을 서로 구분하기 어려워질수록, 더 은밀하게 업무 시간이 늘어날 수 있다. 가장 잘 일하기 위해서는 실제로 일하고 있다는 느낌이 일절 없어야 한다. 이건 대체 누가 누구를 놀리는 것인가? 훈련 캠프나 놀이터와 같은 은유들이 차고 넘친다. 하지만 일터는 정확히 그것이 내세우는 이름대로 '일하는 곳' 일 뿐이다.

아니나 다를까 이러한 경향을 선두에서 이끌어온 부문들은 즉각적인 물리적 업무 환경을 넘어 명상과 요가 등 기존에 확립된 건강 관련 습속들을 통합하는 방향으로 나아간 부문이기도 하다. 주로 실리콘밸리의 젊은 인재들이 박차를 가하면서 이러한 효과에 대한 수많은 운동 겸 사업들이 기업 프로그램 차원에서도, 개인 소비를 위해서도 출현했다. 구글에서는 107번째 직원이자 승려인 차드 멍 탄(Chade-Meng Tan)이 직원들의 스트레스 대처와 일터에서 긴장되는 감정들의 완화를 돕기 위해 '멈추기, 숨쉬기, 주목, 사색, 대답' 같은 이름의 기법들을 활용하는 '너의 내면을 탐색하라(Search Inside Yourself)' 라는 프로그램을 도입했다. 아리아나 허핑턴은 '영혼을 위한 지피에스(GPS for the Soul)' 를 비롯하여 '침착(Calm)', '마음의 빈 공간(Headspace)', '숨을 쉬라(Breathe)', '10퍼센트 더 행복하게(10% Happier)', 또는 '더 나은 나(BetterMe)' 와 같은 많은 애플리케이션을 개발했다. 피트니스 산업에서는 전형적인 스포츠와 운동이 보편적인 생활 양식에 대한 관심으로 흘러가는 변화가 일어나면서 평소에도 입을 수 있는 운동복인 '애슬레저(*athleisure*)' 시장이 생겨났다.

심신(心身)과 정신(情神) 속에서

하지만 혜택을 본 궁극의 부문은 '개인이 책임지는 건강' 이라는 개념을 기초 원리로 하여 만들어진 이른바 '웰니스(wellness) 산업' 이었다. "예방적 차원의 건강과 웰니스에 대한 공공 및 민간 부문 교육으로 세계적으로 웰니스의 힘을 강화한다는 사명을 지닌" 비영리 기관인 글로벌 웰니스 연구소(Global Wellness Institute: GWI)는 이렇게 말한다. "웰니스는 우리를 심신과 정신 차원에서 최적의 웰빙 상태로 이끄는 활동과 생활 양식을 채택하기 위한 개인들의 진취적이고 자발적인 참여를 요한다."[17]

글로벌 웰니스 연구소는 어떤 상상적 스펙트럼의 출발점을 이루는 전통적인 건강의 반대 극단으로서 웰니스를 정의한다. 건강은 여전히 의사와 의료진의 임무로 남아 있지만, 웰니스를 주도하는 것은 각자의 책임이다. 하지만 그 결과는 막상 그 정의가 여전히 모호한 채로 남는다는 사실이다. 웰니스의 정의는 기분 좋은 상태부터 시작해서 커뮤니티에 대한 관심 집중, 스트레스 완화, 휴식 그리고 즐거움에 이르기까지 무엇이든 포함한다. 의료가 치료라면 웰니스는 우리가 아프지 않도록 예방하는 모든 것이다. 계속 호전될 거라는 전망에 귀속된다는 점은 의료든 웰니스든 마찬가지다.

동시에 웰니스는 대규모 사업이다. 글로벌 웰니스 연구소에 따르면 웰니스 시장은 세계 경제 매출의 5.3퍼센트를 차지하며, 세계는 의료에만 미화 7조 달러를 지출하는 중이고 좋은 기분을 만드는 웰니스 산업에는 미화 4조 2천억 달러를 '추가로' 쓰고 있다. 이렇게 경제의 상당 비중을 차지하는 웰니스 산업은 노화 방지 제품과 건강식, 피트니스, 예방 의학, 웰니스 관광, 대체 의학, 그리고 이른바 '스파 경제(spa economy)'로 구성된다.

부동산을 차세대의 전선으로 선언하는 웰니스는 건강 개념과 건물을 다시 연결하는 영역이기도 하다. 이 글을 쓰는 시점에서, 웰니스를 테마로 한 부동산 — 대부분 리조트와 건강 '빌리지' 또는 공동 주택 — 프로젝트는 34개국에서 740개가 진행 중이며, 그 가치는 미화로 1,340억 달러에 달한다. 월등하게 웰니스 부동산을 이끄는 두 국가는 각각 그 가치가 524억 달러에 달하는 미국과 199억 달러에 달하는 중국이다.

"지난 세기에 우리의 집들이 지어진 방식은 우리를 병들게 하고, 스트레스를 주며, 소외시키고, 불행하게 만드는 생활 양식들을 강화하고 있다"고 글로벌 웰니스 연구소는 말한다. 이 연구소는 세계 보건 기구의 한 보고서를 인용하는데, 이 보고서에 따르면 2012년 전 세계 사망자 수(1,260만 명)의 23퍼센트가 "조정 가능한 환경 요인들"에 따른 것이었다고 한다. 더 나아가 연구소 측은 세계 경제 포럼의 한 연구도 인용하는데, 이에 따르면 "만성 질환이 세계 경제에 미치는 누적 효과가 2030년까지 47조 달러에 달할 수 있다"고 한다.[18]

질병의 원인을 건조 환경에서 찾는 것은 글로벌 웰니스 연구소만이 아니다.

오늘날 건물과 '건강하지 못한' 도시 환경이 일으키는 질병들뿐만 아니라 그것들을 고치기 위한 정의와 기관들도 전자에 못지않은 목록을 자랑한다. '건강한 건물 지수(Healthy Building Index: HBI)', '지속 가능하고 건강한 환경(Sustainable and Healthy Environments: SHE)', '아크(Arc)' · '피트웰(Fitwel)' · '웰(WELL)'과 같은 사무소 건물 표준들, 그리고 도시를 위한 '건강한 장소 짓기(Building Healthy Places)'와 같은 표준도 있다. 때로는 이런 단체들과 열렬히 연합하지 않고 독자적인 사내 프로그램을 개발해온 건축 사무소들도 있는데, 앳킨스(Atkins)의 '사람을 최우선에 두기(Putting People First)'가 그 예다.

이런 몇몇 기관들이 뭘 권고할 수 있을까? '건강한 장소 짓기'라는 표준은 도시 설계자들에게 "혼합된 토지 용도들을 포괄"하고 "농부들의 시장을 개설"하도록, 또한 아직도 이 문제에 무지한 누군가를 위해 "해로운 독성을 배출한다고 알려지지 않은 건축 재료를 선택"하도록 장려한다.19

하지만 건강한 건축의 최근 세대는 장소 만들기의 전통적 도구들을 넘어 정량화된 하이테크의 영역으로 진출하는 길을 모색한다. 뉴 어버니즘의 메카인 플로리다 남부 시사이드에서 그리 멀지 않은 코럴게이블스에 로케이션 벤처스(Location Ventures)가 설계한 주택 단지인 빌라 발렌시아(Villa Valencia)는 2021년에 사용 개시될 예정이었지만 글을 쓰고 있는 지금도 계속 공사 중이다. 이 프로젝트의 의도는 주민들에게 더욱 건강한 느낌을 보장해줄 신기술을 활용하는 것이며, 분양 홍보 문구는 "병원 수준의 공기, 활기찬 빛, 그리고 오염원 · 활성 산소 · 노화를 방지하는 청정수"를 강조한다.20 주민들은 특정 알레르기를 유발하는 항원들에 대한 알림을 설정하여 그런 항원들이 실내에서 임계 수준에 도달할 때 공지를 받고 자동으로 신선한 공기를 순환하는 공기조화 시스템이 작동하게 할 수 있다. 조경이 이루어진 옥상과 튀르키예 목욕탕 스타일의 스파를 함께 갖춘 빌라 발렌시아의 제작자들은 거주자의 수명을 늘리는 주택을 만드는 데 목적이 있다.

로케이션 벤처스의 리시 카푸어(Rishi Kapoor) 대표는 이렇게 말한다. "우리는 고객들의 기호에 맞춥니다. 부유한 고객들 말이에요. 그리고 우리가 제공하고 싶은 것은 — 조심스럽게 말하는데요, 이건 중요한 내용입니다 — 가능한 한 가장 건강한 주택 환경을 만드는 거예요. 건강하지 않으면 부유해봤자 무슨 소용인가요?"[21]

건강에서 창출되는 부(富)

골드만 삭스의 전 파트너였던 폴 시알라(Paul Scialla)는 2014년부터 초점을 뒤집어 건강에서 부유함을 창출하는 데 집중해오고 있다. "당신이 웰니스 트렌드를 믿는다면, 그걸 현존하는 최대 자산 계층에 적용하지 못할 이유가 있나요?" 시알라는 빌라 발렌시아의 공기 질을 인증하는 회사인 델로스(Delos)의 창립자 겸 최고 경영자다.[22] "잘 혁신하라(Innovate Well)"는 좌우명을 둔 델로스는 수많은 부동산 건강 레이블과 시스템을 경영하는데, 그중 최대 규모를 자랑하는 '웰 표준(WELL standard)'은 현재 세계에서 가장 널리 시행 중인 사무소 건물 인증 시스템이다. 델로스 웹사이트에 따르면 웰과 그 자매 프로그램들의 수혜자들은 340만 명에 달하고, 웰 인증을 받은 프로젝트들의 표면적 합계는 4,500만 제곱피트, 1인당 점유 면적은 150 제곱피트(21개국의 200개 프로젝트)에 달하는 것으로 계산된다.* 웰을 뒤에서 지탱하는 사람들은 누구인가? 웹사이트에서는 철인 3종 경기 선수, 화학자, 도시 자전거 애용자, 뒤뜰 정원사, 무독성 제품 마니아와 세계일주 여행자 등이 "더 건강한 세상을 만들기 위해 문제를 풀고 혁신하며 현 상태에 도전한다"고 언급한다.[23] 델로스는 『인간의 건강에 투자하기(*Investing in Human Health*)』라는 보고서에서 의학과 건설 과학을 융합하여 "예방 의학적 의도들을 건물에 도입"하는 게 자사의 목적이라고 설명한다.

우리 생활의 90%가량은 실내에서 이뤄진다. (…) 늘어나는 좌식 생활과 건강

* 2023년 6월 16일 기준, 델로스의 웹사이트에서는 127개국의 24,736개 프로젝트가 웰 인증을 받았다고 보고하고 있으며, 인증 프로젝트 표면적 합계는 47억 8천만 제곱피트 이상이고, 이 프로그램의 수혜자는 (17,175개의 등록 프로젝트와 1인당 점유 면적 200제곱피트를 기준으로) 1,730만 명이라고 명시되어 있다.

> 하지 못한 식단, 오염과 자연 파괴로 건강에 대한 우려와 스트레스, 사회적 고립, 고독으로 점철된 현대인의 삶은 우리의 전반적인 웰빙에 점점 더 부정적이고 막대한 영향을 주어 왔다. 실내 공기와 물의 질, 열 쾌적성, 조명의 질과 같은 일견 미묘해 보이는 힘들은 더 건강한 생활 양식을 유지하려는 우리의 노력에 상당한 해가 될 수 있다. 우리의 생활은 거의 모든 측면에서, 말하자면 우리의 기분과 활력 수준부터 우리가 얼마나 숙면을 취하는지 그리고 얼마나 생산적으로 하루를 보내는지도 실내 환경의 영향을 받을 수 있다.[24]

주관적으로 느끼는 웰빙의 질에 대해서는 분명한 정의를 내릴 수 없지만, 글로벌 웰니스 연구소와 델로스는 모두 한 가지로 수렴하는 듯하다. '웰' 빙(being "well")은 더 좋은 성과를 의미한다는 것, 말하자면 단순한 건강은 '더 좋게 느껴질' 뿐이지만 진정한 웰빙은 '번영한다(thrive)' 는 것이다. 자기 건강을 스스로 챙기는 의욕적인 노동자는 회사의 수익성을 높이는 기본 요소다. "직원의 건강과 웰빙에 대한 투자는 그 사업체의 건강에 대한 투자다"라고 델로스의 웰 지부(WELL arm) 최고 경영자 레이첼 호지든(Rachel Hodgdon)은 쓴다.[25] 요컨대 "건강은 철저하게 물질적이다."[26] 웰빙과 그것이 고용주들에게 미치는 재정적 파급 효과가 얼마나 깊은 상관관계가 있는지는 쉽게 관찰된다. 웰이 인용하는 연구에 따르면 미국 회사들이 직장 내 스트레스에 따른 생산성 저하와 결근 증가, 스트레스 관련 질병에 대한 의료비와 보험료로 지출하는 비용이 연간 3천억 달러에 달함을 알 수 있다.[27]

2014년에 델로스는 마요 클리닉(Mayo Clinic)과 함께, 수많은 환경 조건을 시뮬레이션해가며 그런 조건들이 인간에게 미치는 영향을 평가할 수 있는 시험 공간인 '웰 리빙 랩(Well Living Lab: WLL)' 을 창설했다. 5,500 제곱피트 넓이의 이 연구소는 연구자들이 몇 가지의 다른 실내 조건들을 재생할 수 있는 이동식 격벽을 갖추고 있다.

> 웰 리빙 랩은 공기 질과 조명, 온도, 습도 등의 핵심 환경 요소들을 감시하는 센서들을 갖추었다. 우리가 수집하는 인적 데이터는 웰이 설계한 애플리케이

> 션을 통해 측정된 인지 수행력 측정 결과와 설문 조사로 받은 답변들을 포함한다. 더 나아가 우리는 착용형(wearable) 기기와 센서를 통해 얻은 생리적 정보, 예컨대 심장 박동과 피부 전도, 수면 관련 척도(수면 단계, 수면 방해 요인, 움직임), 피부 온도 등도 수집한다. 현재 우리 랩의 재고 목록에 등재된 센서는 500개가 넘는다.[28]

이 연구소가 수행한 한 시범 연구는 주당 9기가바이트의 데이터를 생산했지만, 아직까지 그 센서들로부터 데이터를 취합하는 독보적인 연구 결과를 발표하지는 못했다. 그럼에도 델로스는 그 와중에 웰 인증 프로그램을 진척시켰다. 웰은 하나의 건물을 실내 환경의 질을 높이는 데 최적의 수준에서 유지되어야 하는 요소들의 집합으로 분류한다. '공기(Air)' 와 '물(Water)' , '영양(Nourishment)' , '빛(Light)' , '운동(Movement)' , '열 쾌적성(Thermal Comfort)' , '소리(Sound)' , '재료(Materials)' , '정신(Mind)' , '커뮤니티(Community)' 는 한 건물이 건강하다는 판단을 보장하기 위해 다뤄져야 하는 부문들이다. 각 요소에 대해 델로스는 좋든 싫든 충족될 필요가 있는 일단의 '필수 요건들(Preconditions)' 과 점수 체계에서 가중치가 매겨지면서 건물주가 선택적으로 결합할 수 있는 '최적화 항목들(Optimizations)' 을 규정한다.

'공기' 부문의 기본 필수 요건들을 살펴보자. "이 웰 요소는 인간과 제품이 생산하는 공기 오염원들을 희석하기 위해 기계적 그리고/또는 자연적 수단을 통해 신선한 외기를 내부로 들일 것을 프로젝트들에 요구한다."[29] 적절한 환기는 미국 냉난방공조 학회(American Society of Heating, Refrigerating and Air-Conditioning Engineers: ASHRAE)나 유럽 표준화 위원회(Comité Européen de Normalisation: CEN)가 제정한 기존 표준들을 따름으로써 보장된다. 거의 모든 요건이 오늘날 시공되는 모든 건물에 당연히 적용되는데, 예컨대 '재료' 부문에서는 석면을 사용하지 말 것을 요구하고 있다.

웰 최적화 항목들은 어떠한가? 이러한 최적화는 "수분 공급소를 — 물을 가시적으로 확인할 수 있는 곳에서 — 지능적으로 배치하는 것처럼 단순한 무엇일 수 있다"고 시알라는 설명한다.[30] 후보작들이 '향상된 환기' 와 같은 일련의 개선 범주에서 더 많은 점수를 획득할 수 있는 방법은 외기 공급 늘리기(최대 3점), '수요 기반 환기 제어(demand-controlled ventilation)' (최대 3점), 취출구와 개별 사용자의 머리 간 거리가 80센티미터에 불과한 곳에서 '선진화된(advanced)' 공기 분배를 시행하는 것(최대 3점) 등이다. 다른 최적화 항목들로는 '사용자들이 생물학적 주기에 따른 건강을 유지하고 하루 24시간(日週)의 리듬을 주간-야간 주기에 맞추게끔 적절히 빛에 노출될 수 있게 해주는' '일주 리듬형(circadian)' 조명 설계, 또는 직원들을 위해 운동을 장려하거나 정신 건강 코스를 진흥하기 위한 가시적인 계단 설계 등이 있다.[31]

'이타주의' 도 웰 최적화 항목 중의 하나다. "연구에 따르면 건강과 웰니스의 이로운 결과들이 관대하고 자비로운 활동과 연관이 있음이 나타난다."[32] 자선 사업에 대해 연간 16시간의 유급 휴가가 있는 프로젝트는 최적화 요건에서 1점을 획득한다. 웰의 다양한 어휘에 대한 설명이 더 궁금하다면 '웰로피디아(Wellopedia)' 를 보면 된다.

달성된 필수 요건과 최적화 항목(achieved preconditions and optimizations)을 가능한 총량(total possible quantity)으로 나누면 한 건물의 최종적인 '웰니스 점수(wellness score)' 가 계산된다. 통과에 필요한 최소 점수는 5점이고, 5~6점은 실버 등급에 속한다. 7~8점은 골드 등급을 획득하고, 9~10점은 자랑스러운 플래티넘 등급을 달성한다. 웰니스 점수(WS)는 다음 공식들을 통해 계산된다.

불합격: (PA/TP) 〈 1이면, WS = (PA/TP) × 5

통과: (PA/TP) = 1이면, WS = 5 + (PA/TP) × 5*

모든 필수 요건들은 한 프로젝트가 통과되기 위해 충족될 필요가 있지만, 아울러 요구되는 최적화 항목들은 어느 것도 충족될 필요가 없다. 말하자면 미국이

* 저자는 수식에 쓰인 약자들을 정확히 설명하지 않고 있지만 문맥상 PA는 '달성된 필수 조건(pre-conditions achieved)' , TP는 '가능한 총량(total possible quantity)' 의 약자로 보인다. '통과' 의 사례로 제시된 식은 사실 10점 만점에 해당하기 때문에 달성된 최적화 항목 점수 5점을 더한 플래티넘 등급의 예시라고 봐야겠다.

나 유럽의 기존 규정 및 표준을 따르는 모든 건물은 자동으로 — 즉 델로스에 수수료를 지급하기만 하면 자동으로 — 웰 실버 건물이 될 자격을 얻는 것이다.

흥미롭게도 자연광에 대해서는 대단히 낮은 필수 요건을 제시하는데, 모든 업무 장소의 30퍼센트는 6미터 이내의 투명 외피 유리를 갖춰야 한다는 것이다. 최적화 요건들은 예컨대 평소 건물 거주자들의 최소 50퍼센트가 조망을 접할 수 있는 투명 외피 유리를 요구한다. 실제로 웰은 자기들이 바깥 조망의 긍정적 측면을 되살려낸다고 주장하는 비용 절감형 방법들을 제시하는데, 식물이나 물의 공간을 활용한 형태로 자연을 내부에 도입하고, 헤드셋을 끼고 자연의 녹음 소리를 듣거나 숲, 호수, 꽃을 비롯한 자연 요소들을 보여주는 영상을 재생하는 몇 가지 방법을 안내하는 식이다.

2016년에 콜드웰 뱅커 리처드 엘리스(Coldwell Banker Richard Ellis: CBRE)의 마드리드 사무소는 스페인 최초로 웰 인증을 받은 프로젝트가 되었다. 이 회사는 여러 가지 복잡한 수준에서 웰의 몇 가지 개념을 다룸으로써 골드 인증을 받았다.

> ‘공기’ 와 ‘쾌적성’ , ‘빛’ , ‘정신’ 이라는 개념들을 다루는 과정에서 ‘숲속 산장’ 이라는 생명애(biophilia)적 주제가 이 사무소에 도입되었다. 이러한 방식은 여러 다른 사용자의 수요에 맞는 역동적이고 다양한 공간을 제공하는 데 초점을 맞췄다. 이 사무소는 높은 수준의 식재와 다양한 조명 대안을 통합함으로써, 작업 조명뿐만 아니라 편안하고 분위기 있는 전기 조명 및 자연광에 대한 수요도 다룬다. 또한 이 회사는 현재 직원들에게 가용한 모든 영양 정보를 활용하여 건강한 음식을 광범위하게 제공한다. 이는 필라테스와 요가, 달리기 클럽 같은 운동 수업과 함께 ‘영양’ 과 ‘피트니스’ 라는 개념들을 다룬다.33

콜드웰 뱅커 리처드 엘리스의 마드리드 ‘사무소 겸 숲속 산장’ 은 초기 투자를 회수하는 데 1년이 채 걸리지 않았다. 그 후 이 회사는 직원의 80퍼센트가 더 큰 생산성을 느끼고 90퍼센트는 웰의 방식이 그들에게 긍정적 영향을 준다고 느낀다는 사실을 알아냈다.

웰 사무소가 가져다준 생산성 혜택이 선전되었을 뿐만 아니라, 웰 표준의 아우라가 환대 산업 부문에 전해지면서 기존 객실의 변경이 약간만 이뤄져도 운영자들은 할증금을 부과할 수 있게 되었다. 뉴에이지의 권위자 디팩 초프라(Deepak Chopra)는 웹사이트에 올라온 한 비디오 광고에서 "스테이 웰(Stay Well) 객실을 선택하라"고 훈시한다. "의학과 기술이 만나 당신과 당신의 환경에 긍정적 영향을 주는 곳에서, 스테이 웰은 당신의 호텔 경험에 전일적인 접근을 제공합니다."[34] 이 광고에는 물속의 염소 함량을 낮춰주는 브랜드 있는 샤워기 인퓨저(필터), '마음을 느긋하게 하며 분위기를 향상시키는 환경'을 만들어내는 아로마 테라피, 또는 공기 중의 알레르기 유발 항원과 독소, 연기, 미생물을 줄이는 스테이 웰 브랜드의 공기청정기가 나온다. (그렇다면 같은 호텔의 평범한 객실에서는 공기 중의 독소를 전혀 걸러내지 못한다는 얘긴가?) 『포브스』에 따르면, 라스베이거스의 MGM 그랜드 호텔은 결국 스테이 웰 객실에 20퍼센트의 추가 요금을 부과한다고 한다.[35]

웰빙은 번영하고 있는 듯하다. 10만 제곱피트 규모의 부동산이 리드에서는 미화 1만 3천 달러로 평가되지만 웰에서는 2만 달러에 책정된다. 웰 표준과 리드 인증은 모두 미국 그린 빌딩 협의회라는 동일한 그룹의 인증을 받는다. 비영리 기관인 그린 빌딩 협의회와 달리, 델로스는 영리 회사다. 델로스는 2014년 이래로 미화 2억 3,700만 달러를 끌어모았고 2019년 초에는 회사 가치가 8억 달러에 달한 것으로 『포브스』에 보도되었다.[36]

디팩 초프라는 델로스의 자문단에 이름을 올린 유명 인사 중 하나다. 골프 선수 그렉 노먼, '지속 가능성 변호인 겸 배우'를 자처하는 리어나도 디캐프리오도 같은 자문단에 속한다. 초프라 센터 포 웰빙(Chopra Center for Wellbeing)의 공동 창립자인 초프라는 자칭 '양자 치유(quantum healing)'를 설파하면서 그렇게 만성 질환을 치료할 수 있다고 주장한다. 사람이 "질병에서 해방되어 아무런 고통을 느끼지 않고 노화를 겪거나 죽지도 않는" "완벽한 건강" 상태에 도달할 수 있다고 믿는 그는 컬럼비아 경영대학원에서 마케팅을 가르치는 겸임교수이기도 하다. 델로스 자문단의 나머지는 투자 매니저와 병원장, 정치인, 부동산 컨설턴트, 건축가, 지속 가능성 자문가 등의 혼합으로 이뤄져 있다. 델로스는 해외 구성원도 자문단에 상당수 포진

시켜 미국적 이해관계의 균형을 맞추는데, 우버와 리프트 같은 회사들에 투자해온 아부다비 기반 벤추라 캐피탈(Ventura Capital)의 매니저라든가 중국의 거물급 부동산 투자 지주 회사인 원양집단(遠洋集團, Sino-Ocean Group)의 최고 경영자가 그 예다. 아니나 다를까, 웰 리빙 랩은 베이징에서 두 번째 공간을 오픈할 예정이다.

초프라와 디캐프리오는 델로스의 자문 위원만 맡고 있는 게 아니다. 그들은 그 재단이 맨해튼에 소유한 저택들에 거주한 이들이기도 하다. 이 저택들은 표면마다 항균 코팅이 되어 있고, 비타민 C 필터가 달린 샤워 꼭지며, "자세를 돕는(posture-supportive)"다는 떡갈나무 바닥재, 배관 설비 안에 통합된 아로마 테라피, 그리고 또다시 일주 리듬에 따라 조절되는(circadian-adjusted) 조명 시스템을 갖추고 있다. 이러한 장치들은 델로스가 흥미롭게 이름 붙인 "다윈(DARWIN)"이라는 주거 시스템의 일부다. '가장 건강한(fittest)' 자로 살아남게 해준다는* 시스템에 이보다 더 나은 이름이 있겠는가?

결론 (또는 미결)

'병든 건물 증후군' 이라는 용어가 만들어진 지 40년이 지났지만 그에 대한 구체적인 병리적 증거는 아직 발견되지 못했다. 그 와중에 도처에 퍼져온 '건물 관련 증후군들(building-related symptoms)' 이라는 표현은 과학자들 사이에서 다소 미심쩍은 주제가 되어왔다.37 여기서 우리가 주목할 만한 사실은 아마도 이것이리라. 1983년 세계 보건 기구의 보고서가 발표되었을 때 건물들에 심대한 영향을 준 요인은 10년 전 석유 위기에 응답한 에너지 보존 대책이었다. 미국에서는 이전까지의 표준 환기율(standard ventilation rate)을 권장량의 1/3로 낮춰 놓았다. 의학적 접근은 줄이고 건축적 접근—개폐식 환기창?—을 더 했었더라면 충분했을지도 모른다. 2019년에 발발한 코로나가 이를 일깨우는 신호가 될 수 있을까?

* make one the fittest: 일반적으로 '건강한' 을 뜻하는 fit이라는 형용사의 최상급을 사용하여 자연스럽게 다윈의 '적자생존(survival of the fittest)' 을 연상시키는 표현이다.

싱가포르의 최대 강점은 그 도시 자체를 재발명하는 방식에 있다. 하지만 이 도시 국가는 오래된 건축 유산의 보존과 균형을 맞춘 도시 재생의 필요성을 신중히 고민해야 한다. **오슬로**는 젊은 기업가들이 자리 잡기 쉬운 여건을 만들어왔다. 노르웨이의 화석 연료 산업이 점차 사라지면서 생겨난 공백을 채우기 위해서는 이러한 미래 기술 기업들이 절실히 요구된다. **브리즈번**의 강 밑 철도 연결망 신축 및 공항 증축 사업은 결국 모양을 갖춰가고 있다. 기후가 화창하고 생활비도 비싸지 않아서 이 도시를 본거지로 여기는 사람들이 점점 더 많아지고 있다. **후쿠오카**는 일반 가정에 지원을 해왔고 지금은 스타트업에 더 유리한 삶을 만드는 데 노력하면서 해외에서 온 사업가들을 위한 비자 제한을 완화하려 하는 중이다. 앞으로 면밀히 지켜볼 일이다. **오클랜드**는 도시의 난제인 적정가 주택 문제를 해결하기 위해 외국인의 부동산 소유권을 제한해왔다. 아울러 수요가 많은 공항 검사에서는 외국인 방문객을 더 따뜻하게 환대한다. 세련된 정찬과 활기찬 밤 문화, 월드클래스 건축을 찾고 있다면 **뒤셀도르프**가 제격이다. 아, 하지만 이 도시가 점점 더 많은 외국인을 맞이하려면 개점 시간을 재고해야 할 것이다. **파리**에서는 '노란 조끼' 시위와 노트르담 성당의 화재가 일어나도 괜찮은 삶이 지속된다. 2024년 올림픽에 대비한 그랜드 파리 익스프레스는 200킬로미터의 지하철 노선을 새로 추가할 것이다. **바르셀로나**에서는 카탈루냐 분리주의와 관련된 감정적이데올로기적 분쟁으로 발전이 지체되어왔다. 그럼에도 기념할 만한 것은 친환경 재개발 프로젝트인 글로리 타워(Glories Tower)*다. **교토**는 수많은 아름다운 사원들이 있는 도시임에도 스타트업과 소규모 벤처 제조업체 들을 세계적 수준의 사업체로 육성하려는 야심을 갖고 계획하고 지원하는 현대적인 면이 있다. **홍콩**은 그 눈부신 장관의 도시 풍경으로 유명할지 몰라도, 홍콩인들은 인구가 빽빽이 사는 대도시의 숨 쉬는 녹색 지대인 공원을 열정적으로 수호한다. 하지만 부동산 가격은 기하급수적으로 상승하는 중이다. **밴쿠버**는 주택 시장의 열기가 식었지만, 초기 기술 허브부터 점점 더 늘어나는 독립 회사들에 이르는 신규 부문들이 도시 경제의 활력을 되살리고 있다. **암스테르담**은 국제적인 마을에서 번영하는 대도시로 빠르게 변화하고 있다. 남부와 북부를 잇는 지하철 노선이 개통되면서 결국 도시의 모든 곳을 북부와 연결하는 길이 생겼다. 한없이 화창한 도시인 **시드니**는 엄격했던 야간 주류 영업 금지법을 철회한 이래로 야외 생활 문화를 지원하는 방향으로 가는 중이다. **스톡홀름**은 풍부한 자연과 매력적인 동네들, 다양한 정부 대책의 독려로 부러워할만한 수준을 유지하는 일과 삶의 균형으로 세계의 인재들을 계속 끌어들이고 있다. 멜버른은 이대로 가면 2030년에 호주 최대의 도시가 될 전망이다. 이 도시는 인구가 폭발적으로 늘고 있지만 세계적 도시들의 덜 매력적인 특징들, 예컨대 체인점과 따분한 대형 몰 등은 피해왔다. **리스본**은 최근 실업률이 떨어지면서 경제 호황을 맞이했고, 도시 자체에 새로운 에너지가 스며들고 있다. 이 도시의 부러워할 만한 문화적 의제는 미술부터 음악 축제에 이르기까지 모든 것을 아우른다. **베를린**은 경제가 번영하는 중이지만, 장기적으로 이 도시만의 정체성을 획득하려면 지도자들이 성장의 필요성과 열린 공간들을 보존하는 노력을 균형 있게 추구하는 창조적인 해법들을 찾을 필요가 있을 것이다. **마드리드**는 노면 폭을 넓히고 공용 벤치를 늘리며 지하철 내 휴대폰 충전소를 설치하는 등, 스페인에서 가장 번잡한 도시를 더 쾌적하게 만들려는 노력을 하고 있다. 마드리드의 리우 공원에 도심 수변 공간을 조성해보는 것은 어떨까? **함부르크**는 아름다운 건축으로 유명하지만 그 이상의 매력을 제공한다. 엘베강 수심을 키워 항구로 가는 교통을 늘린 이 도시는 교통 허브로서 미래가 밝아 보인다. **헬싱키**는 최근 인상적인 시립 중앙 도서관과 오랜 기대를 받아온 현대미술관을 공개했다. 교외에서도 저비용 주택 유닛들이 여기저기 새로 지어지는 중이다. **빈**에서는 중요한 도시 계획 및 교통 프로젝트가 진행되는 중이지만 여전히 전통이 뚜렷하다. 수백 년 전에 조성된 녹지 공원과 포도밭이 도시 안에서 숨 쉴 여유를 제공하고, 오랫동안 지성의 추구에 집중해온 결과 고등 교육은 거의 무료다. **코펜하겐**은 덴마크의 수도로서 영향력 있는 디자인 산업과 일류 교육 시설, 식욕을 자극하는 식문화로 젊고 활기찬 인구를 끌어들인다. **뮌헨**이 살기 좋은 장소인 데에는 많은 이유가 있다. 소득이 높고, 물가가 합리적이며, 모든 게 제대로 작동한다. 하지만 주택 가격 거품으로 인해 예술가와 디자이너, 창조적 기업가를 위한 기회와 공간은 다소 제한되어왔다. 라멘 한 그릇을 먹거나, 여러 코스로 나오는 다소 놀라운 가이세키 요리를 맛보거나, 유니클로에서 쇼핑을 하거나, 맞춤형 정장을 구매할 수 있는 도시인 **도쿄**는 늘 높고 낮음이 공존하는 도시였으며 그러한 혼합은 여전히 도취적이다. 하지만 무엇보다 늘 인상적인 것은 그 거대한 규모와 속도에도 불구하고 도쿄는 여전히 작은 예절이 중요한 감성에 호소하는 도시라는 사실이다. **취리히**는 깔끔히 청소된 거리부터 시간을 엄수하는 교통에 이르기까지 세상 모든 게 평화롭다는 느낌을 주는 곳이다. 당신이 지중해에 착륙했다고 생각해도 무방할 만큼, 이곳에는 밝은 여름날 식전주를 서비스하는 활력 있는 노변 카페와 회의 중간 한낮에 수영하려고 호수로 뛰어드는 사람들이 있다.[1]

* 장 누벨의 설계로 2004년 완공된 33층짜리 마천루. 처음에는 건물주였던 아그바 그룹의 이름을 따 토레 아그바(Torre Agbar)로 불렸으나, 몇 번의 기업 인수를 거치면서 2017년 토레 글로리어스(Torre Glòries)로 이름이 바뀌었다.

liveability (거주 적합성)

[불가산명사] 주로 영국식 (미국식은 주로 livability)

(영) /ˌlɪv.əˈbɪl.ə.ti/ (미) /ˌlɪv.əˈbɪl.ə.ti/

한 장소가 살기에 적합하거나 좋은 정도

예) 갓길 보도를 개선하면 이 지역의 거주 적합성이 늘 것이다.

지구의 거주 적합성이라는 관점에서 보면 무서운 일이 일어나고 있음을 알게 될 것이다.

6

밴쿠버™ Vancouver™

국제 인력 컨설팅 기업인 머서(Mercer)는 1998년부터 세계에서 가장 살기 좋은 도시들의 목록을 매년 발표해왔다. 이 기업은 세계적으로 450개가 넘는 도시들의 생활 조건을 평가하고, 그중 231개 도시를 실제 목록에 올린다. 이 목록은 국제적으로 운영되는 회사들이 해외 파견 직원들의 고난 수당을 챙겨주기 위한 기준을 제공하는 데 목적이 있다.

평가는 일단의 정해진 기준들을 따라 이뤄지는데, 정확히 말하면 10개 부문—1) 정치적 안정과 범죄, 법 집행 같은 요인들을 평가하는 '정치적 · 사회적 환경', 2) 의료 공급과 서비스, 전염병의 유행, 음용수, 공기 오염, 위험한 동물이나 곤충의 존재를 살펴보는 '의료 · 건강 관련 고려사항', 3) 전기와 물, 대중교통, 교통 혼잡을 다루는 '공공 설비 및 교통', 4) 식품과 일용 소비품의 가용성을 고려하는 '소비재', 5) 레스토랑과 극장, 영화관, 스포츠 및 레저 시설의 가용성을 살펴보는 '위락(recreation)', 6) (언론) 검열과 개인적 자유의 제한 정도를 측정하는 '사회문화적 환경', 7) 도시의 자연재해 기록에 초점을 맞추는 '자연환경', 8) (임대형) 거처, 가정용품, 가구, 유지 · 보수 서비스의 표준과 비용을 측정하는 '주거', 9) 환전 규제와 은행 서비스를 고려하는 '경제적 환경', 그리고 10) 국제 학교들의 가용성에 초점을 맞추는 '교육' 부문—에 걸쳐 총 39개의 기준이 있다.

39개의 기준 각각에 대해서는 0점부터 10점까지의 척도로 점수를 매긴다. 같은 부문에 속한 점수들을 평균 내면 10개 부문 각각의 최종 점수가 된다. 부문별 점수들은 인지되는 중요도에 따라 가중치를 부여받는데, 모든 범주에 동일한 가중치가 매겨지지는 않는다. 목록에 기입되는 부문이 늘어날수록 부문 간의 가중평균에 기여하는 지분은 낮아진다. 가장 지분이 높은 네 부문인 '정치적 환경',

‘건강 관련 고려사항’, ‘공공 설비’, ‘소비품의 가용성’은 각각 23.5%, 19%, 13%, 10.7%를 차지하는데 이는 전체 점수의 2/3에 해당하는 비율이다. 나머지 부문들은 각각 10% 미만의 지분을 차지한다.

총점을 기준으로 도시들은 ‘이상적(ideal)’(80~100%), ‘괜찮은(acceptable)’(70~80%), ‘견딜 만한(tolerable)’(60~70%), ‘불편한(uncomfortable)’(50~60%), ‘바람직하지 않은(undesirable)’(50% 미만) 또는 ‘견딜 수 없는(intolerable)’(백분율 없음) 도시로 평가되며, 이런 평가들은 더 나아가 거주 적합성을 저해하는 요인들이 ‘거의 없는(few)’, ‘조금 있는(some)’, ‘확실히 있는(certain)’, ‘상당한(substantial)’, ‘아주 많은(extensive)’, ‘극복할 수 없는(insurmountable)’ 정도로 설명되기도 한다.

빈은 도시의 안전과 양호한 대중교통 및 다양한 문화 · 위락 시설을 이유로 2019년에 10년째 연속으로 가장 살기 좋은 도시로 평가되었다. 반면에 전쟁으로 피폐해진 바그다드는 ‘전년도에 비해 상당한 개선’을 보여줬음에도 세계에서 가장 살기 안 좋은 도시로 평가되었다.[1]

머서의 ‘삶의 질’ 조사는 주요 도시들의 거주 적합성 순위를 매기는 세 개의 지표 중 하나다. 나머지 둘은 『이코노미스트』의 연구 · 분석 부서인 이코노미스트 인텔리전스 유닛(Economist Intelligence Unit: EIU)이 1999년부터 매년 발표해온 ‘세계 거주 적합성 지수(Global Liveability Index)’, 그리고 라이프스타일 매거진 및 미디어 브랜드인 『모노클(*Monocle*)』이 2008년부터 발표해온 ‘가장 살기 좋은 도시들 지수(most liveable cities index)’다.

두 지수 모두 머서의 지표와 유사한 방법들을 활용한다. 이코노미스트 인텔리전스 유닛의 세계 거주 적합성 지수는 5개 부문—1) 안정성(25%), 2) 문화와 환경(25%), 3) 기반시설(20%), 4) 의료(20%), 5) 교육(10%) 부문—에 걸쳐 총 30개의 기준이 제시된다. 최근에는 6번째 부문으로 ‘공간적 특징(Spatial Characteristics)’이 추가되어 각 부문의 백분율이 조정되었는데, 이 부문은 도시의 녹지 공간과 스프롤, 천연 자산과 문화 자산, 그리고 연결도와 오염도까지 포괄한다. 2012년 부로 ‘공간적 특징’ 부문은 전체 점수의 25%를 차지하게 되었고, 기존의 5개 부문은 비중이 상대적으로 낮아졌다.[2]

『모노클』이 목록을 구성하는 기본적인 방법은 다소 산만한 편이다. 기준들을 제한된 수의 부문들로 분류하지 않은 채 고정된 수의 지표들, 말하자면 '정책 개발', '국제 연결도', '종교적 · 성적 관용도', '의료', '대중교통', '폭력 범죄 수준', '사업 조건', '생활비'(침실 3개짜리 주택의 임대료부터 커피 한 컵의 가격까지), '도시 설계', '건축의 질', '환경 의식', '자연 접근성', '맑음 일수' 등에만 의존하기 때문이다. 여기에 새로운 지표가 추가될 때는 클럽 폐점 시간과 레스토랑 개수 등의 '야간 척도'와 같은 신선한 지표들이 목록에 추가된다.

측정 방법의 차이에도 불구하고, 이런 목록들은 같은 도시들을 다루는 경향이 있다. 2019년에 빈은 머서의 랭킹에서뿐만 아니라 이코노미스트 인텔리전스 유닛의 지수에서도 1위를 차지했고, 『모노클』의 10대 도시 목록에서는 수월하게 4위에 안착했다. 취리히는 머서의 목록에서 2위를, 『모노클』의 목록에서는 1위를 차지했다. 코펜하겐은 세 목록 모두에 등재되었고, 뮌헨과 밴쿠버, 멜버른은 셋 중 두 목록에 등재되었다. 이러한 동질성은 상당 부분 각 목록이 의존하는 기본적인 정보원 때문일 수 있는데, 이코노미스트 인텔리전스 유닛의 경우에는 '사내 전문가들'이 정보원이고, 『모노클』의 경우에는 '통신원들'이, 그리고 머서의 경우에는 검토되는 도시들에 이미 살고 있는 '해외 동포들'이 정보원이다.[3] 세 경우 모두에서 '객관적인' 데이터는 개인들의 주관적인 의견과 관련이 있다. 심지어 머서는 머서의 예전 목록을 바탕으로 도시를 고른 이들의 의견에 의존할 정도다. 이에 따라 어떤 메커니즘이 작동하고 있는지를 예측해볼 수 있겠다. 호의적인 리뷰일수록 해외 동포를 더 많이 끌어모으고, 해외 동포가 많아질수록 더 호의적인 리뷰가 나오며, 각각의 목록은 다음 목록을 위한 바탕 자료가 된다. 작년의 거주 적합성 순위들은 그 전년도에 책정된 순위들과 거의 차이가 없다.

살 만한, 살기 좋은, 활력적인

'살 수 있는'을 뜻하는 영어 단어인 'live-able'은 1610년경 영국에서 처음 사용된 것으로 나타난다. 당시는 영국의 소도시들에 흑사병이 창궐하던 때였다. 당시는 지금과 달리 말 그대로 '생존 가능성이 높은(likely to survive)' 이라는 뜻으로 쓰인 용어였고, 보통은 '생존 가능성이 낮은' 을 뜻하기 위해 'un' 이라는 접두어를 붙여 쓰는 경우가 많았다. 근대 문학에서는 제인 오스틴의 『맨스필드 파크』에서 'liveable' 이라는 단어가 처음 나타났는데, 이는 한 시골 영지의 변경안과 관련하여 쓰인 말이었다. "살 만하게 만들어 놓으려면 적어도 다섯 해는 여름마다 손을 봐야 할 테니 말이야."4 이런 쓰임은 더 이상 삶의 가능성 자체를 언급하지 않는다. 이제는 우리가 사는 거주지와 그곳의 지속적인 개선 가능성에 적용되는 말이 된 것이다.

이 용어가 도시에 관한 담론에 진입한 것은 1956년 발표된 루이스 멈퍼드의 「복원된 순환, 재생된 삶(Restored Circulation, Renewed Life)」이라는 수필에서였다. "도시가 '다시 살기 좋은(livable again)' 곳이 되려면, 그리고 그 교통이 통제 가능한 수준으로 축소되려면, 도시는 새로운 대도시 패턴을 만드는 문제에 영향을 줄 모든 힘을 동원해야 할 것이다."5

멈퍼드도 오스틴처럼 이 용어를 인간의 거주지에 적용한다. 하지만 여기서 함께 쓰인 '다시(again)' 라는 단어는 중요한 차이를 나타낸다. 멈퍼드에게 '살기 좋은(livable)' 조건이란 한때 존재했지만 지금은 사라진 것으로서 가정된다. 그는 그 원인이 걷잡을 수 없는 근대화와 대중의 자동차 소유에 있으며 그렇게 도시가 몰라보게 변형되어 왔다고 거의 확신에 찬 어조로 말한다. '살기 좋은' 이라는 용어의 의미는 더 이상 자연적인 힘과 부패에 맞서지 않는다. 이제는 인류 자체가 촉발하는 기술을 완화해야만 살기 좋은 것이 된다.

같은 논조가 5년 후 나온 제인 제이콥스의 『미국 대도시의 죽음과 삶(*The Death and Life of Great American Cities*)』에서도 기틀을 이룬다. 멈퍼드가 '살기 좋은' 이라는 용어를 사용했다면, 제이콥스는 '도시의 활력(urban vitality)' 에 대해 말하면서 그것을 "계획가들의 계획만으로는, 설계자들의 설계만으로는 절대 이룰 수 없는 무엇" 이라고 정의한다.6

계획의 힘에 대한 제이콥스의 불신은 그리니치빌리지 주민으로 살아온 그녀의 개인사에 힘입은 바가 크다. 당시 그리니치빌리지는 뉴욕시의 도시 계획 책임자였던 로버트 모지스의 대규모 재개발 계획에 맞닥뜨린 상황이었고, 모지스의 계획이 이뤄지고 나면 그녀가 살던 동네는 틀림없이 뿌리째 뽑혀나갈 태세였다. 이런 상황에서 촉발된 초기 운동이 이후 제이콥스의 삶과 일에 상당한 토대를 이루게 된다. 그녀는 소호와 리틀 이태리를 바로 관통하게 될 로워 맨해튼 고속 도로 계획에 반대하는 캠페인을 성공적으로 진행했고, 1968년에는 이 프로젝트에 관한 공청회에서 군중 선동 혐의로 체포되었다. 그 이후 캐나다에 정착한 그녀는 거기서도 기존 동네들을 지키려는 노력을 이어나갔으며, 토론토에서 계획된 스패디나 고속 도로와 주변 연계 고속 도로망의 건설에 반대하는 운동에 참여했다.

모택동주의자, 공산주의자, 사회주의자, 좌익, 햄버거들

이런 논쟁들은 당시 북미의 많은 도시에서 성행했다. 하지만 제이콥스의 관점이 처음으로 명제적 대안의 형태를 취한 것은 뉴욕시나 토론토가 아닌 밴쿠버에서였으며, 그전까지는 보류 중인 개발 계획에 반대하는 시위의 형태를 취했었다.

1950년대에 교외 개발이 무분별하게 확산하고 자동차 사용량이 엄청나게 증가한 밴쿠버는 1960년대 초에 이르자 캐나다에서 세 번째로 큰 도시로 성장해 있었다. 1932년부터 밴쿠버시의 집권당이었던 무당파 연합(Non-Partisan Association: NPA)은 도시의 증가하는 교통 문제에 대처하고자 1954년에 대도시 계획 기술 위원회(Technical Committee for Metropolitan Planning)를 만들었고, 위원회는 1959년에 인근의 몇몇 기초 자치 단체 및 주 정부와 함께 이른바 『고속 통행 프리웨이(*Freeways with Rapid Transit*)』라는 보고서를 제출했다. 그것은 밴쿠버 지역 전역에 프리웨이를 건설하기 위한 미화 4억 5천만 달러 규모의 종합 계획이었다.

하지만 연방 정부와 주 정부, 시 행정부 사이에서 의사 결정이 분열되어 밴쿠버시의 프리웨이를 책임지고 추진할 만한 중앙 당국이 없었고, 결국 시의회가 직접 프리웨이의 건설 자금을 모금하고 나섰다. 밴쿠버시는 도심과 고속 도로를 이을 프리웨이의 건설을 우선시하면서, 캐나다 횡단 고속 도로(Trans-Canada

Highway)의 건설을 책임지던 연방 정부의 기금을 확보하고 싶어 했다. 공교롭게도 그 프리웨이가 가로지르게 될 차이나타운과 개스타운은 주 정부와 연방 정부의 도시 재생 기금을 받을 자격을 갖춘 동네들이었다.

이러한 접근은 교통 문제를 해결하기보다 정치적 소란을 불러일으켰다. 밴쿠버시의 주요 인사들이 이 제안에 반대하는 목소리를 내기 시작했다. 브리티시컬럼비아 대학교에서는 일군의 객원 강사들이 프리웨이가 도시에 미치는 부정적 영향을 강조하면서, 기본적으로 제인 제이콥스의 『미국 대도시의 죽음과 삶』을 이 계획에 반대하는 민중 저항의 선언서로 삼았다. 밴쿠버의 차이나타운을 가로지르는 프리웨이를 건설한다는 아이디어는 비즈니스 커뮤니티의 반대에도 직면했다. 중국인 상인들은 프리웨이가 들어서면 자기들의 영업에 심각한 지장을 초래할 것임을 지적했고, 중국인 부동산 소유주 협회(Chinese Property Owners Association)는 밴쿠버의 가장 중요한 관광 명소들이 사라질 것임을 강조했다.

1967년 봄 중국 자선인 협회(Chinese Benevolent Association) 본부에서 열린 한 회의에서는 밴쿠버 시의회에 대항할 폭넓은 연합체가 형성되었다. 프리웨이의 계획된 경로를 재평가하겠다고 약속한 밴쿠버시가 그와 무관하게 계획을 밀어붙이기로 결정했을 때는 곳곳에서 시위가 터져 나왔다. 동네를 관통하는 행진이 일어났고, 행진의 참가자들은 검은색 복장을 입었다. 이런 시위들은 밴쿠버시의 상위 소득 집단에서도 지지를 받았다. 『밴쿠버 선(*Vancouver Sun*)』에 실린 어느 신랄한 기사는 시의회가 계획을 강행하면 거주 적합성을 해친다고 주장하면서 다음과 같이 격렬히 저항했다. "대다수의 시민이 살고 싶어 하지 않는 도시를 계획하고 있는 이들이 (…) 민주적인 과정을 뒤틀어버렸다."[7]

1960년대 말 북미에서는 새로운 프리웨이 계획에 반대하는 시위들이 결코 소수가 아니었다. 미국만 해도 뉴욕과 보스턴, 시카고, 샌프란시스코 등 적어도 26개 도시에서 그런 시위가 일어났다. 샌프란시스코의 경우 기존에 제안되었던 엠바카데로 프리웨이의 계획이 중단되면서 활동가들은 다소간의 성공을 맛보았다.

아마도 이런 시위들의 성공에 고무되었는지, 밴쿠버의 프리웨이 계획에 대한 반대는 지속되었고 그로 인한 첫 번째 결과는 1967년 가을에 나타난 듯하다. 당시 연방 정부는 밴쿠버의 차이나타운을 가로지르는 프리웨이에 더 이상 기금을 내지 않을 거라고 발표했다. 이 발표 이후 프리웨이 건설 계획에 대한 시의회 내부의 찬성은 시들기 시작했다. 밴쿠버시의 다른 기관들, 예컨대 상공회의소와 건물주 및 건물 관리자 협회, 도심 상업 개선 협회 등은 지방 자치 단체에 반대하는 입장을 취했다. 프리웨이를 둘러싼 이 대논쟁은 결국 그해 말 밴쿠버시 도시 계획 위원회 의장의 사임으로 이어졌고, 이 계획은 이듬해 1월에 폐기되었다.

하지만 프리웨이 건설 프로그램은 여전히 정치적인 의제로 남았다. 그럼에도 시청은 그런 프로그램을 수행할 만한 현금도 다수의 정치적 지지도 확보할 수 없었고, 책임은 연방 정부와 주 정부로 이전되어 대부분의 자금을 오타와에서 얻게 되었다. 앞선 경험 때문에 시의회는 새로운 계획을 채택하기를 주저했었지만 1969년에는 이 제안을 받아들였다. 새로운 시위들이 터져 나왔고, 밴쿠버시는 결국 결정을 보류할 수밖에 없었다. 당시 밴쿠버시장이었던 톰 캠벨(Tom Campbell)은 이 사태에 대한 응답을 요청받고는 "모택동주의자, 공산주의자, 사회주의자, 좌익, 햄버거들"* 이 계획에 훼방을 놓았다고 비난했다.8

유권자 행동 운동

이런 시위들의 성공은 40년간 이어져 온 무당파 연합의 집권을 종식시켰다. 1967년의 프리웨이 대논쟁 직후 새로운 지역 정당이 형성되었는데, TEAM이라는 약자로 활동하는 '유권자 행동 운동(The Electors' Action Movement)' 이 그것이다. 유권자 행동 운동은 프리웨이 시위에서 핵심적인 역할을 수행한 두 주역인 브리티시컬럼비아 대학교의 지리학 교수 월터 하드윅(Walter Hardwick)과 밴쿠버의 성공적인 투자 회사 대표 아트 필립스(Art Phillips)의 구상이었다. 학계의 유력 인사

* '햄버거' 라는 표현은 당시 히피들의 반문화와 대척점에 서 있던 캠벨 시장이 개인적으로 쓴 속어 중 하나인데, 문맥상 여러 좌파적 이념들을 한꺼번에 취하는 사람을 조롱한 표현으로 보인다.

와 업계의 유력 인사가 결합한 이들의 연계는 모든 정치 이념의 사람들에게 호소력을 내기 위한 중도 좌파 정당을 만들어냈다. 무당파 연합이 프리웨이 위기를 다루던 방식은 유권자 행동 운동을 진보적이고 더 커뮤니티 지향적인 대안으로 틀 잡아가는 데 도움이 되었다. 앞선 기초 의원 선거들의 결과에 대항하는 데 성공한 하드윅과 필립스는 모두 1968년 이후 시의회에서 의석을 차지했다. 그들의 시의원 직위는 그들의 정치적 프로그램을 진흥하기 위한 완벽한 플랫폼이라는 게 입증되었다. 1972년 기초 의원 선거에서 유권자 행동 운동은 시의회의 다수당이 되었고, 필립스는 밴쿠버시장에 당선되었다.

집권에 성공한 유권자 행동 운동은 몇 가지의 과감한 변화를 도입했다. 더 이상 낮은 세율을 유지하려고 시 소유의 부동산을 민간단체에 팔아 수익금을 챙기는 일은 없었다. 대신 필립스는 시의 광범위한 자산에서 얻는 모든 수입을 예금하고 도시의 혜택을 위해 투자 · 활용하는 부동산 기부 기금을 만들었다. 이로써 밴쿠버시의 물리적인 도시 계획에서 시가 훨씬 더 큰 역할을 맡는 길이 열리게 되었다. 도심 지역에 대해서는 혼합 토지 용도와 사회적 다양성, 환경 의식, 공공 주택에 초점을 둔 새로운 계획 정책이 도입되었다. 프리웨이와 고층 건물은 바깥으로 보내고, 안쪽에는 근린 계획을 도입하는 정책이었다.

이런 정책들을 최초로 시행한 사례는 밴쿠버 도심에 바로 인접한 작은 물줄기인 폴스 크릭(False Creek)의 남쪽 수변에 있는 산업용 토지들을 재개발하는 형태로 나타났다. 더 이상 프리웨이가 가로지를 가능성이 없어진 상황에서, 유권자 행동 운동이 다수를 차지한 시의회는 앞서 산업용으로 할당되어 있던 지역을 그들의 새로운 도시 계획 정책을 보여주는 시범 사례로 변화시킬 기회를 보았다. 연방 기금의 후원 하에, 비-시장 임대 주택(non-market rental housing)과 협동조합 주택(co-op), 분양 아파트(condominium)를 각각 1/3씩 섞는 종합 계획이 개발되었다. 이 계획은 실외 공공 공간과 실내 공공시설(폴스 크릭 커뮤니티 센터 등)을 충분히 도입하여 주민들 간의 사회적 소통을 진흥했다. 개별 건물들의 설계에는 지역의 몇몇 유명 건축 사무소들이 참여했는데, 수변에는 3~4층짜리 타운하우스를 두고 수변과 먼 곳에는 8~12층짜리 건물을 두는 식으로 건물 높이를 점진적으로 늘림으로써 세입이든 자가든 상관없이 모든 주민이 산을 바라볼 수 있게 한 설계였다. 필립스 시장과 그의 가족은 이 새로운 근린 개발에 대한 신뢰를 높이기 위해 그 단지에 있는 분양 아파트로 이사했다.

1976년 필립스가 시장 직위에서 물러난 이후, 폴스 크릭의 남쪽 동네는 밴쿠버의 새로운 도시 계획 정책들을 대표하는 곳이 되었다. 필립스의 임기 전까지는 끊임없이 확장하는 프리웨이 도로망을 통해 단일 기능의 도심지와 연결된 교외 지역들을 만드는 게 북미 도시들의 기본적인 성장 모델이었다. 폴스 크릭은 도시가 안쪽으로 성장할 수도 있음을 증명했다. 여러 건축가가 보행자 중심으로 설계하여 단 하나의 고층 건물도 없이 고밀도를 이루며 다양한 소득 계층과 용도가 혼합된 동네인 폴스 크릭은 밴쿠버의 시위에 영감을 준 여성인 제인 제이콥스의 생각들이 물리적 형태를 얻은 곳이었다. 1950년대의 실패한 도시 재개발 정책에 대한 비판을 건축화한 이곳은 아트 필립스의 말에 따르면 "사람들을 밖으로 내쫓는 게 아니라 안으로 들여 도시를 즐길 만한 곳으로, 사람들이 살고 싶은 곳으로 만든 장소"였다.[9]

『살기 좋은 광역권 1976/1986』

1970년대 초 밴쿠버에서 일어난 정치적 변동은 주 정부 수준에서 일어난 유사한 변동과도 짝을 이뤘다. 1972년 브리티시컬럼비아주는 신민주당(New Democrat) 주 정부의 선출과 함께 좌측으로 상당한 발걸음을 내디뎠다. 기초 자치 단체와 주 정부 수준에서 뜻이 통한 행정부들은 밴쿠버시에서만이 아니라 광역권 전체에서 도시 계획 정책을 개정하기 위한 상당한 동력을 만들어냈다.

1950년대 중반 50만 명 남짓의 주민이 살았던 밴쿠버 지역은 1980년대 중반에 약 150만 명의 주민이 사는 규모로 성장할 거로 기대되었다. 하지만 이곳의 자연환경은 산지와 물 사이에 끼어 있어서 신규 개발을 할 만한 토지가 제한적이었다. 게다가 브리티시컬럼비아주의 농지 보호 정책으로 가용한 토지는 더 부족해졌다. 1968년부터 각 지역 행정부들은 그레이터 밴쿠버 광역 지구(Greater Vancouver Regional District: GVRD)라는 새로운 광역 당국 밑에서 비공식으로 협력해오고 있었다. 1969년 그레이터 밴쿠버 광역 지구는 최초의 광역 계획 디렉터인 해리 래시(Harry Lash)를 임명하여 더 통합적인 접근법을 진척시켰다.

프리웨이 도로망이 더 확장될 운명을 피한 밴쿠버의 새로운 정치 이념은 '살기 좋음(liveability)'을 의미했고, 이는 시 행정부와 주 정부에서 똑같이 수용되었다. 이 용어가 정확히 어디서 유래했는지 또는 누가 처음 이 말을 사용했는지에 대해서는 확신을 갖고 단언할 수 없다. 해리 래시의 1976년 저서 『인간적인 방식으로 계획하기(*Planning in a Human Way*)』에서는 1972년부터 1975년까지 광역 지구 계획 위원회 의장을 지낸 앨런 켈리(Alan Kelly)가 계획 용어로서 이 말을 처음 사용했다고 전한다. 그가 1970년 계획 위원회의 한 주말 세미나에서 그레이터 밴쿠버를 위한 새로운 목표로서 처음 사용한 단어라는 것이다. "살기 좋은 광역 계획(Livable Region Plan)은 주거와 상업과 산업을 어디에 둘지, 도로와 대중교통 연결점과 공원을 어디에 둬야 할지를 보여주는 지도일 것입니다. 그런 것들이 어디에 지어져야 할지를 보여주는 지도여야 하죠." 그 회의에서 켈리는 이렇게 말했다고 한다. "전문가의 직무는 그런 지도를 만드는 것입니다. 아마도 설명을 좀 곁들여야겠죠. 정상적인 사람이라면 누구나 계획가가 만들어낸 작품이 만인의 동의를 얻으리라 기대하지는 않을 테니, 논쟁을 촉발시켜서 누가 옳은지를 위원회가 결정할 수 있도록 계획가가 즉시 계획도를 만드는 게 낫지요."[10]

살기 좋다는 말이 절묘하게 쓰이면서 아무런 의문 없이 받아들여졌는데도, 당시 그걸 도시 계획 정책의 형식으로 실현하는 법은 물론이고 그 말의 의미조차 정확히 인식한 사람은 아무도 없었던 듯하다. 이에 대해 래시는 이렇게 말한다. "아마도 무엇으로 살기 좋음을 측정해야 하는지를 결정할 수 있었더라면 어떤 종류의 제안이 필요한지도 알 수 있었을 것이다. (…) 하지만 우리는 그 과정을 건너뛰었는데, 지표들 자체가 막막했기 때문이다. 어떤 프로그램의 계획으로 이어질 만한 지표들이 아니었다."[11]

결국 예상을 벗어나지 않는 결론이 내려졌다. "1972년 초에 우리는 꽤 급작스럽게 이정표를 발견했다. 살기 좋음의 의미를 대중에게서 찾자는 것, 말하자면 계획가가 처음부터 목표를 인식하고 문제를 정의해야 한다는 생각을 버리고 지역민들에게 그들이 생각하는 이슈와 문제와 기회를 묻자는 것이었다. 우리는 대중을 찾아 그저 '살기 좋음'에 관한 질문을 제기하기로 했고, 우리 자신의 '영감'은 가급적 최소화하면서 대중이 어떻게 반응하는지를 관찰했다."12

요컨대 '살기 좋음'은 '대중' 스스로가 살기 좋다고 말하는 것이다. 이런 결론에 따라 래시는 대중적인 자문 과정을 이어갔고 이 과정은 1975년 그의 임기를 마칠 때까지 계속되었다. 이 과정을 진행한 결과는 향후 그의 주된 유산으로 남은『살기 좋은 광역권 1976/1986: 그레이터 밴쿠버의 성장을 관리할 제안들(*The Livable Region 1976/1986: Proposals to Manage the Growth of Greater Vancouver*)』이라는 보고서에 정리되었다. 이 보고서는 살기 좋은 광역 지구를 이루는 법에 관해 5가지를 권고했는데, 각 지역의 주거 성장 목표, 인구에 맞춘 일자리의 균형, 광역권 내 도심들, 대중교통을 지향하는 교통 체계, 그리고 광역권 내 열린 공간이 그것이다. 그리고 이러한 광역 대책들이 10년간 누적된 결과에 대한 낙관적인 그림을 다음과 같이 펼쳐 보였다. "그레이터 밴쿠버는 삶을 즐길 만한 곳이다. 이곳은 캐나다의 대도시 광역권 중 산지와 물, 농지, 숲에 가장 근접해 있으면서도, 다양한 문화와 교육 기회, 상업 활동이 있을 만큼 아주 세계시민적인(cosmopolitan) 곳이기도 하다. (…) 지난 10년간 이 아름다운 지역에는 큰 변화들이 있었다. 새로운 식당과 매장, 극단과 악단이 폭발적으로 늘었다. 밴쿠버 광역권은 10년 전보다 더 활기찬(livelier) 곳이다." 그럼에도 다음과 같은 경계 문구도 포함시켰다. "하지만 이 광역권의 운도 아주 오래 지속되리라는 법은 없다."13

이는 이 보고서의 섬뜩한 예견이었다고 할 만하다. 밴쿠버는 시 탄생 100주년을 기념하고자 1986년에 세계 교통·통신 박람회(World Expo on Transportation and Communication)를 주최했다. 하지만 밴쿠버를 세계적인 도시로 인지시키는 결정적 순간이었어야 할 (또는 아마도 그랬던) 이때는 한편으로 사려 깊은 도시적 성장 속에서 사회적 다양성을 세심히 보호하겠다는 밴쿠버시의 정책에 첫 균열이 생긴 시점이었다. 1986년 세계 박람회 이후 주택 시장에 가해진 압력은 다운타운 이스트사이드와 주변 지역에서 500~850명의 주민을 내쫓는 결과로 이어졌다. 같은 해에 예전의 무당파 연합은 1972년 이후 처음으로 시의회의 통제권을 탈환했다.

주거 우선 정책

차후 10년은 밴쿠버가 경제와 인구 면에서 모두 강력한 성장을 보인 시기였다. 1986년에 150만 인구가 조금 안 되었던 그레이터 밴쿠버 광역 지구는 2000년을 넘기기 직전 2백만 인구를 넘어섰다. 이곳의 성장을 가속화한 한 가지 중요한 원동력은 해외에서 유입된 이주민들이었는데, 특히 홍콩의 중국 반환 이후 미래가 불확실해서 이주한 사람들이 많았다. 홍콩처럼 옛 영국 제국의 일부였던 캐나다의 이민 정책이 느슨한 상황에서 대규모 중국인 커뮤니티까지 있던 밴쿠버는 그야말로 홍콩인들의 이주지로서 안성맞춤이었던 것이다.

이러한 성장의 결과에 대한 불안 심리는 일찍이 1990년 9월 『더 살기 좋은 광역권으로 가는 길(Steps to a More Livable Region)』이라는 보고서에서 나타났다. 이 보고서는 『살기 좋은 광역권 1976/1986』의 후속 보고서이자, 1996년에 나온 『살기 좋은 광역권 전략 계획(*The Livable Region Strategic Plan from 1996*)』의 예비 보고서다. 여기서 밴쿠버의 살기 좋음, 즉 거주 적합성은 그곳의 자연환경, 독특하고 선망받는 생활 양식, 번영하는 경제 · 문화생활의 복합체로 묘사되는데, 이 모든 것에서 "세계의 아주 많은 대도시를 괴롭히는 퇴락"이 임박했다는 위기감이 감지된다.[14]

살기 좋음이라는 것은 더 이상 발견해야 할 무엇이 아니었다. 그것은 고삐 풀린 인구 성장으로부터 보호받아야 할 무엇이었다. 그 해법으로서 추진된 것은 무슨 수를 써서든 지역의 자연환경과 농지를 보존하는 '압축적인 대도시 광역권'의 개발이었다.

압축 개발을 위한 토지는 부족할 수밖에 없었고 가구당 인원수는 꾸준히 감소하면서 주택 시장은 상당한 압력을 받게 되었다. 광역적으로 더 개선된 협력이 이뤄졌음에도 이런 압력들은 대부분 밴쿠버시 자체의 문제였고, 밴쿠버시는 1986년 세계 박람회장의 해체 이후 '주거 우선(living first)' 정책을 도입하여 도심지와 수변 필지에 주택을 대규모로 개발하기 시작했다.

1990년대 밴쿠버의 부동산 활황이 남긴 압력 속에서 개발업자들에게 흔히 나타난 현상은 지역 지구제에서 엄밀히 규정하는 것보다 더 많은 양의 주택을 개발할 수 있도록 시에서 규제를 풀지도 모르는 필지들을 물색하는 것이었다. 이러한 필지들의 이른바 '용도 지역 변경(rezoning)'은 개발업자뿐만 아니라 그로부터 지가 상승분의 일정 지분을 (때로는 무려 75퍼센트까지) 가져가는 시에도 높은 수익을 가져다주는 것으로 판명되었다. 게다가 시에서는 새로운 개발이 도서관이나 박물관 같은 공공시설의 형태로 일정한 '계획 혜택'을 만들어내도록 요구하거나, 개발업자들에게 공공 공간과 공원의 조성 자금을 지원하도록 요구할 수도 있었다.

비록 이해 충돌은 불가피할지라도, 공공 부문과 민간 부문 간의 '부동산 합작'은 양쪽 모두에 혜택을 주었다. 1990년대에 밴쿠버의 도심은 4만에서 8만에 이르는 인구 증가를 성공적으로 흡수했는데, 그러한 증가에도 불구하고 도시의 총인구는 60만을 넘지 않았다. 사실 이러한 접근은 너무 효과가 컸기 때문에, 그 여파로 일단의 새로운 문제들이 생겨났다. '계획 혜택'은 적정 비용의 주거도 상업 용도도 제공하지 못했다. 결국 밴쿠버 도심에서는 주택난과 상가난이 모두 심각해지면서, 도심의 부유한 주민들은 다수가 교외로 통근해야 했고 도심의 서비스 업무는 교외의 저렴한 주택에서 통근하는 덜 부유한 주민들이 맡아야 했다. 밴쿠버의 '주거 우선' 정책이 처음 도입된 지 20년이 지나고 보니 1970년대에 그리도 필사적으로 피하려 했던 시나리오가, '살기 좋음'이라는 개념 전체가 대항했던 시나리오가 거꾸로 이상한 메아리를 치며 되돌아온 상황이었다.

살기 좋은, 지속 가능한, 감당할 만한

2005년에는 밴쿠버 도심에 고급 주거가 더 개발되지 않도록 채무 이행 유예 조치(moratorium)가 발동되었다. 당시 시장이었던 샘 설리번(Sam Sullivan)은 도시 전역에 더 고르게 개발을 확산하기 위해 '생태밀도(EcoDensity)'라는 개념을 도입했는데, 이는 도시 전역의 교통 결절점들을 중심으로 한 일련의 고밀 도시 개발을 통해 미래의 주택 증가분을 수용하려는 것이었다.

『생태밀도 구상 문서(*EcoDensity Initiative Document*)』에 따르면, 이 접근은 "주거비

를 줄이고, 주거 선택지를 늘리고, 도시 확산을 줄이고, 교통 혼잡을 완화하고, 화석 연료 배출을 줄이고, 산업농업 용지와 녹지 공간을 보존하고, 대중교통과 커뮤니티 편의 시설의 사업성을 높이고, 낮은 세율과 더불어 지역 경제를 활력적이고 건강하게 유지하며, 밴쿠버의 생태 발자국을 줄이고 삶의 질 조사에서 밴쿠버를 계속 상위권에 올릴" 것이었다. 생태밀도는 밴쿠버를 "더 살기 좋고, 지속 가능하며, [주거비를] 감당할 만한" 곳으로 만들고 그에 필요한 모든 요구사항을 호사스럽게 충족시키기 위한 것이었다.[15]

하지만 비판자들이 보기에 이러한 접근은 별 소용이 없는 것으로, 이 도시를 잠식할 더 많은 호화 고층 건물들을 감추는 베일에 불과했다. 기존의 1가구 주택들을 대체하는 고층 건물군이 제안되는 경우가 많았고, 그 과정에서 많은 지역 커뮤니티들은 자기들과의 적절한 상의가 없었다는 불만을 터뜨렸다. 이번에도 계획은 기반시설을 확충한다는 명분하에 기존 동네들을 파괴하는 하향식 업무가 되어버렸다. 프리웨이 대논쟁 이후 40년이 지나서 밴쿠버는 다시 원점으로 되돌아갔다. 이 구상이 도입된 2006년은 마침 제인 제이콥스가 사망한 해였다.

최고 순위

그 해에 밴쿠버는 『이코노미스트』의 '세계 거주 적합성 지수(Global Liveability Index)' 에서 1위에 오르면서, 같은 성적을 4번째 기록하게 되었다. 이로써 2010년까지 5년간은 그 순위를 유지할 예정이었다. 하지만 2000년대에는 무엇이 살기 좋은 것이냐에 대한 개념이 70년대 초와 상당히 달라진 상황이었다. 더 이상 '살기 좋음' 이라는 용어는 지역 커뮤니티를 보호한다는 맥락에서 꽃피웠던 반문화를 연상시키지 않았다. 오히려 그 용어는 주류가 된 상황이었다.

한때 이 용어의 기반이 되었던 탈물질주의적 가치들이 왜곡되는 경향이 분명해졌다. 살기 좋음의 가치들은 시장에서 언제든 소비될 물적 가치의 원천으로서 재발견되었고, 불가피하게 가격이 매겨졌다. 밴쿠버가 이코노미스트 인텔리전스 유닛의 거주 적합성 지수에서 1위를 차지했을 때, 그 도시의 주택 가격은 300

퍼센트 넘게 올랐다. 이는 20세기 전체를 통틀어 오른 것보다 더한 변화였다. 삶의 비용은 살기 좋은 도시일수록 그와 정비례하여 늘어나는 것으로 판명되었다.

사실 '살기 좋음' 이라는 용어는 본질적으로 적절한 정의가 내려진 적이 없었다. 처음에는 주류 권력과 대립하는 용어였지만, 일단 권력이 뒤집어지자 그것을 정의하는 몫은 '대중' 에게 맡겨졌다. 이로써 '살기 좋음' 은 거의 모든 정치적 과정에서 반기는 화젯거리가 되었다. (1986년에 무당파 연합이 재집권한 이후에는 주택 가격의 폭등에도 불구하고 이 단어의 사용은 더 강화되기만 했다.) 돌이켜보면 이 용어의 의미는 거의 밴쿠버의 정치 지형이 기우는 방향에 맞춰서 진화했다. 처음에는 행동주의적 의미였다가, 다음에는 참여적 의미로, 그리고 종국에는 소비주의적인 의미로 진화한 것이다. 이 용어는 밴쿠버시와 동의어가 되면서, 더 깊은 의미의 추구를 쓸모없게 만들어버렸다. 밴쿠버가 『이코노미스트』의 목록에서 1위를 차지한 것에 관해 말하자면, 밴쿠버가 그 목록상의 부동산들을 반영한 것이었을까 아니면 그 목록이 밴쿠버의 부동산들을 반영한 것이었을까?

밴쿠버 도시 계획 부서의 세 전임 디렉터들—레이 스팩스먼(Ray Spaxman), 앤 매카피(Ann McAfee), 래리 비어즐리(Larry Beasely)—은 모두 퇴직 후 민간 부문에서 활동했는데, 그들은 세계 곳곳의 지방 자치 단체들을 찾아다니며 따라야 할 모범 공식으로서 '밴쿠버리즘' 을 설파하고 다녔다. 그들의 도시가 거주 적합성 순위에서 계속 상위권을 차지하는 와중에도 사실은 많은 것을 말해준다. 빌바오에 구겐하임이 있었다면, 밴쿠버에는 『이코노미스트』의 거주 적합성 지수가 있다. 어디선가 불쑥 나타난 거로 보이는 도시의 가치 평가가 갑자기 세계적인 모델 자격을 얻고 있는 것이다. 월드클래스 박물관의 본거지이자 (…) 세계에서 가장 살 만한 도시는 객관적으로 입증 가능한 데이터로 포착된다. 방문객 수를 보나 해외 거주자의 피드백을 보나, 이 도시의 성공에는 의심의 여지가 없다.

결론

지난 20년간 거주 적합성 순위가 놀라운 인기를 얻었던 만큼, 이제 그런 생각은 더 이상 머서나 『이코노미스트』 또는 『모노클』이 독점하지 않는다. 이제는 수십 개의 지수가 있는데, 유럽 연합의 도시 현황 평가(EU Urban Audit), 경제 협력 개발 기구(OECD)의 더 나은 삶 지수(Better Life Index), 미국 퇴직자 협회(American Association of Retired Persons)의 거주 적합성 지수, 호주 부동산 위원회(Property Council of Australia)의 호주 도시 거주 적합성 지수(Australian City Liveability Index), 헬시 리버블 커뮤니티(Healthy Livable Communities)의 도시 거주 적합성 체크리스트(Urban Liveability Checklist) 등이 그 예다. 싱가포르는 살기 좋은 곳을 대표하는 도시가 밴쿠버가 아니라 싱가포르라고 세계를 설득하기 위해, 자체적인 '살기 좋은 도시 센터(Centre for Liveable Cities)'를 시작했다. 시드니에서는 도시 생활 지수(Urban Living Index)가 같은 역할을 하며, 2019년 리브콤 어워드(LivCom Award)는 독일의 뮌스터시를 세계에서 가장 살기 좋은 도시로 선정했다.

이런 순위들이 더 확산될수록, 그것들의 핵심 목적은 더 의심스러워진다. 살기 좋음이라는 관념을 부동산의 측정 가능성과 관련지으려는 목적 말이다. 순위를 매긴 지수들이 많아질수록 객관성의 아우라는 상실된다. 어떤 기준을 적용하느냐에 따라, 어떤 도시든 어느 때나 어떤 목록에서도 1위를 차지할 수 있다. 갈수록 이런 목록들은 이름을 떨치고 싶어 하는 도시들의 자화상처럼 느껴진다. 어떤 도시에서든 살기 좋음의 핵심 요인들을 기준으로 그곳의 부동산들을 추려내면, 그 도시가 계속 1등을 차지하기 마련이다.

살기 좋음이라는 관념은 또다시 막연해진다. 물질적 사실, 말하자면 삶의 '측정 가능한' 사실을 배격했던 1970년대는 수십 년 후에 측정이라는 관념을 비물질적 가치에 투영하는 사회로 이어졌고, 결국 이런 것들의 가치는 실로 측정할 수 없음을 알게 되었을 뿐이다. 1990년대 초 언제쯤인가 — 아무도 정확한 시점은 모른다 — '생활 수준(standard of living)'이라는 용어는 '삶의 질(quality of life)'이라는 용어에 길을 내줬다. 하지만 더 최근 들어 이코노미스트 인텔리전스 유닛의 '삶의 질' 지수는 '태어나고 싶은 곳(where-to-be-born)' 지수로 이름이 바뀌었다. 대중적 삶의 표준이 끌어올릴 수 있는 무엇이었다면, 후자의 개념은 거의 운명론적인 함축을 지닌다. 측정할 수 있는 게 더 많아질수록 우리가 바꿀 수 있는 건 더 적어지는 듯하다.

후기

2017년에 밴쿠버시는 6개월 넘게 공실인 부동산에 부과하는 '빈집세(Empty Homes Tax)'를 도입했다. 거주 적합성 지수에서 1위를 차지한 이후로 이 도시에서는 부동산 투기와 집에 살지 않는 주인들의 분양 아파트 소유권이 큰 문제가 되어 왔다. 2018년에 다운타운 지구와 웨스트엔드 지구는 공실률이 각각 5%와 6%로 모두 사상 최고를 기록했는데, 밴쿠버시가 1980년대 중반에 시행한 '주거 우선' 정책의 일환으로 주거용으로 보호받던 부동산들 때문이었다. 빈집세의 순 수입은 주거비 수준을 감당할 만한 주택을 건설하는 데 투자될 예정이다.

밴쿠버에는 여전히 제인 제이콥스의 정신이 서려 있다. 그녀의 아들인 네드는 70세 나이로, 한때 북적거리는 노동 계급 동네였던 마운트플레전트(Mount Pleasant)의 유산들을 안내하는 관광 가이드로 활동한다. 이 동네는 현재 밴쿠버에서 부동산 투자 수요가 가장 많은 곳 중 하나로, 중위 소득 수준으로는 주거비를 감당할 수 없는 곳이다. 2000년 들어 20년이 지난 지금, '삶'과 '살기 좋음'은 완전히 다른 것이 되어 있다.

한 동네나 도시 또는 광역권을 개선하기 위한 총괄적 개념이자 실천적 접근으로서, **장소 만들기(placemaking)**는 사람들이 힘을 모아 공공 공간을 모든 커뮤니티의 심장으로 다시 상상하고 재발명하도록 영감을 준다. 사람들과 그들이 공유하는 장소들 간의 연계를 강화하는 **장소 만들기**는 공유 가치를 극대화하는 방향으로 우리의 공공 영역을 조성할 수 있는 협력 과정을 일컫는다.[1] **장소 만들기**는 지속 가능성의 핵심 가치다. 천연자원과 경관의 파괴가 더 진행되지 않도록 보호하려면 살기 좋은 도시 환경을 유지하는 게 필수다.[2] 장소 만들기는 하나의 과정이자 철학이다. 그것은 특정한 장소에서 살고, 일하고, 노는 사람들을 관찰하고, 그들의 얘기를 듣고, 그들에 관한 질문을 함으로써 그들에게 필요한 게 뭔지, 그 공간과 커뮤니티 전체에 그들이 바라는 게 뭔지를 이해하고자 한다.[3] **장소 만들기**는 우리와 같은 모든 인간이 각자가 있는 곳을 우리가 사는 곳으로 바꾸는 방식이다. 그것은 건물의 시공과 해체, 토지 경작과 정원 식재, 주방 청소와 사무실 재배치, 동네 만들기와 잔디 심기, 건물 인수와 도시의 이해를 포함한다. 때로는 거의 보이지 않고 때로는 극적인, 근본적인 인간 활동이다. **장소 만들기**에는 우리가 살아가는 장소들을 새롭게 고치고 유지 보수하고 재현하는 일상적인 활동도 있고, 새로운 교회 건물을 설계하거나 새로운 시설로 옮기는 등의 특별한 일회성 기념행사도 있다.[4] **장소 만들기**는 늘 커뮤니티 및 사용자와 더불어 시작한다. **장소 만들기**는 사람들의 건강과 행복과 안녕을 진흥하는 공공 공간을 만들려는 의도로 지역 커뮤니티의 자산과 영감, 잠재력을 활용한다. 장소 만들기는 지극히 맥락 특수적이고, 다양한 형식으로 나타나며, 도시 개발 과정의 다양한 단계에서 시행될 수 있다.[5] **장소 만들기**는 하나의 결정된 최종 이미지로 시작하지 않고, 성과가 바로 드러나는 작은 개입들을 하면서 시작한다. 사용자들은 새로운 개입들을 조직하고 자극하기 시작한다. 결코 그대로 끝나는 게 아니다.[6] **장소 만들기**는 둘 이상의 다양한 결과로 나타난다. 대부분의 장소 만들기—나는 이를 '**표준적 장소 만들기(standard placemaking)**'라고 부르겠다—는 오랜 시간에 걸쳐 별개의 많은 소규모 프로젝트나 활동을 통해 한 장소를 점차 개선해가는 방법이다. (…) 하지만 장소 만들기는 대규모의 개조 프로젝트와 활동—단기간에 한 장소를 강력한 장소 감각을 발산하며 사람들과 신규 개발의 유인책 역할을 하는 등—을 창안하고 시행하는 데 활용될 수도 있다. 완비된 가로, 형태 기반의 건축 규정, 뉴 어버니즘은 이런 종류의 장소 만들기를 키워낸다.[7] **창조적 장소 만들기(creative placemaking)**는 특색 있고 성공적인 부동산 프로젝트를 생산할 수 있고 개발지를 명소로 바꿀 수 있는 차별화 기제다.[8] **창조적 장소 만들기**의 이면에 놓인 개념은 단순히 창조적인 방식으로 장소 만들기에 착수하는 것이 아니다. 오히려 그것은 도시와 커뮤니티의 개발을 위한 촉매제로써 예술과 문화의 힘을 지렛대처럼 활용하는 방식에 관한 것이다.[9] **창조적 장소 만들기**, 설계 원리와 커뮤니티 개입을 적용하면 부동산 재개발 프로젝트의 새로운 결절점을 만들어내는 독특한 방식들을 발견할 수 있다. 창조적 장소 만들기 전략은 적절히 적용될 경우 사회경제환경 등의 도전을 함께 다루면서 부동산 개발 프로젝트를 차별화하는 데 도움이 될 수 있다.[10] **디지털 장소 만들기(digital placemaking)**는 기술을 통합하고 적절히 전략적으로 활용함으로써, 집단의 협력 과정으로 커뮤니티 연계를 강화하여 공공을 형성하는 **전통적 장소 만들기(traditional placemaking)**의 실천을 지원, 향상 또는 가속화하고자 한다.[11] 전술적 장소 만들기(tactical placemaking)는 제도판에서 설계한 도면을 그대로 시공하기보다 일련의 여러 단계에 걸쳐 시험 프로젝트들을 강조하는 계획으로, 점점 더 인기가 높아져 가는 접근법이다. 통상 횡단보도와 보행 광장, 자전거 차로를 포함하는 경우가 많다.[12] 건축은 공간적으로 풀어야 할 도전들을 장소 만들기로 전환하는 작업이다.[13] 성공적인 종합 계획은 장소 만들기와 커뮤니티, 그리고 매일의 여정과 상호 소통, 연결의 기회에 대한 이해에 기초한다. 커뮤니티를 조성할 때는 모든 게 중요한데, 특히 자연적인 요인이 중요하다.[14] 커뮤니티를 강화하고 지원하기 위한 설계는 모두 사람들이 함께하는 장소를 어떻게 만들 것이냐에 달려 있다. 한 가지 핵심적인 접근은 **장소 만들기**를 통한 것인데, 말하자면 사람들에게 감성적 애착을 불러일으키면서 다양한 이유로 사용자들이 찾게 만들어 성공하는 질 좋은 장소들을 만들어내는 것이다.[15] **장소 만들기**는 도시의 복잡한 층위들을 이해하고 그것들을 예기치 못한 방식으로 이으며 새로운 서사들을 만들어냄으로써 호기심과 욕망이 기존 및 새로운 물리적 공간에 엮일 수 있게 하는 과정이다. 이 실험적인 설계 과정에서 플레이스메이커(placemaker)의 역할은 새로운 아이디어들을 도입하는 창조자인 동시에 기존의 과정과 사람들을 이어주는 매개자의 역할이다.[16] 앉을 자리를 만들거나 벽화를 그리는 것 이상으로 훨씬 많은 장소 만들기의 유형이 있으며, 그로 인한 재정적 이득도 엄청나다.[17] 지역 개발의 관점에서 **장소 만들기**는 계획 및 개발 단계에서만 중요한 게 아니라, 관리 단계에서도 중요하다. 이러한 '장소 관리' 또는 '장소 유지'에서 한 가지 중요한 부분은 영향 평가 작업이다.[18] 가장 단순한 수준에서 보면, 장소 만들기에 대한 투자를 50% 더 올릴 때 이로써 판매가가 높아지고 판매율도 더 빨라지는 시장에서는 요구되는 회수율에 따라 대략 25%만큼 지가를 올릴 수 있다고 한다.[19]

placemaking (장소 만들기)

사전에 나오지 않음

7

여기도 저기도 아닌 Here nor There

사람들은 앉을 자리가 있는 곳에 앉는 경향이 있다.

윌리엄 H. 화이트, 『작은 도시 공간의 사회적 삶』

그들은 그가 뭔가를 발견했다고 느꼈다. 정말 그는 그랬다.

윌리엄. H. 화이트에 관한 프레드 켄트의 말

광범위한 주제를 놓고 합리적 논변이 진행되던 대화의 방향을 급작스레 바꾸는 말이 있다. "공간이 아니라 장소…" 나는 인상을 찌푸리고 눈썹을 치켜뜨고 싶어지지만, 그러지 않으려고 조심한다. 지금 말하고 있는 사람은 의뢰인이니까, 의뢰인의 지시는 기본적으로 타당하니까 — 심지어, 또는 특히, 그가 말도 안 되는 소리를 할 때라도.

잠시 대화를 쉴 틈이 생겨, 나는 주변을 찬찬히 살펴본다. 대부분의 건물이 사라지고 남은 옛 산업 시설 부지가 재개발을 앞두고 있다. 내게 보이는 것은 공간이다. 공간은 많지만, 장소는 없다. 밋밋한 개발 공식이 적용될 것임을 감안해 보자. 주상복합이 들어설 것이고, 60%는 시장 요율이, 40퍼센트는 서민 주거용 임대료가 적용될 것이다. 만약 그 비율을 의뢰인 팀이 알아서 조정해도 되는 상황이라면, 후자가 훨씬 줄어들 것이다. 여기서 대체 어떤 장소 감각이 실현될 수 있을지 상상하기 어렵다. 나는 나의 주저하는 목소리를 낼 방도를 궁리한다. 비현실적 야망에 들떠 있는 나의 의뢰인을 어떻게 말릴지, 다른 여러 가지 특질을 갖춘 매력을 어떻게 그에게 보여줄지 말이다. 아마도 저 광대한 공간을, 끊임없이 이어지는 저 지평선을 찬미해야 하리라. 아니면 해당 지역에 특성을 부여하는 저 몇 안 되는 인공물들에 의존하든지…….

그렇게 생각에 잠기던 찰나에 갑자기 끼어든 의뢰인이 결정타를 날린다. "중요한 건 장소 만들기(placemaking)죠! 우리가 이 개발을 성공시키려면 장소 만들기를 핵심 전략으로 삼아야 합니다!"

또 한 번 침묵이 이어진다 — 아마도 이번의 침묵이 더 당황스러웠을 것이다. 의뢰인은 이미 말을 꺼냈다. 비록 'placemaking'이라는 단어 하나만 강조한 형태이긴 했지만. 여기서부터 이 말은 불가피하게 우리의 합작을 결정지어버린다. 그의 비전과 나의 브리핑이 결합하는 공동의 과업으로. 총체적인 브리핑 패키지는 다음 주까지는 기다려야 나올 예정이다. 하지만 나는 방금 합의된 마술적인 한 단어짜리 공식보다 더 결정적으로 우리 작업의 목표를 형성할 무언가가 공식 문서에 담길 가능성은 없음을 이미 알고 있다. 단 하나가 문제일 뿐이다. 그가 하는 말이 무슨 뜻인지 나는 모르겠다는 거다.

'장소 만들기'가 대체 무슨 말인가? 그때 나는 이 용어를 처음 들었지만, 내 의뢰인의 자신에 찬 태도를 보니 뭔가 거기서 얘기가 끝나지 않을 태세다. 어떻게 반응해야 할지 모르던 나는 결국 아는 척하는 표정을 짓기로 하고, 이내 고개를 끄덕인다.

내 고개의 끄덕임이 그에게 필요한 전부였다. "앗, 제가 두서없이 떠들고 있죠? 소장님은 당연히 저보다 이런 걸 더 잘 아시겠죠. 이런 작업 이미 천 번은 하셨을 테고. 소장님한테 장소 만들기는 식은 죽 먹기일 거예요."

의미를 찾아보다

고백할 게 하나 있다. 나의 의뢰인과 이 대화를 한 지 10년이 지났는데도 나는 아직 그 말의 의미를 잘 모르겠다. 이미 수억 번은 들었을 텐데도, '장소 만들기'가 대체 무슨 말인지 나는 모르겠다. 이 말이 엄청나게 쓰여 왔는데도 그에 대한 나의 부족한 이해는 거의 교정된 바가 없었다. 다른 사람도 그랬는지는 나로서 알 수 없는 일이다. 일단 placemaking이라는 용어는 어떤 영어 사전에도 실려 있지 않으며, 최근까지 마이크로소프트 워드 프로그램에서는 철자 오류라며 밑줄이 그어졌다. 『옥스퍼드 영어 사전』에 'placemaking' 이라는 용어를 입력하면 아무것도 나오지 않는다. 대신 그 사전은 이렇게 되묻는다. "Did you mean: policymaking; lovemaking; placating; placeman; plateauing?" 물론 나는 그런 대체 검색어들을 뜻한 바 없다. 『케임브리지 영어 사전』도 비슷한 결과를 보여준다. 비록 대안으로 제시하는 검색어들(policymaking; clockmaking; placating; caretaking; deal-making; lacking and leaking)은 좀 더 광범위하지만 말이다. 영어 유의어 사전 사이트인 시소러스닷컴(www.thesaurus.com)에서는 나의 오타를 교정하라고 공손하게 제안한다. "단어의 철자를 정확히 입력했는지 확인해주세요…" 이 사이트에서는 심지어 나의 작문 실력을 키워줄 문법 코치까지 추천해준다.

결국 나는 구글 검색을 택한다. 처음 나오는 2개의 검색 결과는 내 질문을 그대로 되받아 돌려준다. "장소 만들기가 무엇인가요?(What is Placemaking?)" 앞으로가 기대되는 출발이다. 하지만 그 출처(건축 매체)들을 보니 내게 어떤 유형의 정보가 주어질지 회의감이 든다. 그래서 대신 위키피디아를 클릭해보니 이런 경고 메시지가 뜬다. "이 기사의 내용은 여러 가지 문제가 있습니다. 개인적 관점이나 주장을 반영하고 있으며, 추가적인 인용 출처나 증명이 요구됩니다." 메시지에 굴하지 않은 채 계속 읽어보니, '장소 만들기' 는 다음과 같은 것임을 알게 된다.

> 공공 공간의 계획, 설계, 관리에 대한 다면적 접근법. 장소 만들기는 사람들의 건강과 행복과 안녕을 진흥하는 공공 공간을 만들려는 의도로 지역 커뮤니티의 자산과 영감, 잠재력을 활용한다. 그것은 장소가 갖는 정체성의 성격에 따라 정치적이다. 장소 만들기는 도시 설계의 원리들을 활용하는 하나의 과정이자 철학이다. 정부가 주도하는 공식적인 형태로도 가능하고, 커뮤니티가 주도하는 풀뿌리의 전술적 도시주의—분필이나 페인트, 화단 등을 활용해 갓길 보도를 넓히는 작업 또는 콜롬비아 보고타의 자전거 도로와 같은 '차 없는 도로' 행사 등—도 가능하다. 좋은 장소 만들기는 사용이 덜한 공간을 활용하여 보행 규모의 도시적 경험을 개선함으로써 지역민들의 습관을 구축하고자 한다.1

이러한 정의 옆에는 공용 피아노를 연주하는 사람의 이미지가 실려 있고, 이는 "뉴욕 맨해튼 워싱턴 스퀘어 공원의 장소 감각을 효과적으로 더하는" 장면으로 묘사된다.

결국 나는 이 용어의 정의를 찾았지만, 거기에는 수많은 단어(145단어)가 동반되고 보고타의 자전거 도로를 다소 어색하게 삽입한 (분명 필요한) 사례도 포함되어 있다. 위키피디아에 따르면, '장소 만들기'는 다음과 같이 분명하게 확립된 원리들에 기초하여 이뤄진다. — "(1) 언제나 커뮤니티가 제일 잘 안다. (2) 장소 만들기는 설계가 아니라 장소가 중요하다. (3) 관찰을 하고 그것을 기초로 행동해야 한다. (4) 이것은 집단적인 노력이다. (5) 지속적인 과정이며, (6) 비전과 (7) 인내를 필요로 한다. (8) 비관론자들을 무시해야 하며, (9) 형태는 기능을 뒷받침해야 한다. (10) 그리고 돈은 문제가 아니어야 한다."

나는 장소 만들기가 지배하는 세상이 슬그머니 점점 더 좋아지기 시작하고 있다. 하지만 이 목록에는 '삼각 배치(triangulation)'라는 원리도 있는데, 이게 골칫거리다. 이 원리는 "사회적 상호 소통을 장려하여 더 자주 사용되도록 편의시설들을 전략적으로 배치하는 것"으로 정의된다. 예컨대 신축 도서관의 어린이 독서실을 공원 내의 어린이 놀이터 바로 옆에 두고 간이매점도 하나 추가하면, 이런 시설들을 따로 배치할 때보다 더 많은 활동이 일어날 거라고 가정하는 것이다. 이 원리는 다른 원리들과 이상하게 어긋나 보인다. 같은 활동의 기초 원리 중 하나인 2번 원리는 설계가 중요한 게 아니라고 역설하지만, 또 다른 원리인 삼각 배치는 실로 현저한 수준의 통제를 가정하는 거로 보이기 때문이다.

이 원리에 대한 설명은 기묘하게 작위적이다. 장소 만들기에 관해 말해주기보다 대부분 장소 만들기를 옹호하기만 하는 모양새라는 점에서, 나머지 원리들과도 — 그리고 해당 기사 전체와도 — 공통점이 있다. 그러니까 '왜' 그리해야 하는지에 대한 적절한 설명이 없단 얘기다. 숭배 대상(장소)의 증거는 숭배 행위(장소 만들기) 자체에만 있을 뿐이다. 총 11개의 원리가 있는데, 삼각화의 원리가 없었다면 총 10개였으리라. 장소 만들기의 야망이 거의 성서적임을 감안해 보면 차라리 10개로 정리하는 게 더 적절한 모양새였을 텐데.

www.pps.org

장소 만들기 원리들의 목록에는 또 다른 위키피디아 페이지의 링크가 달려 있는데, 링크를 클릭해보면 '공공 공간을 위한 프로젝트(Project for Public Spaces: PPS)'의 공식 웹사이트인 www.pps.org로 옮겨간다. 이 사이트의 자체 설명에 따르면 그것은 "당신과 함께 산책 나간 개가 친구들에게 달려가고 사람들이 지켜보는 가운데 시간 가는 줄 모르는 일요일 오후를 위한 프로젝트, 관찰과 실험과 협력과 공통 감각을 위한 프로젝트, 그리고 모두를 위해 모두의 참여로 장소들을 만들기 위한 프로젝트"다. 이 사이트는 콘퍼런스(국제 장소 만들기 주간[International Placemaking Week]), (커뮤니티 장소 만들기[community placemaking]를 위한) 지원금, 수업 과정(장소 만들기를 유발하기[Making Placemaking Happen]), (변혁적 장소 만들기 센터[centre for transformative placemaking]를 위한) 프로젝트에 대한 정보를 제공할 뿐만 아니라, 심지어 '장소를 완전히 바꾸는 법(How to turn a Place around)'이라는 제목의 장소 만들기 핸드북도 홍보하고 있다.

장소 만들기 핸드북은 "장소를 훌륭하게 만드는 것"을 말해주면서 시작하는데, 그러면서 다이어그램 형식을 활용한다. '장소'는 그것에 영향을 주는 4가지의 주요 부문들이 교차하는 지점에서 발생하는데, 주요 부문들이란 용도와 활동(uses and activities, 음표들의 픽토그램으로 표시), 접근로와 연결점(access and linkages, 트램 객차로 표시), 안락함과 이미지(comfort and image, 벤치로 표시), 그리고 친목 가능성(sociability, 말풍선으로 표시)을 말한다. 2개의 동심원 띠가 더 있는데, 하나는 훌륭한 장소를 만드는 특질들을 가리키는 형용사들로 채워져 있다. 훌륭한 장소는 "재미있고, 능동적이고, 활기차고, 특별하고, 진짜 유용하고, 토착적이고, 기념적이고, 지속 가능하고, 안전하고, 깨끗하고, 친환경적이고, 걷기 좋고, 앉기 좋고, 정신적이고, 매력적이고, 매혹적이고, 역사적이고, 다양하고, 협동적이고, 근처에 있고, 자랑스럽고, 상호 소통적이고, 반겨주고, 연결되고, 알아보기 쉽고, 편리하고, 접근성이 좋은" 곳이어야 한다. 더 흥미로운 것은 더 폭넓은 동심원의 두 번째 띠다. 여기에는 이런 형용사들을 좌우하는 더 큰 사회적 요인들, 예컨대 임대료 수준, 교통 조건, 인구 통계, 주변 건물들의 일반 조건과 같은 요소들이 나온다.

이 다이어그램은 대단히 모호하다. 이걸 안에서 밖으로 읽어야 할까 아니면 밖에서 안으로 읽어야 할까? 저 형용사들은 (다이어그램의 정중앙에 위치한) 장소 만들기의 결과로 나타나는 걸까 아니면 (다이어그램의 최외곽 최대 동심원에 위치한) 외부 요인들의 산물인 걸까? 장소 만들기는 겸허한 동시에 과대망상적인 노력인 듯하다. 전능함과 무능함을 겸비한 희한한 사례라고나 할까. 원인과 결과가 끝없는 춤에 휘말려 일부러 해결에 저항하는 것처럼 보인다. '장소를 만든다'는 것은 아마도 피아노나 벤치, 작은 예술품과 같은 작은 개입들만을 요하는 듯하지만, 그것의 궁극적인 성공 여부는 가장 하향적인 계획 장치의 권력까지도 뛰어넘는 대규모의 장기적 조건들을 통제하는 수준에 달려 있다. 피아노냐 사회 전체냐, 그것이 문제로다.

Pps.org에는 '장소 만들기란 무엇인가?'라는 제목의 유익한 페이지가 있다. 이 물음에 대한 답은 내가 위키피디아에서 찾은 정의와 대동소이한데, 11개의 동일한 원리에 말 그대로 동일한 설명을 늘어놓고 있기 때문이다. 위키피디아 페이지에는 정당한 이유로 면책 진술이 포함되었는데, 알고 보니 장소 만들기에 관한 페이지는 2006년에 PPS의 직원 닉 그로스먼(Nick Grossman)이 작성한 것이고 그는 PPS의 웹사이트에도 수많은 기사를 쓴 바 있다. 지금껏 내가 얻은 모든 정보가 관계자의 입에서 나온 것이라는 사실은 약간의 위안이 된다.

PPS의 사람들은 어떤 사람들인가? Pps.org의 직원들은 젊고 대개는 여성으로 구성된다. (여성과 남성의 비율은 9:2이고, 이제 보니 닉 그로스먼은 더 이상 거기서 일하지 않고 있다.) 여성 대 남성의 비율은 더 높은 직위로 올라갈수록 조금씩 뒤집어진다. 동인(affiliate)에서는 2:2, 이사진에서는 2:4, 그리고 창립자들로 가면 1:2다. 지리학자 프레드 켄트(Fred Kent)와 당시 그의 파트너이자 환경 디자이너인 캐시 매든(Kathy Madden), 그리고 '살기 좋은 커뮤니티의 옹호자'인 스티브 데이비스(Steve Davies)가 그 창립자들이다.

프레드 켄트

이 단체의 명단이 겸허한 알파벳순으로 나열되어 있음에도 불구하고, 조금만 인터넷을 훑어보면 지금까지 PPS의 창립자 중 가장 저명한 인물이 프레드 켄트임을 쉽게 알 수 있다. 서면 형식으로 작성된 그의 (또는 그에 관한) 논설과 유튜브 영상은 인터넷에 넘쳐난다. 그의 이력서에 따르면, 프레드 켄트는 공공 공간과 그 사용자들을 찍은 50만 장의 사진을 과학 잡지에 싣거나 그의 트위터와 인스타그램 계정을 통해 게시했다.

프레드 켄트는 정말 착한 사람처럼 보인다. 매년 15만 마일 이상을 여행하는 프레드는 커뮤니티들에 기술을 전수하고, 북미와 세계 전역에서 중요한 담화를 한다. 프레드는 장소 만들기를 세계적 의제로 확장하는 데 깊이 관여하면서, 다른 주요 국제 개발 노력들과 경쟁할 정도의 국제적 개입을 성취하는 데 일조한다.[2] 1978년 새로 떠오르던 PPS의 포트폴리오를 다룬 『워싱턴 포스트』의 한 기사에 따르면 프레드와 그의 무리는 길거리에서 정량화될 수 없는 게 무엇인지를 느끼려고, 말하자면 한 장소의 '감각'을 얻기 위해 몇 시간 동안 행인들과 차량에 탄 사람들의 수를 일일이 셌다.[3] 전문 컨벤션 관리 협회(Professional Convention Management Association)의 회보인 『컨빈(*Convene*)』에서는 PPS의 첫 프로젝트 이야기를 전한다. 1975년에 설립된 PPS는 록펠러 센터에서 임대료를 면제받고 운영 중이었는데, 센터 앞 공공 공간을 개선하는 법을 자문해준 대가로 록펠러 센터의 공간을 제공받은 것이다. 록펠러 센터의 직원들은 사람들이 화단 언저리에 앉지 않도록 유도하는 법을 찾고 있었고, 그렇게 하려면 어떤 종류의 착석 방지물을 설치해야 할지 프레드에게 물었다. 하지만 놀랍게도 프레드는 훨씬 더 편안한 벤치들을 추가로 설치해서 훨씬 더 많은 사람을 끌어들이면 록펠러 센터 매장에서 쇼핑하는 사람들도 더 많아질 수 있다고 제안했다. 바로 이런 조치가 이뤄지면서 록펠러 센터는 "아마도 거의 우연히, 약간의 행운을 받아 세계 최고의 광장이 되었다"고 켄트는 결론 내렸다.[4]

PPS가 '장소 만들기'라는 용어 자체를 쓰기 시작한 것은 1990년대의 어느 시점부터였지만, 그 바탕에 깔린 생각의 연원은 대부분 초기 시절에서 찾을 수 있다. 프레드 켄트는 컬럼비아 대학교에서 지리학을 공부하면서, 마거릿 미드(Margaret Mead)의 인류학 수업과 바바라 워드(Barbara Ward)의 경제 개발 분야 강의를 들었다. 미드와 워드는 각각의 방식으로 서양과 나머지 세계의 관계에 대한 비판적 관점을 견지했는데, 미드는 인간관계 분야에서, 워드는 부의 분배 차원에서 그런 관점을 보여줬다. 그것은 번영을 더 공평하게 나눌수록 집단의 경제적 진보로 나아간다고 보는 관점이었다. 워드의 주장은 지구 자원을 보존하자는 얘기도 곧 포함하게 되었다. 그녀의 책 『하나뿐인 지구: 작은 행성의 보호와 관리(*Only One Earth: The Care and Maintenance of a Small Planet*)』는 일반적으로 로마 클럽이 추후에 펴낸 『성장의 한계』의 전조로 여겨진다. 1969년 말과 1970년 초의 겨울에 프레드 켄트는 컬럼비아 대학교 학생들 사이에서 '지구의 날(Earth Day)' 뉴욕판의 코디네이터 역할을 하고 있었다. 전년도에 산타바바라에서 발생한 엄청난 기름 유출 사태를 계기로 시작된 이 기념일은 세계의 환경 문제들에 대한 공공의 자각을 높이려는 것이었다. 뉴욕에서만 10만 명 이상이 참가했는데, 이는 전국 행사 중 가장 대규모의 참가 인원이었다. 이 행사는 당시 시장이었던 존 린지(John Lindsay)의 지원에 강력히 의존했고(조직 위원들은 시장실을 사용할 수 있었고 시청 직원들의 도움도 받을 수 있었다), 린지 시장이 5번 애비뉴에서 행진과 소풍이 가능하도록 자동차의 출입을 막기로 결정하는 큰 결실을 얻었다.[5] 프레드 켄트 자신의 말에 따르면, "지구의 날은 뉴욕을 말 그대로 변형해놓았다. 우리는 59번가의 교통을 유니온 광장 쪽으로 돌려 5번 애비뉴를 하나의 '장소'로 탈바꿈시켰다. 사람들은 사무실과 아파트에서 우르르 나와 아름다운 봄날 뉴욕의 가장 중요한 거리 한복판을 따라 걸음으로써 도시 환경 보호에 대한 관심을 유도했다."[6]

1970년부터 1972년까지 켄트는 린지 시장 직속 환경 위원회의 프로그램 디렉터로 재직했다. 린지 시장의 임기(1966~1973)는 로버트 모지스의 고속 도로 프로젝트를 도시 생활에 초점을 맞추는 방향으로 바꾸는 전환점이 되었다. 린지는 뉴욕시의 희소한 녹지 공간들을 보존하고 필지 규모의 근린공원들, 이른바 쌈지 공원들을 다섯 자치구 전역에 분산시켜 조성하는 사업을 편성했다.[7] 그가 공무원으로 있는 동안 프레드 켄트는 나중에 그의 멘토가 된 윌리엄 화이트(William H. Whyte)를 만났다. 위키피디아 페이지에서 '민중 관찰자(people watcher)'로 묘사되는 윌리엄 화이트는 도시 공공 생활의 실체를 객관적이고 측정 가능한 방식으로 분석하는 법을 개발했다고 주장했다. 이를 시행한 '거리 생활 프로젝트(Street Life Project)'는 뉴욕시의 거리들로 일단의 연구자들을 보내 보행 흐름을 관찰하고 상호 소통 패턴을 기록하게 했다. 1972년에 켄트는 화이트의 거리 생활 프로젝트를 위한 연구자가 되어, 카메라 한 대를 들고 렉싱턴 애비뉴를 따라 2.5블록 길이를 살펴보는 과업을 맡았다. 그해 여름철 내내 거리들을 사진으로 찍은 켄트는 그가 나중에 "장소의 인체 공학(ergonomics of place)"이라고 부른 것의 전문가가 되어 있었다.[8] 이 실험의 일부로서, 그는 남녀가 공공 공간을 활용하는 서로 다른 방식들을 연구했고(예컨대 남자들은 출입구 주변에 모이고, 여자들은 자주 가는 장소들을 더 까다롭게 대한다고 한다), 젊은 여성을 빤히 바라보는 이상한 의례와 커플들이 키스할 가능성이 가장 높은 (사적이기보다는 눈에 띄는 곳에 위치한) 지점들도 연구했다. '3단계 작별 인사'를 요약하기도 했고, 보행자들이 스웨터를 입은 포니테일 머리의 여성보다 옷을 차려입은 화장한 여성에게서 더 먼 거리를 유지한다는 사실도 발견했다.[9]

프레드 켄트는 1972년 처음으로 거리 생활 프로젝트를 맡은 이후로 먼 길을 걸어왔다. 그가 뉴욕시에서 이룬 경력은 사실상 매년 획기적인 성취를 자랑한다. 1978년에는 엑손(Exxon)의 미니 광장에 이동식 의자와 탁자를 추가하여 장소를 탈바꿈하도록 도왔고, 1990년에는 6번 애비뉴의 갓길 보도 폭을 3피트 넓혔다. 2004년에는 '아시안 아메리칸 포 이퀄리티(Asian Americans for Equality)'와 함께 앨런 스트리트 몰(Allen Street Mall)의 비전을 개발했고, 2007년부터 2009년까지는 뉴욕시에서 가장 서비스가 불충분한 동네에 밤낮으로 식품 서비스와 보행 편의성을 제공하기 위한 켈로그 식품 및 피트니스 구상(Kellogg Food and Fitness Initiative)을 개발했다. '바이 더 시티/포 더 시티(By the City/For the City)' 디지털 장소 만들기 애플리케이션을 출시했을 뿐만 아니라, 9/11 추모 박물관에서 근무하며 방문객 경험을 분석하고 권고 사항을 개발하기도 했다. 2015년에는 브루클린 브리지 공원 6번 부두 재개발 계획에 반대한 이후 브루클린 브리지 커뮤니티 회의의 진행 과정에서 배제되었다. 군중은 '그에게 발언권을 주라!'고 구호를 외쳤지만, 지역 커뮤니티를 몹시 괴롭힌 문제였던 주거 타워는 결국 2019년에 지어졌다.

프레드 켄트는 건축가들을 좋아하지 '않는다.' 그리고 그는 건축가들과 논쟁해온 오랜 역사가 있다. 1993년 『뉴욕타임스』의 주간 리뷰(Week In Review)에서는 프레드 켄트를 "대부분의 건축가가 박차고 나가는 걸 보고 싶어 하는 사람"이라고 묘사했다.[10] PPS의 웹사이트는 장소 만들기에 해당하지 않는 모든 것—하향식이고, 반동적이고, 설계가 주도하며, 포괄적인 해법 또는 임시변통적이고, 배타적이고, 자동차 중심적이고, 범용적이고, 정적이고, 학문이 주도하고, 일차원적이고, 규제에 의존하고, 비용/편인 분석과 프로젝트에 초점을 맞추는 것 등—을 암시하면서, 장소 만들기가 고치려고 하는 문제들을 만든 게 누구인지를 꽤 분명히 나타낸다. 가장 기억에 남는 것은 2009년 아스펜 아이디어 페스티벌에서 프레드 켄트와 프랭크 게리가 교류한 사실이다. 켄트는 자신의 무리를 가리켜 아이콘적인 건축가들의 작업이 수명을 다한 이후 공공건물과 공공 공간을 고치기 위해 전 세계의 도시들을 방문해야 하는 "교정부(the department of corrections)"라고 소개한다. "저는 당신만큼이나 많이 여행합니다." 이렇게 말을 맺은 그가 답을 기다리자 게리가 답한다. "제 건물이 있는 곳들은 아니겠군요. 고치지 않으실 테니…"[11]

전문 플레이스메이커

켄트 대 게리… 이상한 역설처럼 보인다. 하지만 이와 동일한 주제가 내가 살펴볼 다음 내용에서도 주를 이룬다. 그것은 『장소 만들기: 커뮤니티를 짓는 기술과 실무(*Placemaking: The Art and Practice of Building Communities*)』라는 제목의 책이다. 나는 인터넷의 폐회로에서 벗어나 아마존에 의존하여 장소 만들기에 관해 출판된 문헌을 주문한다. 책의 두 저자는 다 누군지 모르겠지만, 유일하게 형용사가 달리지 않은 제목이다. 건강하거나, 창조적이거나, 남미에 초점을 둔 장소 만들기를 접하기 전에 먼저 그 기술과 실무에 초점을 맞추는 게 합리적이리라.

출판사의 설명에 따르면, 이 책은 "설계 전문가(플레이스메이커)들이 공간 생성 요소들로 작업하는 데 필요한 현재 수요를 다루고, 설계자들이 직능의 핵심에 놓인 인간적 요건들을 이해하는 데 도움을 줄 탁월한 조언을 제공한다."

출판사는 이 책이 설계자/플레이스메이커들을 교육하는 사명을 띤다고 명시하는데, 이는 정작 장소 만들기에 대한 저자들의 정의와 묘하게 어긋나는 모양새다. 저자들의 정의는 이러하다. "장소 만들기는 우리와 같은 모든 인간이 각자가 있는 곳을 우리가 사는 곳으로 바꾸는 방식이다. 그것은 건물의 시공과 해체, 토지 경작과 정원 식재, 주방 청소와 사무실 재배치, 동네 만들기와 잔디 심기, 건물 인수와 도시의 이해를 포함한다."[12] 저자들에 따르면 장소 만들기는 모든 인간에게 스며드는 활동이다. 그것은 우리 모두가 매일같이 하는 활동이기 때문에 교육이나 전문적인 훈련의 결과가 거의 아니다. 따라서 거의 당연하게도 '비전문가적인' 활동이라고 할 수 있다.

그들은 하이데거를 인용하며 말을 이어간다. "인간이 지상에 거주해온 이래로, 우리는 우리의 장소를 의미 있게 만드는 방식들을 찾아왔다." 하지만 "지난 세기 동안 우리는 우리의 장소를 거주를 위한 곳으로 만드는 능력을 상실해왔다."[13] 이 책은 건조 환경을 일종의 영구적인 디아이와이(DIY)*로 여기면서 집단 참여를 옹호하는 듯하다. 그래서 제공되는 해법은 한층 더 기이한데, 장소 만들기에 관한 실천을 건축가와 도시 계획가, 건설 기능공, 시설 관리자, 실내 디자이너, 엔지니어, 조경 건축가들의 상근 업무로 전환하기 때문이다. 세계를 전문가들의 손아귀에서 벗어나도록 구출하겠다고 전문가들을 소환하는 것이다. 이런 모순을 해소하기 위해 저자들은 전문 플레이스메이커들에게 가장 중요한 임무가 "대화적 공간(dialogic space)", 즉 "다른 사람들도 원한다면 장소에 관한 일을 할 수 있게 하고 그렇게 장려하는 공간"을 만드는 것이라고 진술한다.

뭐가 어떻게 돌아가는 건지 모르겠다. 이제 겨우 6쪽을 읽고 있는데 말이다.

브라이언트 공원

이게 무슨 함의가 있는지를 따져보는 방향으로 관심을 돌려야겠다. 개념을 이해

* Do-It-Yourself: 제작이나 조립, 장식 따위를 사용자가 직접 하는 방식

한답시고 자잘한 정의를 시도할 게 아니라, 실제로 장소 만들기라는 이름으로 무엇이 만들어져왔는지를 살펴보는 방향으로 말이다.

PPS가 물리적 유산의 관점에서 이룬 최초의 주된 업적은 '장소 만들기' 라는 용어가 처음 도입되기도 훨씬 전인 1980년대 초로 거슬러 올라가는데, 브라이언트 공원에 관한 업적이 바로 그것이다. 맨해튼 미드타운의 6번 애비뉴와 42번가가 만나는 모퉁이에 위치한 이 작은 공원은 뉴욕 공공 도서관을 길 건너에 두고 있다. 당시 이 공원은 주로 마약 중독자와 중개상의 소굴이었기 때문에 사람들이 방문을 상당히 꺼리던 장소였다. 1980년에는 브라이언트 공원의 이미지를 개선하고 그 용도를 바꾸겠다는 목적을 명시한 비영리 민간 관리 회사인 브라이언트 공원 법인(Bryant Park Corporation: BPC)이 록펠러 브라더스 펀드(Rockefeller Brothers Fund)의 지원으로 설립되었다. 법인 측의 요청으로 PPS는 공원을 어떤 물리적 형상으로 바꿀지에 대한 자문을 제공했다.

그들이 제안한 개입 방식들로는 주 출입구에 간이매점 2개 설치하기, 다른 출입구들 개방하기, 사람들이 공원을 볼 수 없게 막는 관목림 제거하기, 다수의 이동식 식당 의자 배치하기 등이 있다. 아울러 브라이언트 공원 법인은 체스, 페탕크*, 탁구, 야외 독서실, 작은 회전목마 같은 몇몇 새로운 활동들을 제안했고, 일일 점심시간 공연과 야간 공원 이용자를 끌어들이기 위한 야외 영화 시리즈와 같은 수많은 행사를 개시하기도 했다. 공원 재단장을 마무리하는 과정에서는 몇 군데의 다년생 식물 화단, 수많은 화분 용기, 2,400여 평의 상징성 있는 잔디 광장과 같은 정교한 식재 전략을 전개하면서, 공원과 인근 옥상에 조명을 새로 설치해 야간에 더 안전한 느낌이 들게 했다. 뉴욕 공공 도서관 뒤편의 공지에는 식당과 야외 카페가 조성되었다.

흥미로운 것은 정작 PPS가 브라이언트 공원의 개조에 대해 다음과 같이 말했다는 사실이다. "후원사가 있는 프리 스케이팅 링크와 휴일 시장에서 추가적인 수익 창출 활동이 일어난다. 두 곳 모두 과거에는 이 공원에 아무도 없던 시간대

* petanque: 나무 공 하나를 표적으로 삼아 금속 공들을 더 많이 근접시킨 팀이 이기는 프랑스의 구기 운동

인 야간과 겨울철에도 사람들의 활동을 유도한다."[14] 하지만 이상하게도 이 말은 그 공원이 "마약 중개상과 여타의 무서운 활동으로 넘쳐났다"[15]는 뉴욕시 공원 위원장 애드리언 베네프(Adrian Benepe)의 진술과 어긋난다. 장소 만들기 이후에 펼쳐질 멋진 신세계는 마약 중독자와 중개상을 사람으로 계산하지 않는 게 분명하다.

하지만 브라이언트 공원 법인과 PPS가 스스로 요약한 사명의 관점에서 보면, 브라이언트 공원은 의심의 여지 없는 성공 스토리다. 건축 비평가 폴 골드버거(Paul Goldberger)는 재단장된 공원의 분위기를 이렇게 묘사한다. "어느 소도시의 광장처럼 편안하고 여유 있고 친근하다. 보안 요원들은 '좋은 아침입니다' 라고 인사하며 미소 짓고, 정비 직원들은 종이가 땅에 떨어지면 바로 줍는다."[16] 이 공원의 리노베이션은 『뉴욕 매거진(*New York Magazine*)』에서 최고의 도시 재생 사례로 뽑혔고, 『타임』에서는 '작은 기적' 으로 묘사되었다. 또한 1994년 『랜드스케이프 아키텍처 매거진(*Landscape Architecture Magazine*)』의 디자인 공로상을 수상하기도 했다.

2008년 『뉴욕타임스』의 한 기사에 따르면 어느 시점엔가 뉴욕시의 가을을 상징한다고 여겨진 이 공원을 매년 420만 명이 방문하며, 그들은 짧게는 몇 분, 길게는 3시간까지 머문다고 한다. (중앙값을 계산해보면 35분이다.) 사실 브라이언트 공원의 성공은 그로 인한 희생을 치른 대가로 얻은 것이다. 같은 뉴욕타임스의 기사에서 인용하는 브라이언트 공원 법인 창립자 중 하나인 대니얼 비더맨(Daniel Biederman)은 이렇게 말한다. "담쟁이 화단을 좀 치우고 탁자와 의자를 더 두는 계획을 세우고 있습니다. 새로운 친환경 의자 500개와 탁자 100개를 더 주문했고, 의자도 몇백 개 더 주문할 계획입니다. (…) 현재는 사람들이 서서 의자를 기다릴 때가 좀 있거든요."[17]

비더맨의 말은 영락없는 상인 본능을 드러낸다. 그리고 그의 본능은 시간이 갈수록 점점 더 부각된다. 1996년에 브라이언트 공원은 도시 토지 연구소(Urban Land Institute)에서 우수상을 받았는데, 수상 이유를 연구소 측은 이렇게 적시했다. "이 공원의 성공은 그 동네의 성공에 이바지한다."[18] 2003년 들어 브라이언트 공원의 사무실 임대 실적은 맨해튼 미드타운의 나머지 동네를 능가했고, 뱅크 오브 아메리카가 자리 잡은 공원 북서쪽 모퉁이에 210만 제곱피트 면적의 51층짜리 사무소 타워인 원 브라이언트 파크(One Bryant Park)가 건설되면서 또 한 번의 붐이 일었다. 콜드웰 뱅크 리처드 엘리스에서 뉴욕 3개 주 광역권 최고 책임자인 메리 앤 티헤(Mary Ann Tighe)의 말을 빌리자면, "브라이언트 공원은 이제 최고가 사무 공간의 중심지로 자리 잡았으며, 그 공원 자체가 이 하부 시장의 핵심이다." 2012년에 브라이언트 공원 사무실 임대료는 미드타운 전체에서 제일 높았다.19

캠퍼스 마셔스

PPS는 브라이언트 공원을 위한 작업에 개입하여 일어난 민간 이익에 대해 얼마간 재량권을 유지할 수 있었지만, 거의 20년이 흐른 뒤에 그들이 맡은 업무에서는 그런 재량권을 유지하기가 훨씬 더 어려워졌다. 1999년에 PPS는 (영화 〈300〉에서 이름을 딴 거로 보이는) 민간 비영리 단체 디트로이트 300 컨서번시(Detroit 300 Conservancy)로부터 디트로이트 다운타운 교차로 한복판의 노후 공간인 캠퍼스 마셔스(Campus Martius)에 관한 일을 의뢰받았다. PPS가 요청받은 내용은 그 공원이 제대로 기능하게 할 방법에 대한 아이디어들과 대략적인 공원 계획안을 제시해달라는 것이었다. PPS의 노력은 이 지역의 이미지를 상당히 끌어올리는 기폭제가 되었고, 디트로이트 시장 데니스 아처(Dennis Archer)는 캠퍼스 마셔스가 "세계 최고의 공원"이 될 것이며 컴퓨웨어(Compuware)와 퀴켄 론스(Quicken Loans) 같은 기업들도 머지않아 캠퍼스 마셔스로 본부를 옮길 거라고 발표했다. 2010년에 캠퍼스 마셔스는 도시 토지 연구소의 아만다 버든 도시 오픈 스페이스상(Amanda Burden Urban Open Space Award)을 최초로 수상하여 전국적인 주목을 받았다.

하지만 이게 단지 PPS만의 공은 아니었다. 이 회사는 2000년까지만 캠퍼스 마셔스에 관여했고, 그해에 조경 건축 사무소 런델 언스트버거 어소시에이츠(Rundell Ernstberger Associates)가 새로운 공원 공간의 설계자로 선정되었기 때문이다. 하지만 이 그룹은 2013년에 제휴사를 갱신했는데, 기업인과 박애주의자, 정부 관료 등으로 다양하게 구성된 집단인 다운타운 디트로이트 파트너십(Downtown

Detroit Partnership: DDP)에서도 디트로이트 다운타운의 모든 공공 공간에 대한 장소 만들기의 비전을 제안해달라고 요구받으면서였다. 2009년부터 디트로이트 300 컨서번시도 포함해온 DDP의 사명은 "다운타운의 도심 전역에서 기업과 주민, 방문객에게 혜택을 주는 개입, 개발 및 프로그램을 주도하여 디트로이트를 발전시키는 것"이었다.[20]

DDP의 집행 위원회는 퀴켄 론스의 최고 경영자인 댄 길버트(Dan Gilbert)와 크리스토퍼 일리치(Chistopher Ilitch)라는 인물이었다. 일리치 홀딩스의 최고 경영자인 억만장자 마이크 일리치의 막내아들인 크리스토퍼 일리치는 2013년에 디트로이트 지구(District Detroit)라는 이름하에 당시 번영하던 미드타운과 다운타운 사이 지역의 재생 계획을 발표하면서, 50개 블록으로 이루어진 스포츠 및 위락 용도의 근린과 거점 시설이 될 2만 석 규모의 리틀 시저 경기장 계획을 포함시켰다. 일리치 부자는 이러한 근린 개발에 미화 2억 달러를 출자하기로 약속했고, 디트로이트시는 경기장 건설 자금으로 미화 3억 2,400만 달러의 공공 세금(HBO 다큐멘터리가 밝힌 바에 따르면, 원래 디트로이트의 학교들에 쓰였을 예산)을 기부했다.[21] 이러한 재생 계획에 자금을 대면서 일리치 부자는 2014년 초 지역 지도자들로부터 추가적인 감세를 받았지만, 그해 디트로이트는 미국 역사상 지자체로서 최대 규모의 파산 위기에 처했다. 당시 마이크 일리치의 순 자산은 미화 51억 달러였던 것으로 추산된다.

2017년 2만 석 규모의 경기장이 개관했을 때, 일리치 부자가 약속했던 미화 2억 달러는 주차 데크 2개와 구글 사무소 건물, 그리고 일리치 부자가 소유한 패스트푸드 체인인 리틀 시저 피자의 본사 건물을 개발하는 데 쓰였다. 한때 역사적인 건물들이 서 있었던 블록에는 주차 구획당 미화 50달러까지 부과되는 지상 주차장이 배치되었다. 아울러 개발업자에게 계약 의무를 충족시키느라 추가로 든 공적 자금은 미화 7,400만 달러로 추산되었다.

일리치 부자는 명백히 교활한 술책을 활용했다. 근린 개발은 공공 자금을 획득하기 위한 구실이었고, 당시 그들이 출자한 공공 자금이라곤 대부분 경기장에 절실한 주차 시설을 제공하는 데만 쓰였을 뿐이다. 결국 그 경기장은 하나의 상업적 제안으로서 디트로이트 지구를 대체하게 되었다. 『메트로타임스(*metrotimes*)』의 한 기사에 따르면, "그곳은 걷기 좋고, 살기 좋으며, 여러 용도가 혼합된 월드클래스의 지구다. 유일한 문제는 그게 실존하지 않는다는 점이다."[22]

일리치 부자는 여러 일당에게 혜택을 줘서 자기들의 술책을 용서받았을 가능성이 높다. 경기장 프로젝트는 디트로이트 중심 지구들의 젠트리피케이션을 심화하는 데 중추적인 역할을 하게 되었다. 이로써 확실히 혜택을 받은 일당은 일리치와 함께 DDP 집행 위원을 맡은 댄 길버트였다. 인근 다운타운 지구에 많은 부동산을 소유한 길버트가 최고 경영자로 있는 퀴켄 론스*는 캠퍼스 마셔스로 본사를 옮긴 최초의 회사들 가운데 하나였다.

2013년에 PPS가 공공 공간의 비전을 선포한 지 3년이 지났을 때, 다운타운 지구는 전략적으로 진짜 개발을 하지 않아 악화된 주택난으로 인해 중위 주택 판매가가 2배로 치솟았다.[23] 그곳에서 길버트는 2011년부터 부동산을 사들여왔는데, 제곱피트당 고작 미화 8달러만 지불했을 뿐이었다. 2017년이 되자 그는 캐피톨 파크와 옛 허드슨 백화점 부지 주변의 건물 5채를 소유했다. 길버트가 소유한 부동산들의 위치는 PPS의 장소 만들기 비전이 아우르던 지역과 대략 일치했다. 실제로 2013년부터 길버트의 부동산 회사인 록 벤처스(Rock Ventures)는 켄트의 팀과 긴밀하게 협력하여 퀴켄 론스가 소유한 건물들 주변의 공적인 공간들을 인파와 각종 행사로 채우기 위한 광범위한 노력을 기울였다. 길버트의 말에 따르면, "프레드는 '장소 만들기'라고 불리는 것의 전문가다. (…) 여기서는 디트로이트 다운타운을 그야말로 주민과 방문객 모두에게 매력적인 명소로 만드는 게 목적이다."[24] 이에 켄트 역시 사랑으로 화답했다. "역사적으로 디트로이트를 정의한 건 파리였기 때문에, 댄은 그야말로 파리와 흡사한 도시의 비전을 갖고 있다. 이제 당신이 파리에 갈 수 있다면 최고 중의 최고에 가는 것이다."[25]

2014년 『뉴욕타임스』에 실린 「종말론 이후의 디트로이트(The Post-Apocalyptic Detroit)」라는 기사는 이 남자들이 함께 노력한 장소 만들기로 생겨난 분위기가 어땠는지 다음과 같이 잘 포착했다.

* Quicken Loans는 1999년부터 2021년까지 유지되던 회사명이고, 2021년부터는 '로켓 모기지(Rocket Mortgage)'로 변경되었다. 최고 경영자는 여전히 댄 길버트다.

> 공원과 사무실 타워 밖에서 경쾌한 음악이 흘러나온다. 갓길 보도에는 안락의자들이 있고 거대한 '이상한 나라의 앨리스' 체스 말들이 있다. 캠퍼스 마셔스 공원 내의 큐브(Qube) 앞에는 인근 회사들이 카페 하나를 차려놓았다. 겨울철에는 빙상장이 되고, 따뜻한 계절에는 금요일마다 모타운 뮤직 프라이데이(Motown Music Friday)가 열리고 탁구장과 수변 쉼터가 된다. 이 모든 것은 디트로이트가 2백만 인구의 도시로 세계에서 가장 많은 자동차를 생산하던 시절 이곳에 퍼져 있던 에너지와 자신감을 조금이나마 되살리려는 시도다.26

기자는 명백히 당황스러운 현상에 직면한 자신의 체험을 설명하면서, 그의 취재원인 댄 길버트와의 조우를 이렇게 전한다. "그는 내게 말했다. '오, 여기는 정말이지 꿈같아요. 디트로이트에서는 뭐든 만들 수 있죠. 여기서는, 마치 농구할 때처럼, 자기만의 슛을 쏠 수 있다니까요.' 그는 디트로이트에 투자하는 게 룰렛 테이블에 앉아서 7번에서 멈추길 기대하는 것과는 다르다고 말했다. 그는 자신이 긍정적인 방식으로 그 결과에 영향을 미치고 있기를 희망했다. 그는 '좋은 일을 해야 일이 순조롭다(doing well by doing good)' 는 격언에 매달렸다. 그는 한 도시와 그 자신을 동시에 부유하게 만들 수 있었다."27

'좋은 일을 해야 일이 순조롭다' 는 그의 말은 자기 이익을 도시 일반의 이익과 등치시킨다. 댄 길버트에게 좋은 것은 디트로이트에도 좋다. 길버트와 켄트에게 장소 만들기는 결국 정치적인 개념이다. 지구의 날과 1960년대의 이상주의가 주도하는 정치적 개념이 아니라, 민간 이익과 공공 이익 간의 모든 대립이 해소되었다고 가정되는 '제3의 길' 의 물리적 발현인 것이다.

2004년에 캠퍼스 마셔스가 완공된 이후, 미국의 다른 많은 도시들은 디트로이트의 사례를 따라 다운타운 지역의 미래를 민간 비영리 경영 단체들의 손에 맡겼다. 2008년 텍사스의 휴스턴에서는 디스커버리 그린 컨서번시(Discovery Green Conservancy)가 디스커버리 그린의 재생을 후원했다. "휴스턴의 심장부에서 비범하게 아름다운 도시 녹지 공간 하나가 우리 도시를 위한 마을 녹지로, 우리 시민들을 위한 건강과 행복의 원천으로, 휴스턴 생활을 풍요롭게 하는 예술과 전통의 놀라운 다양성을 들여다보는 창으로 작동한다."28 2009년 펜실베이니아 피츠버그에서는 피츠버그 다운타운 파트너십(Pittsburgh Downtown Partnership)이 마켓 스퀘어의 재단장을 주도했다. "마켓 스퀘어 농산물 직거래 장터는 피츠버그 지역 전체를 감화시키고, 기념하고, 교육하며, 즐겁게 한다!"[29] 2008년 매사추세츠 보스턴에서는 그린웨이 컨서번시(Greenway Conservancy)가 로즈 케네디 그린웨이의 재단장을 주관했다. "오늘을 모험으로 만들라."[30] 그리고 2015년 워싱턴 시애틀에서는 다운타운 시애틀 어소시에이션(Downtown Seattle Association)이 옥시덴탈 공원을 점거했다. "자이언트 밸런타인데이의 얼음 조각들이 시애틀의 심장을 녹인다."[31]

이런 개발이 늘 더 좋은 것은 아니었다. 시애틀은 현재 미국에서 3번째로 젠트리피케이션이 심각한 도시로 계산되는데, 여기서 상승하는 부동산 가격과 임대료는 점점 더 기존 주민들을 자기들이 살던 동네에서 밀어내고, 임대료를 규제하려는 운동은 점점 더 많은 지지를 받고 있다. 점점 더 제3의 길은 그저 옛 방식들을 위한 위장으로 판명되곤 한다.

사람들을 위한 장소

벤처 투자가 출신인 미시건 주지사 릭 스나이더(Rick Snyder)는 2011년 커뮤니티 개발 및 지방 정부 개혁에 관해 미시간주 입법부에 보낸 특별 메시지에서 이렇게 말했다. "근린과 도시와 광역권은 경제 발전에서 '장소'가 중요하다는 사실에 눈을 뜨고 있습니다. (…) 장소의 쾌적함이 없는 커뮤니티는 재능 있는 일꾼과 기업가를 유인하고 보유하는 데 애를 먹거나 사업하기에 매력적인 곳이 되기 힘들 것입니다."[32]

점점 더 많은 수의 도시가 그의 조언을 받아들이고 있는 듯하다. 샌프란시스코는 '사람들을 위한 장소(Places for People)'라는 제목의 장소 만들기 관련 조례를 채택했는데, 이는 "공공 공간 시범 프로젝트들의 커뮤니티 기반 개발을 합리화하는 관계 부처 합동의 총체적인 허가 체계"였다.[33] 스코틀랜드의 에든버러에서는 대중의 일원들에게 스코틀랜드 수도의 심장부가 어떤 모습과 느낌과 기능을 갖길 원하는지에 관한 장소 만들기 차원의 자문에 참여해달라고 요청했다. 미네소타 블루밍턴에서는 창조적 장소 만들기 위원회(Creative Placemaking Commission)가 예술과 디자인, 문화, 창조성을 활용하여 도시의 변화와 성장, 변혁을 위한 목표들을 성취하도록 도울 방법을 시의회에 조언한다. 온타리오의 해밀턴에서는 '장소 만들기 지원금 시범 프로그램(Placemaking Grant Pilot Program)'을 발표했다. 온타리오의 키치너에서는 '근린 장소 만들기 지침서 및 도구 키트(Neighbourhood Placemaking Guide and Toolkit)'를 개발했다. 뉴질랜드의 오클랜드에서는 '살아있고 말고를 불문한 모든 것에 대한 사랑'을 뜻하는 마우리족의 말인 '아로하(Aroha)'를 차용하여 장소 만들기를 토착 문화와 연계한다.

장소 만들기는 느리지만 확실하게 도시 관리 정책의 일부로 공식화되어가는 중이며, 전례 없이 많은 수의 시청 공무원들이 새로운 직위를 얻어가고 있다. '장소 만들기 수석(Head of Placemaking)', '장소 디렉터(Director of Place)', '장소 만들기 담당관(Placemaking Officer)', 장소 만들기 최고 책임자(Chief Placemaking Officer), 장소 만들기 컨설턴트(Place Consultant), 플레이스메이커, 1급 플레이스메이커(Principal Placemaker) 등등…….

장소 만들기에 대한 공공 부문의 집착은 민간 부문에서도 똑같이 나타난다. 영국에서는 세빌스(Savills) 같은 부동산 중개업체들이 '장소 만들기의 중요성'을 주택 소유주들이 중시하는 주된 요소로서 강조한다. 세빌스와 합작하는 또 다른 부동산 중개업체인 존스 랭 라살(Jones Lang Lasalle)은 "재생과 장소 만들기: 우리 모두가 중시하는 의미 있는 장소들을 조성하라"고 말한다.[34] 부동산 중개업체에서 몇 발짝만 더 가면 부동산 개발업체가 있다. 개발업체들에게 장소 만들기는 완벽한 비즈니스 공식이다. 그것이 새로운 개발의 이익을 극대화할 적절히 비용 효과적인 방식이기 때문이다. 도시 토지 연구소의 2020년 논문인 「창조적 장소 만들기: 문화 예술을 활용한 개발 유도(Creative Placemaking: Sparking Development with Arts and Culture)」에서는 장소 만들기를 이렇게 정의한다. "특색 있고 성공적인 부동산 프로젝트를 생산할 수 있고 개발 단지를 명소로 전환할 수 있는 차별화 요인. 창조적 장소 만들기의 모범 실무를 보여주는 개발은 미래에 개발 유행을 낳는 저비용 가설 구조물부터 미화 2억 5천만 내지 10억 달러 가치의 대규모 혼합 용도 프로젝트까지, 광범위한 프로젝트에 대한 공공/민간 파트너십과 창조적 금융, 투자 회수의 모델을 제공한다."35

제이콥스의 복수

장소 만들기가 영미권에만 국한된 현상이었던 시절은 이미 한참 전에 지났다.

영어 사전에 한 번도 등재된 적이 없는 placemaking이라는 용어는 이제 세계 곳곳의 담화에서 핵심적으로 쓰이고 있다. 번역될 필요가 없어서 번역되지도 않는 용어다. 플레이스메이킹플러스(Placemakingplus), 플레이스메이커스(Placemakers), 위 아 플레이스메이킹(We Are Placemaking), 빌리지 웰(Village Well)… 이런 장소 만들기의 전문가들이 전 세계를 장악하고 있으며, 그중에는 (플레이스-메이크[Place-Make] 같은) 건축 사무소도, (플레이스메이커 그룹[Placemaker Group] 같은) 부동산 개발업체도 있다. 장소 만들기는 어디에나 있다. 2016년 밴쿠버가 처음으로 장소 만들기 주간(Placemaking Week)을 조직한 이래로, 2017년에는 암스테르담이, 2018년에는 스톡홀름이, 2019년에는 발렌시아가 그 뒤를 이었다. 소규모의 장소 만들기 주간도 세계적으로 널리 시행되고 있다. 인도의 벵갈루루에는 '장소 만들기 주말(placemaking weekend)' 이 있다. 장소 만들기는 마치 세계적으로 유행하는 바이러스처럼, 시간이 갈수록 변이를 만들어내는 능력이 있다. 건강한 장소 만들기, 창조적 장소 만들기, 전략적 장소 만들기, 전술적 장소 만들기, 디지털 장소 만들기, 흑인 중심 장소 만들기… 모든 게 장소 만들기이고, 장소 만들기가 전부다.

장소 만들기는 공공 부문에서도 시장에서도 호의적으로 여기는 보편적인 도시 재생 방법이 되었으며, 2008년 금융 위기 이전에 '스타 건축가' 가 설계하던 턱없이 비싼 미술관 프로젝트들을 대체했다. 더 빠르고, 더 가볍고, 무엇보다 더 저렴한 방법으로서 말이다. 오늘날 장소 만들기에 대한 끊임없는 믿음을 희화화하기는 쉽지만, 1990년대와 2000년대에 쏟아지던 미술관들에 대해서도 똑같은 말을 할 수 있을 것이다. 하지만 아마도 이 두 가지가 진짜 의미를 획득하는 것은 바로 서로에 대한 관계 속에서일 것이다. 과거의 미술관 호황과 현재의 장소 만들기에 대한 집착이 같은 동전의 양면이라면 어찌할 텐가? 하나의 극단과 다음의 극단 사이에서 일견 교대하는 듯한 양상이 그저 근본적으로 다른 두 기율 사이에서 지속되는 하나의 변증법—이른바 계급투쟁—에 불과하다면? 그러니까 한편에는 건축가들과 엔지니어들이 있고 반대편에는 작가와 사회학자들이 있는데, 서로가 도시 계획—더 쉽게 말하자면 그냥 도시—이라는 동일한 전장에서 싸우고 있는 것이라면?

프레드 켄트가 많은 아이디어를 빚진 인물은 윌리엄 H. 화이트와 제인 제이콥스다. 그들은 1950년대에 미국 도심 근린들의 소멸에 반대하며 근대적 도시계획의 환원주의적 실무를 비난한 중요한 목소리들이었다. 1958년 화이트의 요청으로 제이콥스가 『포춘(*Fortune*)』 지에 기고한 「다운타운은 사람들을 위한 것이다(Downtown Is for People)」라는 기사에서, 제이콥스는 미국 전역에 지속되는 도심 재개발 프로젝트들이 "깨끗하고, 인상적이며, 기념비적"이라면서 그게 "잘 관리된 엄숙한 공동묘지의 속성들"이라고 논평한다.[36]

그 범인들에 대해서도 숨김없이 얘기한다. "이건 현실을 간접적으로 다루는 방식이며, 현재 지배적인 디자인 철학의 불행한 증상이다. 말하자면 건물이 우선이라는 철학인데, 그 목적은 도시를 그것이 논리적으로 따라야 할 추상적 개념에 맞춰 다시 만들려는 것이다. 하지만 그것은 누구의 논리인가? 프로젝트들의 논리는 예쁜 블록들을 갖고 놀면서 '내가 만든 것 좀 봐!' 라고 외치는 자아중심적인 아이들의 논리이며, 이것이 우리의 건축 학교와 디자인 학교에서 상당히 함양되는 관점이다." 여기에 덧붙여 그녀는 대안적인 접근을 제시한다. "장소 감각도 결국에는 역시 많은 작은 것들로부터 구축된다. 아주 소수의 사람은 당연한 것으로 치부하지만, 없으면 도시의 향기가 사라져버리는 것들로부터 말이다. 자주 불도저가 밀어버리곤 하는 불규칙한 단차, 다양한 종류의 노면, 표지판과 소화전, 가로등, 하얀 대리석의 현관 입구 계단이 그런 것들이다."

아마도 프레드 켄트의 첫 번째 주요 업적인 브라이언트 공원이 1934년 로버트 모지스가 뉴욕시 공원국장으로 취임한 직후에 조성된 것은 우연이 아닐 것이다. 아마도 프레드 켄트가 브라이언트 공원을 '장소'로 재발명한 것은 제이콥스를 대신한 복수였다고 볼 수 있으리라.

하지만 그 복수는 양날의 검이다. 일견 사소하게 보일지 몰라도, '장소' 에서 '장소 만들기' 로의 도약은 중요한 것이다. '장소' 와 다른 '장소 만들기' 는 우연한 조건을 계획 패러다임의 지위로 올려놓는다. 그에 따른 난제는 예상 가능하다. 우연한 결과가 일단 계획의 대상이 되고 나면, 즉 의도의 산물이 되어버리면 더 이상 그것은 우연하지 않다. 창조와 경험은 복잡하게 뒤얽힌 관계에 돌입하며, 도시 계획가들은 경험의 꼬리를 뒤쫓는 고양이와 같은 운명에 빠진다. 통제할 수 없는 것을 통제하려 하고, 예측할 수 없는 것의 스크립트를 짜고, 그대로 놔둬야 할 곳에서도 한결같이 '장소 만들기' 를 주장하는 처지가 되는 것이다. 장소 만들기는 공공 미술과 디자인의 형식을 가장한 감시의 증가와 맞물려, 자발적인 공간들을 미리 프로그램화된 중층 결정된 구역들로 바꿔놓을 가능성이 높다. 막다른 골목에 처하는 셈이다.

*우리는 장소 만들기를 믿습니다**

우리의 프로젝트는 18개월 후에 완성되었고, 그로부터 1년 후에 계획 허가를 받는 데 성공했다. 반대자들이 내세운 주장은 대부분 장소 만들기에 집중했고, 그에 대한 반론도 많은 부분 장소 만들기에 초점을 두었다. 장소 만들기는 이 프로젝트에 대한 찬반 여부에 맞춰 조정이 가능한 용어였다. 비판하는 쪽에서도, 지지하는 쪽에서도 말이다.

아무래도 이게 핵심이 아닌가 싶다. 상충하는 이해관계 속에서 합의를 가능케 할 정의가 없기 때문에, 사람들은 의견 일치를 보지 못하고 제자리를 맴도는 것이다. 우리는 이 용어를 각자가 원하는 대로 읽을 수 있다. 그 의미는 개인의 확신에 따른 문제다. 마치 신의 존재처럼, 장소 만들기는 증명될 수 없고, 증명되어서도 안 된다. 나는 여전히 장소 만들기가 뭔지 모르겠다. 그걸 아는 사람이 있는지도 의문이다. 그걸 알고 싶어 하는 사람이 있을지도 의문이다.

* In placemaking we trust. 미국의 공식 표어인 '우리는 신을 믿습니다(In God we trust)' 라는 성서적 표현에 빗댄 것이다.

creativity (창조성)

[불가산명사]

(영) /ˌkriː.eɪˈtɪv.ə.ti/ (미) /ˌkriː.eɪˈtɪv.ə.ti/

독창적이고 비범한 생각들을 생산하거나 이용하는 능력

예) 너무 많은 규칙은 창조성을 죽일 수 있다.

창조성, 기발함, 끼가 작사가의 진짜 재능이다.

8

보헤미아를 지배하라! Rule Bohemia!

그는 우리 사무실에서 정장을 입은 유일한 사람이었고, 5시 30분 이후에는 절대 볼 수 없던 유일한 사람이었다. 그는 자신이 대변하려고 했던 설계업의 중요한 두 요건인 일상적인 복장과 유연한 근무 시간을 충족하지 못했다. 왜 어떻게 그리된 건지 나는 아직도 모르겠지만, 어쨌든 그 겨울에 우리의 상무 이사(managing director)는 네덜란드 창조 산업의 간판 역할을 해달라는 요청을 받았다. 네덜란드 경제부에서 온 그 요청은 네덜란드 경제의 경쟁력을 강화하는 법에 관한 정부 정책 수립에 일조할 다양한 부문을 지원하는 프로그램의 일환이었다. 용도가 결정되지 않은 150만 유로의 투자액이 걸려 있었고, 이 자금은 네덜란드가 '세계 최고'라고 자인하는 에너지, 물, 농업, 식품, 생명과학, 첨단기술, 물류, 화학, 창조 부문들에 나눠 쓰일 예정이었다. 따라서 "정상을 향하여(To the Top)"라는 프로그램의 이름은 이상하게도 어색하게 들렸다. 어떤 1등도 노력 없이 유지되는 경우는 없음이 분명하다. 최고가 되려면 탁월해야 하고, 최고의 위치를 유지하려면 그보다 더 탁월해야 한다.

각 업계마다 이른바 '탑 팀(Top Team)'이 있었는데, 탑 팀의 구성은 늘 똑같았다. 기업가와 학자, 공무원이 섞여 있는 집단을 해당 분야에서 경륜을 획득한 저명인사가 이끄는 식이었다. (모든 탑 팀의 수장은 남성이었다.) 우리의 상무 이사를 창조 산업의 얼굴이라고 상상하기란 어려운 일이었다. 초기 X세대(또는 후기 베이비부머)의 백인 남성에다 명백한 이성애자인 그에게는 그런 얼굴이 될 만한 특징이 하나도 없었기 때문이다. 그는 영입된 지 오래되지도 않았었고, 그 전까지 어떤 창조적인 분야도 경험해본 적이 없었다. 하지만 이 모든 건 별 문제가 아니었다. 우리 사무소에서 그의 명시적 임무는 창조적인 게 아니었다. 좋은 상무 이사는 기본적으로 냉정한 판단력을 유지하는 역할이었다. 건축가들의 집착이 정도를 벗어날 때 다행히도 그에 동요하지 않을 만큼 무감각하고, 대부분의 현장을 주도하는 광기로부터 자신을 고립시키면서, 끝없는 결정 장애로 빠져드는 조직의 탈선을 막을 방호책이 되어야 했던 것이다. 이 모든 것을 그는 — 우리가 판단할 자격이 있다면 — 일정량의 무심한 솜씨와 상당량의 능숙함으로 잘 관리했다. 그 역할은 그의 성격과도, 그의 이력서와도 잘 맞았다. 우리의 상무 이사는 기본적으로 잘하고 있었다.

하지만 경제부의 요청이 있고 나서 모든 게 바뀌었다. 원래 설계업의 과잉을 견제하는 역할로 고용되었던 그가 이 업계를 대표해야 하는 입장이 되자, 스펙트럼의 양단에 있다고 여겨지는 쌍들 — 즉흥과 계산, 관여와 무심, 경망과 책임, 열정과 침착 — 간의 생산적인 변증법이 더 이상 예전처럼 유지되지 못했다. 심지어 그와 같은 변증법이 존재한다고 인식할 기회조차 사라져버렸다. 이 부문을 적절하게 전체적으로 대변할 수 있으려면 기업가와 건축가가 하나의 통합된 얼굴로 조성될 필요가 있었다.

그는 너무도 행복하게 자원했고, 넥타이와 재킷을 풀고 색깔 있는 셔츠를 입기 시작했으며, 그의 근무 시간은 더 유연해지고 사무실에 있는 시간도 줄어들었다. 그는 더 이상 건축가를 '건축가'라고 부르지 않았고. 대신 '크리에이티브(creative)'라고 불렀다. 그리고 이런 묘사는 머지않아 홍보와 인사, 사업 개발, 금융 및 법률 부서까지 포함하게 되었다. 우리 사무실은 "세계에서 가장 창조적인 회사"로 진화할 예정이었는데, 이후의 파워포인트 발표에서 그 함의가 대략적으로 드러났다. 창조적이려면 그 누구에게도 독점권이 허용되어선 안 된다는 것이었다. ('이러한 임무가 건축을 언급하지 않는다는 점에 주목하기 바란다.') 모두가 각자의 일익을 담당해야 했다. 창조성이 전부였고, 모든 게 창조성이었다.

문화 산업에서 창조 산업으로

> 이러한 문화 정책은 경제 정책이기도 하다. 문화는 부를 창출한다. (…) 문화는 가치를 더하고, 본질적으로 혁신과 마케팅과 디자인에 기여한다. 그것은

> 우리 산업의 휘장이다. 우리의 창조성 수준이 새로운 경제적 명령에 대한 우리의 적응력을 결정한다. 그것은 그 자체로 가치 있는 수출품이자 다른 상품들의 수출에 필수적으로 동반되는 것이다. 그것은 관광객과 학생을 유인한다. 그것은 우리의 경제적 성공에 꼭 필요하다.[1]

1994년 호주 국무총리 폴 키팅(Paul Keating)은 호주 경제의 부양을 위해 문화 시설들에 미화 2억 5천만 달러를 제공하는 내용을 담은 문화 정책서인 『창조 국가(*Creative Nation*)』 서문에서 위와 같이 말했다. 이는 문화와 경제 간의 관계를 정부가 이렇게 공공연하게 정식화하고 국가 정책으로 전환한 최초의 사례였다.

네덜란드 정부가 이러한 호주의 선례를 알고서 자체적인 정책을 개시했음을 무난히 가정해볼 수 있는 대목이다. 하지만 더 그럴듯한 영감의 원천은 더 가까이에 있었을지도 모른다. 1997년 신설된 토니 블레어의 노동당 정부는 새로 만들어진 문화 미디어 스포츠부(Department of Culture, Media and Sport)* 소속으로 활동하는 창조 산업 전담반(Creative Industries Task Force)을 꾸렸다. 이 부서의 각 기능들은 경제적 부를 낳으리라 전망되는 원천들, 말하자면 영국의 사양 산업들을 보상할 신규 산업들을 대변했다. 알파벳순으로는 분명 문화(culture)가 첫 순위였지만, 다른 선택지도 많았을 것이다. 미디어와 스포츠의 경제 효과는 많이 기록되고 잘 알려져 있었지만, 문화의 경제 효과는 양적으로 그보다 덜 알려져 있었다. 문화가 미디어와 스포츠에 필적하기 위해서는 어느 정도의 정치적 우선순위가 필요했다.

창조 산업 전담반의 목적은 " '창조 산업' 이라고 불리는 무엇이 있고 그것은 측정될 수 있으며 경제의 상당 부분을 차지한다는 정부 내 인식을 얻어내기" 위한 것이었다.[2] 이런 취지로 영국의 창조 산업들이 대규모로 성장 중이라고 결론지은 이른바 매핑 문서(mapping document)가 이듬해에 생산되었다. 이 문서는 창조적 활동을 "개인의 창조성과 솜씨, 재능에 기원을 두고 지적 재산권의 생성과 활

* 2017년부터는 디지털 문화 미디어 스포츠부(Department of Digital, Culture, Media and Sport)로 개명 · 확장되었다.

용을 통해 부와 일자리를 창출할 잠재력을 지닌 활동"으로 정의했고,[3] 그 예로 광고와 건축, 미술품 및 골동품 시장, 공예, 디자인, 디자이너 패션, 영화, 쌍방향 소통 레저 소프트웨어, 음악, 공연 예술, 출판, 소프트웨어, 텔레비전 및 라디오를 들었다.

이런 정의가 굳어지기까지는 상당한 시간과 노력이 들었다. 노동당 내에서 '창조 산업' 은 그 용어가 있기도 훨씬 전인 1980년대 초부터 토론 주제였었다. 사실 노동당 초기에는 실제 논의되고 있는 것을 체계화할 단어들을 찾는 게 상당히 중요한 고민이었다. '창조 산업' 이라는 용어가 결국 표면화되었을 때, 그것은 대부분 운에 달린 문제였다. 훗날 문화 미디어 스포츠부 장관을 지냈고 창조 산업 전담반 창설의 숨은 동력이었던 크리스 스미스(Chris Smith)는 초기를 회상하면서 이렇게 말했다. "제가 그걸 생각해낸 건 일종의 꿈이었어요. 제 의도는 이런 활동들을 특별하게 만드는 무언가를 꽤 정밀한 형태의 말로 정의하는 것이었죠. 또 한 가지 제가 원한 것은 ― 분명히 기억하는데요 ― 그렇게 정의함으로써 지적 재산의 가치를 보호하는 게 매우 중요하단 사실을 기록하는 것이었습니다."[4]

이 용어가 받아들여지기까지는 전통적인 문화 산업과 정치적 기득권 모두로부터 상당한 저항이 있었다. '창조 산업' 이전에 예술을 칭하던 범주는 '문화 산업' 이었는데, 이 용어는 치명적인 언어 혼합인 것으로 드러났다. 문화계에서 활동하는 이들은 이 말을 문화를 부적절하게 상품화하는 모순어법으로 치부했다. 그들에게 예술이란 돈을 의식하지 않고 그렇기에 돈과 연관되면 안 되는 것이었다. 하지만 아이러니하게도 바로 이런 주장이 정치계에서는 관심을 받지 못했다. 정치인들은 문화가 경제에 기여할 수 없다는 생각이 실상과는 동떨어진 지나치게 선한 희망 사항에 불과하다고 보았던 것이다.

'문화' 산업에서 '창조' 산업으로의 의미론적 변화는 상전벽해와 같은 변화였는데, 특히 그것이 개방성을 면밀히 고려한 말이기 때문이다. "누군가는 책을 쓰고, 누군가는 곡을 쓰고, 누군가는 비디오 게임을 만들고, 누군가는 새로운 패션 개념을 만든다. 이런 것들은 과학보다 문화 예술에 일종의 뿌리를 둔 개인적인 창조 활동이다. 이런 활동의 진정한 가치는 지적 재산을 만들어낸다는 사실에 있다"고 크리스 스미스의 특별 고문인 존 뉴비긴(John Newbigin)은 고백했다.[5] 창조 산업을 대체로 부정 표현으로, 말하자면 과학이 '아닌' 것으로 정의하게 되면서 예전에 문화 부문에서 이뤄지던 저항의 대부분은 고려할 필요가 없어졌다. 동시에 일견 근심 없어 보이는 활동들이 '지적 재산'으로 재포장되면서 정치권의 태도도 변하게 되었다.

창조적 실천들은 문화적 활동보다 더 경제적 주기의 일부라고 봐야 한다. 창조 산업 전담반은 그러한 실천들이 시간에 따라 얼마나 증가하는지를 추적하면서, 하나의 정치적 주장을 구축하기 위해 매우 요구되는 수치와 통계를 만들어낼 수 있었다. 영국의 영화감독이자 노동당 내부 관계자인 데이비드 퍼트넘(David Puttnam)은 이렇게 말한다. "우리는 사실 그들이 예술, 그러니까 당시 우리가 창조 산업이라고 이름 붙인 것들을 보게 만들었지요. 왜냐면 그건 예술에서 창조 산업으로 말이 바뀐 엄청난 변화였으니까요. 우리는 그들이 그걸 그저 '있으면 좋은' 게 아니라 경제의 잠재적 동력으로 여기게 만들었습니다."[6]

1998년 11월 11일에 『창조 산업 매핑 문서(*Creative Industries Mapping Document*)』가 공개되었다. 이 문서의 연구 결과는 영국 정부 차원에서 창조 산업을 국가 경제의 주된 핵심으로 승인하게 되는 길을 열어놓았다. 2005년 창조 산업부 장관 제임스 퍼넬(James Purnell)은 창조 경제 프로그램(Creative Economy Programme)을 개시했다. 2008년 문화 미디어 스포츠부와 산업 기업 규제 개혁부(Department for Business, Enterprise and Regulatory Reform) 그리고 혁신 대학 기술부(Department for Innovation, Universities and Skills)는 함께 『창조 영국 2008(*Creative Britain 2008*)』이라는 문서를 생산했는데, 이는 영국 경제에 창조 산업이 갖는 중요성에 관한 부처간 최초 합작 문서였다. 2013년 영국 국립과학기술예술기금(National Endowment for Science, Technology and the Arts)의 한 선언문은 이렇게 끝을 맺었다. "영국의 창조 경제는 역사적으로 깊이 뿌리내렸고 전체 경제의 약 1/10을 차지하며 250만 명을 위한 일자리를 제공하는, 영국의 가장 큰 힘 중 하나가 되었다. 또한 이 선언문이 있기까지 수년간 창조적인 노동력은 전체 노동력보다 4배의 속도로 성장해왔다."[7]

2020년 킹스 칼리지의 한 보고서는 이러한 진화를 돌아보며 다음과 같이 진술했다. "1998년부터 지금까지 우리는 꽤 먼 길을 걸어왔다. 창조 산업에서 창조 경제로 갔다가, 머지않아 아마도 창조성이 경제 자체의 정의와 동시대 경제의 기능 방식을 이해하는 핵심이 되는 바람에 창조 경제라는 조합어의 수식어가 무의미해지는 단계로까지 갔다. 이건 그냥 '경제' 일 뿐이다."[8]

그들만의 계급

2000년에 접어들 때 창조 산업이라는 아이디어에 집착한 국가가 영국만은 아니었다. 이러한 현상은 미국에서도 인기를 얻었었는데, 당시 미국에서 창조 산업은 쇠퇴해가는 러스트 벨트 산업 도시들이 반길 제2의 생애를 — 경제적 측면만이 아니라 사회적 측면에서도 — 제공하는 개념이라고 여겨졌다.

산업 혁명이 노동 계급이라는 개념을 감지하고 있었다면, 창조 산업은 리처드 플로리다의 2002년 베스트셀러 소설인 『창조 계급의 부상(*The Rise of the Creative Class*)』에서 영원성을 부여받은 그들만의 계급을 부상시켰다. 이 책에서 플로리다는 전통적인 제조업 경제에서 탈산업 경제로의 전환을 기술하면서, '창조적 전문가들(creative professionals)' 이 새로운 경제적 부의 원동력이라고 말한다. 그의 주장은 단순하다. 창조 계급은 문화적인 편의와 호의적인 환경, 다양한 인구가 존재하는 도시에서 살기를 선택한다는 것이다. 도시들이 이들에게 투자하면, 다소 저절로 창조 산업이 따라오고 아울러 경제 성장도 일어날 것이라는 얘기다.

북미에 연구의 초점을 맞추는 플로리다는 미국 표준 직업 분류 체계를 활용하여 창조 계급을 두 개의 전문가 그룹으로 분류한다. 첫 번째 그룹은 '초-창조적 핵심(super-creative core)' 그룹인데, 여기에는 엔지니어링과 교육, 컴퓨터 프로그래밍 및 연구에 종사하는 사람들과 작은 하위 집합을 이루는 예술, 디자인, 미디어 노동자들이 속한다. 이 그룹의 일차적 기능은 창조적이고 혁신적인 것이다. "그들의 일은 문제 해결과 더불어 '문제 찾기' 를 수반할 수 있다."[9] 두 번째 그룹은 '창조적 전문가들' 인데, 여기에는 의료계, 교육계, 법조계, 비즈니스 · 금융계에 종사하는 고전적인 지식 기반 노동자들이 속한다. 이 두 번째 그룹은 "특정한 문제를 풀기 위해 복잡한 일단의 지식을 활용한다."[10] 2002년 연구 당시 플로리다의 '초-

창조적 핵심' 그룹은 미국 전체 일자리의 약 12퍼센트를 차지했다. 그는 창조 계급이 미국 경제의 주된 성장 동력이 될 거라고 예측했는데, 다음 십 년간 천만 개 이상의 일자리를 추가로 만들어내고 전체 노동 인구의 40퍼센트를 차지할 정도로 성장하리라는 예측이었다.

흥미로운 것은 다소 미스터리한 세 번째 그룹인 '보헤미안들(Bohemians)'이다. 플로리다는 이들을 이제껏 잘 탐구되지 못한 경제 계급으로 파악하는데, 도시의 번영에 중요한 영향을 주고 있음에도 과소평가된 계급이라는 것이다. 그는 '보헤미안'을 작가, 디자이너, 음악인과 작곡가, 배우와 감독, 공예가, 화가, 조각가, 판화 예술가, 사진가, 무용가, 연기자, 그리고 그와 관련된 노동자들로 한정한다.

플로리다는 2002년 「보헤미아와 도시 지리학(Bohemia and Urban Geography)」이라는 논문에서 주장하기를, 이런 직종들이 이른바 보헤미아적 고립 지대의 형식으로 존재하는 것이 다른 재능 있는 개인들—플로리다가 이름붙이기를 '고급 인적 자본(high human capital)'—을 끌어들이는 핵심 요인이 된다고 말한다. 그는 이들이 마르크스주의에 깊이 빚지고 있다고 주장하는데, 이렇게 마르크스주의에 유사한 창조 계급은 재생산되기 쉽다고 한다. 계급은 계급을 낳는다는 것이다. 플로리다의 말을 빌리자면, "고급 인적 자본의 존재는 결국 혁신적인 기술 기반 산업을 끌어들인다."11 따라서 보헤미안들의 존재는 도시의 '창조적 성공'을 정의할 척도가 된다.

같은 논문에서 플로리다는 이른바 보헤미안 지수(Bohemian Index), 즉 보헤미안들이 비교적 얼마나 존재하느냐에 따라 장소의 등급을 매기는 지수를 도입한다. 더 정확히 말하면 이 지수는 특정 지역 인구에 대한 해당 지역 보헤미안들의 비율을 전국 인구에 대한 전국 단위 보헤미안들의 비율로 나눈 값이다. 플로리다에 따르면, "보헤미안 지수는 문화적창조적 자산의 생산자들을 있는 그대로 측정한 값을 재현한다는 점에서 문화와 생활 양식의 편의 정도를 측정하던 예전의 척도들보다 개선된 것이다." 그 결과는 역시 예측을 벗어나지 않는다. 대도시의 보헤미안 지수를 계산해보면 주민 1,000명당 9명의 보헤미안을 보유한 뉴욕시와 시애틀, 로스앤젤레스가 최상위에 있고, 샌안토니오와 오클라호마시, 버팔로, 클리블랜드, 피츠버그, 올버니, 볼티모어는 최하위에 있는 것으로 나온다.

인재, 기술, 관용

도시 생활의 복잡한 요인들을 측정하는 수단은 보헤미안 지수만 있는 게 아니다. 보헤미안 지수는 2003년 처음으로 '복합 다양성 지수(Composite Diversity Index)'에 우선적인 위상을 빼앗겼다. 복합 다양성 지수란 (카네기멜런대학교 졸업생 게리 게이츠[Gary Gates]가 개발한) 게이 지수(Gay Index)와 멜팅 팟 지수(Melting Pot Index)를 보헤미안 지수와 합친 것으로, 그는 2004년에 이를 다시 '관용 지수(Tolerance Index)'로 대체했다. 2010년이 되자 보헤미안 지수는 관용 지수에서 빠졌다. 하지만 이 많은 지수가 결국 본래의 목적을 상실하고야 만다. 모든 도시에는 저마다 유리한 지수들이 충분히 있어서, 그런 지수에 따르면 모든 도시가 성공적이라는 결과가 나오기 때문이다.

『창조 계급의 부상』은 북미에만 초점을 맞췄지만, 이 책이 국제적 성공을 거두면서 그에 담긴 방법론 중 일부는 결국 세계로 뻗어갈 수밖에 없었다. 영토의 확장은 초점의 확장으로 반영된다. 2004년부터 플로리다는 토론토 대학교 로트먼 경영대학의 일부인 마틴 경제 발전 연구소(Martin Prosperity Institute)을 통해 전 세계 국가들의 창조성 순위를 매긴 '세계 창조성 지수(Global Creativity Index: GCI)'를 발표해왔다. 세계적 존재감을 발휘하려면 메시지가 단순해야 한다. 더 이상 여러 지수가 복잡하게 뒤얽힌 아수라장에 기초한 순위는 없다. 세계 창조성 지수는 모든 경제 성장과 지속적인 번영의 기초라고 여겨지는 3T, 즉 인재(talent)와 기술(technology)과 관용(tolerance) 간의 단순한 인과관계에 기초한 순위다. 관용은 인재를 끌어들이고, 인재는 다시 새로운 창조적 기술의 출현에 중대한 기초가 된다. 2015년 전 세계 139개국을 조사한 세계 창조성 지수에서 1등은 호주였고, 2등은 미국, 3등은 뉴질랜드였다. 리처드 플로리다의 지적 세계에서 세계화는 여전히 영미권이 지배하고 있다.

자전거, 주점, 식당

그 와중에 플로리다의 저서는 너무도 많은 열정적인 시장과 지역 정치인들에게 성공을 위한 특효약으로 인식되면서 유명해졌다. 물론 리처드 플로리다의 주장이 설득력을 지닐 수는 있다. 56쪽에 걸친 그의 인상적인 이력서에는 수많은 책과 학술 논문, 조사 보고서, 강연, 출연 외에 길게 이어지는 기사와 신문 칼럼의 목록이 담겨 있다. 그는 3개의 명예박사 학위가 있고, 몇 개의 토론토 대학교 교수 직위가 있으며, 로트먼 경영대학 마틴 경제 발전 연구소의 도시 디렉터다. 하트랜드 포워드(Heartland Forward)의 월튼 패밀리 재단(Walton Family Foundation) 석학회원(fellow)이요, 뉴욕대학교 섀크 부동산 연구소(Schack Institute of Real Estate)의 고위 석학회원(distinguished fellow)이며, 『시티랩(*CityLab*)』의 공동 창립자 겸 편집주간이고, 바젤 아트 페어 도시 부문(Art Basel Cities)의 이사다. 지금까지 그는 세계에서 가장 영향력 있는 선도적 사상가, 세계에서 가장 영향력 있는 경영 사상가, 140대 최고 트위터 피드, 유럽 창조성 및 혁신 대사라는 영예를 얻었다. 『창조 계급의 부상』이 출판된 이후, 많은 도시에서 플로리다의 자문을 구해왔다. 2002년에 그는 오랫동안 도시를 탈바꿈하려고 노력해온 피츠버그시에 고용될 차기 후보자였다. 피츠버그 이후에는 프로비던스, 시러큐스, 윌밍턴, 오스틴, 신시내티, 데이튼, 덴버, 매디슨, 멤피스, 피닉스, 리치몬드가 줄을 섰다. 국제적으로는 위니펙, 바르셀로나, 브리즈번, 더블린, 팜플로나가 있었다. 아울러 미시간과 오하이오를 비롯한 미국의 모든 주들, 그리고 유엔까지도 플로리다가 더 밝은 미래를 가져다주리라 믿었다. 2015년에는 아이러니가 드디어 한 바퀴를 돌아 영원성의 도시인 예루살렘마저도 플로리다를 끌어들여 부흥을 꿈꾸기에 이르렀다.

플로리다의 자문은 늘 똑같은 내용이었다. 더 밝은 미래로 가는 길은 어떤 특수한 생활 양식을 수용함으로써 시작된다는 것이다. 창조 계급의 일원들은 여행과 골동품 쇼핑, 자전거 타기, 달리기를 즐긴다. 창조 계급의 생활 양식은 다양한 경험적 활동에 적극 참여하기를 요청한다. 플로리다는 "길거리 문화(street-level culture)"라는 용어를 쓰는데, 이런 문화에는 "참여자와 관객 또는 창조성과 창조자를 정확히 구분하기 어려운, 카페와 갓길의 음악인들, 작은 갤러리 및 식당의 바글거리는 혼합"이 담길 수 있다.[12] 플로리다가 후원자들에게 전하는 자문 내용에 사실이나 데이터는 거의 없다. 그의 주장은 대부분 세련된 카페와 윙윙거리는 로봇 실험실, 번창하는 동네의 인상을 스케치하듯 설명하는 데 의존하고, 때로는 샌프란시스코나 뉴욕에서 더 균형 있는 삶을 찾아 해당 도시로 이사 온 새로운 인재에 대한 개인적인 일화도 아울러 뽐내는 식이다.

플로리다는 수많은 자문 회사들을 이끌며 성공해왔다. 예컨대 카탈리틱스(Catalytix), 크리에이티브 클래스 리더십 프로그램(Creative Class Leadership Program) 그리고 크리에이티브 클래스 그룹(Creative Class Group)은 보고서 작성 금액으로 무려 미화 25만 달러를 부과한다. 이런 자문 회사들이 생산하는 보고서들 간에는 거의 차이를 분간할 수 없으며, 모든 사례에 '초점 영향 구역(focused area)', '성공 요인(success factor)', '전술 및 행동 계획(tactics and action plans)' 등의 동일한 추상적 용어를 일관되게 재활용할 뿐이다. 창조 계급의 부상이 나온 이후 5년간 플로리다는 몇백 개의 도시에서 강연했고, 같은 기간 그가 해외 출장으로 얻은 수입은 통상 미화 35,000~40,000달러를 훌쩍 뛰어넘은 것으로 추산된다. 그가 받는 용역비는 대개 지역 기관이 지급하거나 수백 명은 거뜬히 되는 군중을 대상으로 미화 100달러가 넘는 입장권의 판매로 충당되었다. 강연이 너무 자주 있었던 나머지, 2004년에 플로리다는 피츠버그에서 사직하고는 단지 대규모 공항에 더 가깝다는 이유로 조지메이슨대학교의 직위를 맡았다고 한다.[13]

플로리다 이후 창조적 자문업은 매우 인기 있는 사업 모델이 되었고, 열정적인 기관들은 플로리다의 접근을 모범으로 삼았으며 그를 직접 개입시킨 경우도 적지 않았다. 몇 가지만 거명하자면, 신시내티 투모로우(Cincinnati Tomorrow)는 예술가와 과학자, 작가, 컴퓨터 프로그래머 같은 창조적 노동자들에게 매력적인 도시를 만들기 위한 노력을 지원하는 집단이다. "재미가 그들을 도시로 유인하고, 일자리는 그들을 그곳에 잡아둔다."[14] 오스틴 독립 사업 연합(Austin Independent Business Alliance)은 '오스틴을 이상하게 유지하라(Keep Austin Weird)' 라는 슬로건을 도입했다. 이 슬로건은 티셔츠와 모자, 머그컵에 쓰이는 트레이드마크다. 그 이후로 다른 도시들도 이 별명을 따라 했는데, '포틀랜드를 이상하게 유지하라' (2003), '루이빌을 이상하게 유지하라' (2005), '인디애나폴리스를 이상하게 유지하라' (2013)가 그 예다. 커뮤니티 역량 강화 기관인 데이튼크리에이트(DaytonCREATE)는 데이튼시를 더 창조적이고 활력적이며 살기 좋은 곳으로 만드는 것을 목적으로 한 '영 크리에이티브 서밋(Young Creatives Summit)' 을 설립했다. "적잖은 쇠퇴로 시름해온 한 도시에 다시 활력을 불어넣기란 쉽지 않은 일이며 젊은 창작자들은 수많은 반대자를 다뤄야 한다. 하지만 이 집단의 일원들은 여전히 긍정적이다."[15] 미시간에서는 '쿨 시티 구상(Cool Cities Initiative)'이 미시간 학생들이 다른 주로 취업하러 떠나는 인재 유출을 줄임으로써 미국 중서부 도시들에서 성장과 투자의 박차를 가하는 걸 목표로 한다.[16] 디트로이트가 시작한 '도시 건설 아이디어 축제(Ideas Fest on City Building)'를 책임지는 '크리에이트 디트로이트(CREATE: Detroit)'는 다음과 같이 말한다. "모든 역사상 도시들은 흥망성쇠를 해왔다. 하지만 어떤 도시들이 다른 도시들보다 비교적 더 좋은 회복력을 보이는 이유는 무엇인가? 재생과 변화의 촉매제는 무엇인가? 그것은 도시의 창조적 영혼이다."[17]

디트로이트 행사에 관한 이 게시물은 리처드 플로리다의 부인이자 사업 파트너요 리처드 플로리다의 자문 기업 중 하나인 크리에이티브 클래스 그룹의 최고 경영자인 라나 플로리다가 쓴 것이다. 라나 역시 베스트셀러의 저자다. 그녀는 여러 자문 기업들의 최고 경영자로서, 리처드 플로리다의 위키피디아 페이지에서 그의 배우자로 소개되지만 라나 플로리다에 관한 별도의 위키피디아 페이지는 존재하지 않는다. 하지만 그녀가 캐나다 프리스타일 스키 연합에 관여했다고 말하는 링크드인 페이지가 있다. 더 훑어보면 이 힘 있는 부부의 많은 사진이 나오는데, 대부분은 그들의 호화 주택을 뽐내는 화려한 사진들이다. 확실히 플로리다 부부에게 생활 양식은 도시의 미래를 이끌 이론적 구성물보다 더 중요하다. 『토론토 스타(*Toronto Star*)』는 아기를 갖기 위한 이 부부의 (16회의 체외수정을 포함한) 오랜 분투를 다룬 특집 기사를 낸다. 58세가 된 미국의 이 "최고 유명인 도시학자(premier celebrity urbanologist)"는 "폴 맥카트니와 클린트 이스트우드처럼 나이 들어가는 다른 몇몇 유명인 아빠들에 비하면 청춘이다."[18]

리처드 플로리다 역시 정장을 입는다. 이는 아마도 자신의 존재를 외적으로 드러내는 다른 몇 가지의 표현 방식만큼이나 자기가 대중에게 유지하고 싶은 개념적 거리의 징표일 것이다. 플로리다는 『창조 계급의 부상』이 출판되기 전까지 그야말로 특별히 재미없는 경력의 소유자였던 걸로 보인다. 그전까지 그의 삶은 대부분 학계의 먼지 쌓인 복도에만 있었다. 그의 나머지 경력은 이를 보상하고도 남는 것이었다. 하지만 잊지 않는 게 중요하다. 누군가의 변변찮은 시작을 기억하는 것이 사업의 강력한 원천일 수 있다. 새로운 것이란 오래된 것을 잘 망각하는 것에 다름없을 때가 많다. 플로리다는 자기가 창조적 자문가로서 맡았던 첫 번째 주요 업무를 회상하며 이렇게 말한다. "미국은 너무도 많은 부분이 부자가 되고 유명인 문화가 되는 경향에 휩쓸려왔지요. (…) 피츠버그가 이웃들끼리 서로 잘 아는 동네들의 집합이라는 사실이 피츠버그를 이렇게 미스터 로저스* 같은 장소로 만드는 겁니다. 여러분한테 힘이 있을 때 전력을 다해 그걸 보호하십시오."[19]

너무도 흔한 이야기

플로리다의 개입이 피츠버그의 부흥에 영향을 주었음을 보여주는 데이터는 놀랍게도 거의 — 또는 전혀 — 없다. 사실 부흥에 관해 말하자면 피츠버그는 오랜 역사를 갖고 있다. 1950년대 초에 슬럼가로 가득하고 매연이 심한 데다 세련된 문화도 부족한 곳으로 여겨졌던 이 도시에서는 시정을 이끄는 엘리트의 주도로 야심찬 재개발 계획이 이뤄졌다. 강들을 댐으로 막고, 제연법(smoke-control law)을 통과시키고, 도심과 주변 근린들을 대규모로 쓸어내고, 고층 사무소 건물과 호화 분양 아파트, 공원, 경기장, 몰을 세우는 등의 사업이었다. 피츠버그시의 제조업 기반을 통째로 무시하고 노동 계급보다 부유층의 이익에 부합하는 방향으로 기울어진 이 계획은 예측할 수 있는 사회적 · 경제적 결과로 이어진다.

그러다 냉전 초기에 새로운 기회가 찾아왔다. 1956년 연방 기금을 유치하려고 노력하던 전기 회사 웨스팅하우스는 철강 도시로 불리던 피츠버그의 별명을 세계의 연구 수도로 바꿔놓았다. 옛 피츠버그를 이끈 동력은 잔인한 노동과 석탄이었지만, 이제는 지적 능력이 새로운 기초 자원이 될 것이었다. 옛 피츠버그에서는 산업을 독점하던 몇몇 기업이 노동자들을 착취해 행복한 소수에게 혜택을 줬었지만, 피츠버그의 새로운 산업은 모두가 혜택을 받을 원자로와 로봇, 면역치료법을 개발

---

* Mister Rogers. 미국의 방송인 프레드 로저스(Fred Rogers, 1928~2003)의 별칭. 그는 1968년부터 2002년까지 방영된 〈미스터 로저스의 동네(Mister Rogers' Neighborhood)〉라는 어린이 교육용 텔레비전 시리즈를 만들어 진행했다.

할 계획이었다.

산업 도시에서 테크 타운으로 변했다가 다시… 피츠버그는 수차례의 변화를 겪었다가 결국 원점으로 돌아가고 말았다. 2009년에 오바마 정부는 G20 정상들을 데리고 피츠버그를 탐방했다. "21세기 경제로 나아가는 페이지를 넘길 모델"이었던 이 도시는 금융 위기의 한복판에 있었다. 피츠버그의 새로운 미래는 거의 10년마다 다시 선언되고 있는데, 계속되는 반복은 그런 주장이 정말 유효한 것인지 의심스럽게 만든다. 플로리다가 피츠버그에 개입한 것은 오랜 기간 '전문가' 들이 연이어 개입해온 사례 중 하나였고, 모두 결과는 비슷했다. 기업과 부유한 집주인들의 이익에 복무하도록 도시를 재편한다는 것이다. 의사와 은행원, 엔지니어는 번영을 맞이하지만, 가난한 노동 계층은 계속해서 미국의 다른 지역과 같거나 더 심한 수준의 빈곤을 겪게 되는 것이다.

피츠버그의 이야기는 너무도 흔한 것이어서 플로리다의 자문을 구한 다른 도시들의 이야기에도 빗댈 수 있다. 이 모든 도시의 운명에는 슬픈 무언가가 있다. 플로리다를 중심에 놓고 싶어지지만, 그러한 직설적 비난이 효과가 있을지는 의심스럽다. 자문가의 임무는 관찰하는 것이고, 결국 그게 전부일 때가 많다. 플로리다가 실제로 자리하고 있는 곳이 어디인지 질문해볼 수 있다. 그는 어떤 행동 방침을 자문하는 것인가, 아니면 그가 개입하든 말든 상관없이 전개될 어떤 과정에 대한 정교한 묘사만 제공해줄 뿐인가?

그런데 현재 그의 작업에 대해 널리 이뤄지고 있는 비판, 말하자면 그의 작업이 과정에 행동을 부과하는 게 아니라 과정을 정당화할 뿐이라는 비판은 역설적으로 그에게 면죄부를 주게 된다. 그가 그 과정을 촉발한 장본인일 수 없다면, 그가 그 과정의 결과를 책임질 가능성도 거의 없어진다. 플로리다 자신은 이렇게 얘기한다. "저는 그들[그가 용역을 제공한 도시들]에게 사실을 제공해왔습니다. (…) 그들이 당면한 문제에 대해서 말이죠. 그들에게 헛된 희망을 주려고 한 적이 없어요. 그들이 각자의 자산에 공을 들이도록 독려했지만, 그들이 각자의 문제에 개입하도록 정직하게 객관적으로 도움을 주려고 노력했지요. 그들이 실망을 느끼지 않기 바랍니다."

도시의 새로운 위기

플로리다의 창조 계급 이론에 대한 비판은 그간 차고 넘쳤다. 부의 성장과 창작자들의 존재가 과연 상관이 있는지에 대한 의문부터 그 이론이 젠트리피케이션으로 가는 길을 열고 만연한 불평등을 정당화한다는 비난까지, 게다가 플로리다 자신의 동기를 문제시하는 더 개인적인 공격까지, 이제는 그 이론만큼이나 유명해진 책망의 목소리들이 있어왔다.[20] 하지만 아마도 가장 적절한 비판은 플로리다 자신이 2017년 런던 정치경제대학교에서 나눈 담화에서 한 말이리라. "그들은 제가 안티-젠트리피케이션을 젠트리화한다고 말했습니다."[21]

런던 정치경제대학교에서의 발언처럼 공적인 '내 탓이오'는 더 이상 거의 예외적인 발언이 아니다. 리처드 플로리다는 자신이 예전에 가졌던 확신과 관련하여 숱하게 사과했다. 물론 그를 정당하게 비난할 수 있는 유일한 이유는 한때 그가 파악했던 현상의 유해성을 과소평가한 데 있다는 진술이 중심을 이뤘을지라도 말이다. 그 과정에서 그는 자기 변신을 하는 데 성공했다.

그의 최근 저서인 『도시의 새로운 위기(*New Urban Crisis*)』는 지적으로 180도 전환한 저술이라고 볼 수 있다. 20여 년 전 자신이 했던 저술에 힘입어 촉발되었을지 모르는 암적인 힘들의 일부를 도로 거둬들이려는 시도인 셈이다. 『도시의 새로운 위기』는 '승자 독식 도시 계획'의 암울한 그림을 그린다. 뉴욕과 런던, 도쿄, 그리고 다른 '슈퍼스타 도시들'의 부상을 추적하는 이 책은 세계 인구의 7퍼센트에 지나지 않는 대도시 지역들에서 세계 경제 성장의 40퍼센트가 이뤄지고 있음을 보여준다. 데이터를 근거로 제시하면서 가장 창조적인 도시들이 현재 가장 불평등한 도시들이기도 하고, 도시의 인종 분리가 상존하고 있으며, 다음에는 교외에 큰 위기가 닥칠 것임을 보여준다. 그는 카를 마르크스와 조지프 슘페터, 제인 제이콥스를 융합한 자신의 지적 뿌리들로 되돌아가 도시로의 거대한 회귀가 남긴 희생자들에게 주목한다. 그가 '서비스 계급'이라고 부르는 이들은 창조 계급을 지원하는 값싼 노동력을 제공하지만 그 도시 자체에 살 만한 여력이 없는 저임금 노동자들의 군단이다. 도시 안에 있지만 그 도시의 일부가 되지 못하는, 새로운 도시 프롤레타리아 말이다.

이 책은 포용성을 띠는 '모두를 위한 도시 계획'을 새로 마련하기 위한 '일곱 기둥'을 제시하며 끝을 맺는데, 이는 더 좋은 일자리와 더 저렴한 비용의 주거, 개선된 대중교통, 그리고 '신진 세계의 급속히 도시화하는 부분들에 더 강하고 더 번영하는 도시들을 구축하려는 세계적 노력'을 포함한다. 플로리다가 나열하는 상투어들에 대해서는 이견을 갖기 어렵다. 하지만 이 책은 그런 게 어떤 방식으로 이뤄질 수 있을지에 대해서는 거의 세부 내용을 제시하지 않는다. 토지가격세(land value tax)의 무난한 잠재력을 잠깐 언급하긴 하지만, 『가디언』과의 인터뷰에서 구체적인 질문을 받았을 때는 그저 이렇게 답할 뿐이다. "새로운 생각이 필요한 때입니다. 많은 해법이 효과를 못 낼 수 있지만, 우리는 갖가지 시도를 해보고 새로운 해법에 대해 얘기할 필요가 있습니다. 우리에겐 일반적인 주거뿐만 아니라 저렴한 서민 주거를 더 크게 개발하기 위한 우대 정책이 필요합니다. (…) 저는 그 모든 대답을 알지 못하고, 늘 이렇게 말하죠. '여기 흥미로워 보이는 것들의 메뉴가 있지만, 여러분은 뭐가 여러분한테 가장 효과적인지 파악해야 할 것입니다.'"[22]

리처드 플로리다는 마치 목숨이 아홉 개 달린 고양이처럼, 자기가 보기에 적절한 비판을 흡수하고 자기식으로 전용하면서 살아남는다. 나에겐 일찍이 그에게 얼치기 비평을 가했던 누군가의 문장 한 줄이 다시 떠오른다. 그는 플로리다를 가리켜 "마치 실제로 전혀 이견이 없다고 주장하는 것인 양, 회의론자들의 요점을 기분 좋게 받아들여 그들을 무장 해제시키려 하는 끈질기게 온화한 친구"라고 묘사했다.[23]

느슨한 마무리

무엇이 창조 산업인가? 누가 창조 계급인가? 이런 개념들은 그 자체가 모호한 만큼이나 그 외적인 매력도 널리 퍼져 있다. 여기에 포함된 직업들은 각자의 고유한 창조성보다는 일정한 교육 수준에 기초한 임의적 선택의 결과로 보인다. 플로리다의 창조 계급은 손해 사정사, 장례 지도사, 세무서 직원까지 포함하지만, 비행기 조종사와 선박 기관사, 물방아 목수, 재단사에 대한 언급은 없다. 후자의 직업군이 본래 창조적이지 않다는 다소 부당한 주장을 하는 듯하다.

그렇다면 나는 내가 속한 직업군이 어디쯤 위치하는지도 궁금하다. '창조 산업'의 발생지인 영국에서는 그 용어가 정책이 된 순간부터 건축이 포함되었다. 1998년 『창조 산업 매핑 문서』는 이 부문의 성장을 위해 건축 전문가들이 직면한 도전들을 다음과 같이 적시했다.

> 의뢰인들이 돈의 가치를 점점 더 강조함에 따라 프로젝트 매니저와 설계 시공 일괄 방식이 각광받는 경향에 응수하기, 신축 · 개축 · 보존에서 설계 품질의 중요성 진흥하기, 잘 설계된 건물들의 문화적 · 사회적 · 환경적 혜택 진흥하기, 해외 시장을 최대한 활용하면서 해외에서 일하고 싶어 하는 영국 건축가들이 비합리적인 장벽에 직면하지 않게 하기, 그리고 의뢰인과 일반 대중에게 탁월한 건축의 중요성을 교육하기 위한 민간 부문 구상들.[24]

그로부터 20년이 훌쩍 지났는데도 이와 같은 도전들은 조금도 수그러지지 않고 그대로 남아 있다. 과연 건축 직종이 창조 산업과 같은 노선을 취함으로써 이익을 봤는지 손해를 봤는지는 따져볼 문제다. 그러니까 건축가들이 하나의 창조 계급으로 취급받음으로써 살림살이가 더 좋아졌는가 아니면 더 나빠졌는가? 창조 산업과 같은 노선을 취하거나 연합하는 것은 결국 누가 혜택을 보느냐는 질문을 불가피하게 수반한다. 창조 산업에서 건축가들을 '위한' 게 무엇일지는 차치하더라도, 창조 산업이 건축가들로부터 뭔가 얻는 게 있음은 분명하다. 도시에 적용되는 것은 건물에도 똑같이 적용된다. 창조 경제가 번성하게 만들려면 창조적 전문가들이 집과 같은 편안함을 느끼도록 만들어야 한다. 그들이 일하는 환경은 그들의 기업을 성공으로 이끄는 핵심이다. 창조적인 사무소의 실내 디자인은 브랜딩 면에서나 직원들의 (창조적) 에너지를 끌어올리는 면에서나 핵심 요인이다. 이동식 책상, 포드, 구석, 소파, 빈백(bean bag),* 그네, 탁구대, 당구대, 테이블 축구 게임기, 카펫(녹색이 선호된다), 실내 식물(열대 식물이 선호된다),

* 플라스틱 조각들을 채워 넣은, 말 그대로 '콩 자루' 같은 쿠션형 의자

실내 달리기 트랙, 미끄럼틀, 암벽 등반 연습용 벽, 칠판, 화이트보드, 포스트잇 보드, 에스프레소 바, 음악실, 헬스장, 애완동물 친화적 가구는 창조성을 견인하는 데 없어서는 안 될 성분들이다. 거기에 '스마트' 한 색상 범위를 더하고 자연광을 최대화하면서 LED 등과 할로겐등, 백열등, 콤팩트 형광등을 다채롭게 보완하면 레시피가 완성된다. 이건 스타트업부터 보험 회사와 은행에 이르기까지 전 세계의 그 어느 때보다 많은 회사가 활용하는 공식이다. 실리콘밸리의 거대 기술 기업들인 구글과 페이스북, 마이크로소프트가 2000년대 초에 도입하여 인기를 얻은 이러한 창조적 사무 공간은 원래 미니멀리즘에 대한 취향으로 유명했던 한 남자, 그러니까 스티브 잡스의 비전에 그 원류를 두고 있다. 잡스는 픽사(Pixar)의 최고 경영자로 재직할 때 본사의 신사옥을 "우연한 마주침과 계획되지 않은 협력을 진흥하는" 장소로 만들겠다는 비전을 품었다. 전기에 따르면 그는 이렇게 말했다고 한다. "건물이 독려하지 않는다면 여러분은 뜻밖의 상황에서 촉발되는 많은 혁신과 마술을 잃어버릴 겁니다."[25] 워싱턴호 근처에 있는 빌 게이츠의 6천 제곱미터 규모 저택을 설계한 건축가 볼린 시윈스키 잭슨(Bohlin Cywinski Jackson)의 디자인은 개방된 바닥 평면을 칸막이 구획들로 채우던 1990년대의 관습을 깨고 직원들이 함께 어울릴 수 있는 커다란 중앙 아트리움을 도입하여 소파에서 자유롭게 쉴 수도, 카페에 앉아있거나 테이블 축구 게임을 할 수도 있게 만들었다. 사무 공간은 각 사용자마다 원하는 대로 개인화할 수 있는 여지를 남겨 놓았고, 숲속 분위기의 소형 격실(jungle pod), 열대 느낌의 오두막(tiki cabin), 로큰롤 무대, 러브 코너(love corner)*까지 모든 게 다 있다. 픽사의 최고 크리에이티브 책임자(chief creative officer)인 존 래시터(John Lasseter)는 "이곳처럼 협력과 창조성을 잘 진흥하는 건물은 여태 본 적이 없다"고 말했다.[26] 2006년에 디즈니는 픽사를 미화 74억 달러에 사들였다. 월트 디즈니사 최고 경영자 밥 아이거(Bob Iger)는 픽사 인수 건과 관련하여 잡스와 회의하고는 이렇게 외쳤다. "톰[월트 디즈니사 최고 재무 책임자 톰 스택스(Tom Staggs)]에게 인재의 수준과 창조적 야망, 품질에 대한 헌신, 스토리텔링의 기발함, 기술, 리더십 구조, 열정적으로

* 풍수에서 애정운을 높여준다는 위치에 배치하는 공간을 뜻하는 중국식 신조어

협력하는 분위기, 심지어 그 건물, 그 건축까지 묘사하느라 벅찬 기분을 느꼈지요. 창조적 비즈니스에 종사하는 사람이라면 누구나, 어떤 비즈니스에 종사하는 사람이라도 열망할 문화였으니까요."[27]

그리고 또다시… 이른바 창조적인 공간들의 잡다한 용품들, 그리고 창조적인 자들과 창조 산업 간의 공생 협정을 보여주는 그 밖의 모든 증거 앞에서 나는 의아해할 수밖에 없다. 누가 혜택을 보는 것인가? 일이 집처럼 편하게 느껴지고, 노동이 노는 시간이고, 생산이 즐거움일 때, 누가 최후의 이득을 보는가? 모두가 이득을 본다는 상생 게임에서 결국 이기는 자는 누구인가?

부고

우리의 상무 이사는 2013년에 떠났다. 오래 지나지 않아 그는 네덜란드 창조 산업의 간판이라는 자신의 직위도 내던졌다. 그는 하나의 건축 사무소와 창조 산업을 모두 대리했었지만, 확실히 창조 산업은 그 건축 사무소가 그에게서 얻은 혜택보다 더 많은 혜택을 그에게서 가져갔다. 이게 내 질문에 대한 답이라고 본다.

*아름다움은 건강하고 행복한 삶을 진흥하는 모든 것, 건물들의 모음을 하나의 장소로 만드는 모든 것, '아무 곳'을 '어떤 곳'으로 바꾸고 어디에도 없는 곳을 집으로 바꾸는 모든 것을 포함한다. 그것은 단지 시각적인 특징이 아니라, 한 장소와 그곳에 정착하는 사람들 간의 깊은 조화 속에서 드러난다. 이렇게 이해할 때 아름다움은 계획을 허가할 때 필수 조건이 되어야 한다. (…) 추한 건물들은 모두가 참아야만 하는 사회적 비용을 제기한다. 그런 건물들은 장소 감각을 파괴하고, 커뮤니티의 정신을 침해하며, 우리가 우리의 세계 속에 편안히 존재하지 못하게 만든다. 추함은 융통성이 없고, 건강하지 않으며, 볼품없는 데다 장소의 맥락을 위반하는 건물들을 뜻한다. 추함을 방지하는 것이 계획 시스템의 일차적인 목적이 되어야 한다. (…) 우리의 건조 환경과 자연 환경은 같은 종류다. 둘 다 그것들에 의존하는 커뮤니티의 장기적 혜택을 위해 보호하고 개선해야 한다. 취락은 쇄신하고 재생하고 돌봐야 하며, 방치된 건물과 파괴된 공공장소들이 사람들을 몰아내는 버려진 장소들의 스캔들을 끝내야 한다. 새로운 개발은 그것이 일어나는 환경을 개선하여 그 맥락의 보건과 지속 가능성과 생물 다양성에 기여해야 한다. 이 세 가지 목적은 계획 시스템과 개발 문화에 뿌리박아야 하는데, 선택지가 생기는 모든 곳에서 아름다움을 장려하고 추함을 방지하는 식으로 해야 한다. 이를 위해 우리는 다음 영역들에서 정책을 제안한다. (…) 아름다운 장소 만들기는 계획 시스템의 목적으로서 안전하게 법적 보장을 받아야 한다. 도시 환경과 자연환경에서 이런 특성을 확보하는 데 큰 비중을 둬야 한다. 이는 장관 성명으로 장려해야 할 뿐만 아니라 국가 계획 정책 프레임워크(National Planning Policy Framework)와 관련 지침에도 지속 가능한 개발의 일부로 비중 있게 포함해야 한다. 지역 계획들은 이러한 전국 요건에 지역의 힘을 더해야 하는데, 객관적 기준에 입각하여 지역의 관점들을 조사하는 등 실증 연구를 통해 아름다운 장소 만들기를 정의해야 한다. 너무 추한 계획안은 공개적으로 거부되어야 한다. (…) 지방 의회들은 각자의 지역 계획에 대해 자문할 때 근린에 개입하는 야심의 수준과 깊이 그리고 폭을 근본적으로 완전히 새롭게 바꿀 필요가 있다. 지역 계획 단계에서 개발을 조절하는 차원에서 자문에 초점을 두는 현재의 방식을 확장하여 참여형 설계(co-design)를 실시하는 더욱 민주적인 과정이 일어나야 한다. (…) 우리의 제안은 우리나라에서 이뤄지는 개발의 성격을 바꾸고자 한다. 우리는 아름다움과 커뮤니티를 희생한 대가로 단기 수익을 얻기보다 사람들에게 중요한 가치들인 아름다움과 커뮤니티, 역사, 자연경관을 보호하는 장기 투자를 목표로 한다. 따라서 유닛이 아닌 장소이고, 유리 블록이 아닌 중심가이며, 어디에나 있을 수 있는 얼굴 없는 건축이 아니라 지역적인 디자인 규정인 것이다. (…) 이 나라에는 정체성을 잃었거나 방치되어버린 장소들이 너무도 많다. 시끄럽거나, 황폐하거나, 오염되었거나, 볼품없는 이런 곳에서는 돌아다니기 어렵거나 시간을 보내기 싫어진다. 이런 곳에서는 일자리 창출도 더 적고, 새로 들어서는 사업체도 더 적으며, 좋은 학교도 더 적다. 번영하지 못하는 것이다. 정부는 '방치된' 장소들의 스캔들을 끝내는 데 헌신해야 한다. 우리는 이렇게 물을 필요가 있다. "이런 곳을 살기 좋은 장소로 만드는 데 뭐가 도움이 될까?" 도로나 화려한 '대형 할인점' 같은 기반시설에 투자하는 것으로는 결코 충분하지 않다. 개발은 기생적인 게 아니라 재생적이어야 한다. (…) 우리의 건설 행태는 잘못된 장소에 잘못된 개발을 하는 경우가 너무 많다. (미개발 부지에서) 차를 몰고 들어가는 막다른 골목이라든지 (재개발 단지에서) 과밀하게 '큰 블록을 형성하는 소규모 아파트들'이 그런 예다. 우리는 혼합 용도의 진정한 장소들에 더 많은 집을 '적당한 밀도'로 개발함으로써 앞과 뒤가 분명한 가로와 광장과 블록을 만들 필요가 있다. 이는 '유닛 건설하기'에서 '장소 만들기'로 개발 모델을 바꿔야 하는, 여러 면에서 우리에게 가장 도전적인 과제다. (…) 도시 개발은 더 폭넓은 생태의 일부여야 한다. 친환경 공간과 수로, 야생 서식지는 도시 조직에 필수적인 것으로 여겨져야 한다. 정부는 5년 이내에 2백만 그루의 가로수를 심고 새로운 커뮤니티 과수원을 만들고, 집집마다 과실수를 하나씩 심고, 운하와 수로를 개방하고 복원하는 과감한 계획에 헌신해야 한다. 이는 옳기도 하고, 2050년까지 영국이 기여하는 순 탄소 배출량을 근절하려는 정부 목적과도 일치한다. 이 과정에서는 입증된 최고의 방식들을 활용하여 웰빙과 공기 질을 개선해야 한다. 친환경 공간들은 벽으로 둘러막혀야 하고 안전하게 사적이거나 분명하게 공적이어야 한다. (…) 우리는 증거를 모으고 토론한 결과 전문가들과 지역 의원들이 더 잘 이해하고 신뢰할 수 있도록 투자할 필요가 있다는 폭넓은 합의에 도달했다. 중요한 영역들로는 장소 만들기, 건축과 디자인의 역사, 대중적 선호, 그리고 (무엇보다) 도시 형태와 디자인에 웰빙과 건강 결합하기가 있다. 건축 개요서는 더 짧고 실용적이어야 하며, 정부는 이 직종에 새로운 길을 도입할 방법들을 고려해야 한다. (…) 계획은 지난 10년간 예산 삭감으로 고통받아왔음이 틀림없다. 특히 디자인과 보존 관련 전문가들이 고통을 겪었다. 보다 규칙에 기초하는 접근을 취함으로써, 민주주의를 진척시킴으로써, 많은 상황에서 더 분명한 형태 기반 규정을 적용함으로써, 계획의 적용 범위를 제한함으로써, 데이터 입력의 디지털화와 프로세스 자동화에 투자함으로써, 자원을 더 자유롭게 할 수 있을 것이다. 우리는 이렇게 깊숙이 이뤄지는 재설계 과정이 쉬운 것처럼 가장하지 않을 것이다.*1

beauty (아름다움)

[가산 또는 불가산 명사]

(영) /ˈbjuː.ti/ (미) /ˈbjuː.ti/

(특히 바라볼 때) 기쁨을 주는 것의 특성, 또는 (특히 바라볼 때) 큰 기쁨을 주는 사람이나 사물

예) 이 지역은 자연이 무척 아름답다.

그가 연주한 곡의 아름다움을 잊을 수가 없다.

그녀는 젊었을 때 엄청 미인(아름다운 여인)이었다.

9

B로 시작하는 금칙어 The B Word

건강한 가정, 아름다운 집, 쾌적한 타운, 품위 있는 도시, 살기 좋은 교외를 확보할 것.

1909년 영국 '도시 계획법'의 목적

의자가 충분하지 않다. 일부는 서서 들어야 한다. 하지만 나는 이미 자리에 앉고서야 그 상황을 자각하게 된다. 그래서 내가 내 의자를 제공하니 나는 정중하게 무시된다. 나는 업무가 있어서 여기 있는 게 아니다. 내가 개인적으로 아는 접수원이 나를 슬그머니 앉혀놓는 꼼수를 부렸을 뿐이다. 도면들이 벽에 핀으로 고정된다. 아니, 벽 바로 앞에 놓인 보드에 부착된다. 벽에는 미술품이 걸려 있어 어수선한 모양새다. 하지만 이 과시적인 세팅과 참석자들의 평균 나이와는 별개로, 이어지는 의례는 평균적인 스튜디오 품평회와 비슷한 느낌이다.

모두 남자로 구성된 위원들이 입장하고 보드들을 훑어보면서 천천히 발을 옮긴다. 미완성의 문장들을 중얼거리는 모습이 마치 곧 시행될 음모의 세부 사항들을 공유하는 공모자들 같다. 심사 대상인 팀이 직접 설명을 해도 되는데, 적어도 한 팀은 그 기회를 활용하기로 했다. 이런 발표는 흔히 건축가와 건축주가 함께 하는 게 관행인데, 알고 보니 한 보드 옆에 선 남자와 여자도 역시 그러하다. 그들이 여기 있는 이유는 지역 커뮤니티 센터를 수용하기 위해 19세기 건물 하나를 개축하는 계획안을 발표하기 위해서다. 그들은 극적으로 사양길을 걸어온 주변 지역이 이 프로젝트에서 제일 중요한 초점이라고 주장한다. 인접한 동네의 운명을 극적으로 바꾸려면 아름답게 설계된 건물이 필요하다는 것이다.

"아름다움은 현재 좀 민감한 주제죠. 일부에 따르면 본 위원회의 소관을 벗어난다고……." 한 위원이 대화를 더 중립적으로 이끌려고 하지만, 또 다른 남자가 끼어들자 말을 멈춘다. 끼어든 남자는 가는 세로줄의 정장을 빼입고 (흰색 칼라의) 핑크색 셔츠와 보라색 넥타이를 하고 있다. “민감한 주제이지요.” 그러고는 이어서 말한다. “하지만 이 지역에 예전의 영광을 되돌리는 게 목적이라면, 보전(conservation)과 보존(preservation)에 관해 얘기해야 하지 않을까요?”

나는 그게 차이가 있는 줄 몰랐다. 주눅이 든다.

발표자는 그렇지 않은가 보다. 그의 개입은 자기들이 앞서 한 실수를 고칠 반가운 기회다. “그렇죠! 보전과 보존이요! 저희의 생각을 정확히 말씀드리자면, 기존 건물의 아름다움을 끄집어내는 겁니다!”

세로줄 무늬 정장의 남자가 대답한다. “2주 후에 저희의 검토 결과를 알려드리겠습니다. 우리가 검토할 또 다른 프로젝트가 있나요?”

“하나 더 판단을 내려야 합니다, 위원장님.” 누군가가 가리키며 말한다. “테리 파렐(Terry Farrell)의 계획안인데요, 꽤 눈에 잘 띄는 곳에 있습니다.”

“제 생각에 테리 파렐은 충분히 본 거 같군요.” 그리고 그는 심사장을 나간다. 위원장은 이곳에 온 지 10분도 되지 않았다.

영국 왕립 미술 위원회

정확히 기억은 못하겠지만, 내가 이 자리에 있었던 건 아마도 1980년대 말이나 1990년대 초였을 것이다. 세인트 제임스 광장의 한 거대한 저택에서 있었던 영국 왕립 미술 위원회(Royal Fine Arts Commission: RFAC)의 회의였다. 내가 거기에 있었던 이유는 외국의 젊은 건축가로서 영국의 최고위급에서 평가되는 프로젝트들을 보고 싶었기 때문이다. 이제 보니 그때 논의된 프로젝트는 중요한 게 아니었음을 깨닫는다. 아울러 논의되지 않은 프로젝트야말로 중요한 것이었음을 깨달으면서 말이다.

지금 생각해볼 때 아마도 가장 인상적이었던 것은 그 위원회의 위원들이 보인 신중한 태도였다. 국가가 승인한 미의 결정권자들이 그들이 가진 역량에 대해 신중해 하던 태도 말이다. 그 회의는 영국 왕립 미술 위원회의 역할과 지위에 대한 일부 논쟁이 있던 시기에 이뤄졌다. 1924년 5월 영국 왕실의 보증하에 공적 편의나 예술적 중요성에 관한 질문들을 탐구하라고 임명된 왕립 미술 위원회는 영국에서 사실상 처음으로 아름다움을 다룬 위원회였다. 위원회 측의 말을 빌리자면, "왕립 미술 위원회는 영국 정부의 최고위급 자문단으로, 어리석은 실수들을 예방할 뿐만 아니라 '잉글랜드를 아름답게 만드는' 의무를 갖는다."[1] 하지만 1980년대 말에 이르자 모두가 그런 식으로 보는 건 아니었다. 그때 막 환경부 장관을 맡게 된 니콜라스 리들리(Nicholas Ridley)는 자신의 위치를 — 아울러 그에 따라 정부의 위치까지도 — 충분히 명백하게 밝혔다. "저는 사실 미의 결정권자를 위한 역할이 있다고 생각하지 않습니다. 우리 모두에게는 각자의 취향이 있으니 공적 지지를 받는 어느 비평가가 표준을 설정하는 것은 옳지 않습니다."[2]

영국 왕립 미술 위원회는 첫 창설 이후 60여 년간 줄곧 지명도가 낮았다. 공식적인 권력도 없는 무급의 자문단이었고, 언론에서는 '이빨 빠진 감시견' 이라고 조롱할 정도였다. 그러다 1980년에 상황이 변하기 시작했다. 그해에 새로 취임한 마거릿 대처의 보수 정부는 미적 문제의 '지극히 주관적인' 성격을 강조하고 국가 통제는 환경적으로 민감한 영역에만 제한적으로 한다는 회보 22/80*을 발행했다. 그 뒤로도 회보들이 발행되면서 건조 환경에 대한 '미적 통제(aesthetic control)' 는 더욱 힘이 빠지게 되었다.

대처 정부에서 국가의 임무는 가급적 장애물을 줄이는 것이었다. 창조성과 혁신은 자유 시장을 떠받치는 쌍둥이 기둥이었고, 왕립 미술 위원회 같은 단체들은 그에 방해만 될 뿐이었다. 디자인에 대한 통제는 하나뿐인 유산이나 지명도가 높은 프로젝트들로만 국한되었다. 이는 아마도 다른 데서 자행되던 더욱 미심쩍은 개발 건들에서 관심을 돌리는 효과적인 방법이었을 것이다.

왕립 미술 위원회는 지속적으로 권한이 약해지고 있었지만 1985년 대처가 대담한 강경파인 노먼 세인트 존-스테바스(Norman St John-Stevas) 하원 의원(나중에는 포슬리 상원 의원이 되었다)을 새 위원장으로 임명하자 지명도는 상당히 올라갔다. 그 목적에 심각한 의문이 제기되던 기관에 대한 관심을 높인 것과 별개로, 이

* Circular 22/80: 1980년의 22번째 정부 회보

러한 임명에는 정치적 위험도 없지 않았다. 세인트 존-스테바스는 대처에게 충성을 다했지만 그녀의 자유주의 경제 정책들에는 비판적이었다. "밀턴 프리드먼보다 디즈레일리*에 기댄" 일국 보수주의자였던 새 위원장은 옛 기득권의 일부였다.[3] 한때 하원의장과 예술부 장관을 지낸 그는 악명 높은 사회적 속물로 알려져 있었다. 갈등에 휘말리는 '역설적인 인물' 로서, 나중에는 케임브리지 대학교 임마누엘 칼리지의 학장으로 임명된 이후 '마인 캄프(Mein Camp)' **라는 별명까지 얻었다. 하지만 그렇게 갑갑한 인물이 위원장으로 앉아있던 1980년대와 1990년대에 왕립 미술 위원회는 건조 환경에서 아름다움의 중요성과 그걸 보장하는 공공 부문의 역할을 옹호하는 유일한 공공 기관이었다.[4]

1985년부터 이 위원회의 검토서들은 종종 위원장이 직접 쓰곤 했는데, '경관 위의 얼룩(blots on the landscape)' 과 같은 '건축적 재앙들(architectural disasters)' 에 대해 말하는 화려한 언어가 동원되었다.

의도했든 그렇지 않았든 간에 그 가차 없는 비판은 마치 당대의 우세한 정치적 바람을 잊어버리는 세심하게 길러진 습관에서 영감을 받은 것처럼 보였다. 1980년대에 에럽 어소시에이츠(Arup Associates)의 모더니즘적인 파터노스터 광장 재개발 계획안이 당시 찰스 왕세자가 개입한 후에 폐기되었을 때, 왕립 미술 위원회는 테리 파렐 경이 제안한 더 고전적인 대안에 대해서도 똑같이 반대의 목소리를 냈다. 이러한 위원회의 행동은 자체적인 미적 편애에 따른 것으로 여겨졌다. 이에 대해 파렐은 이렇게 말했다. "저는 아마도 그 위원회에서 대변되는 하나의 건축학파가 여전히 있다고 생각합니다. (…) 그들은 그걸 좀 혼합해야 하죠."

파렐은 런던의 도시 계획 최고 책임자였던 피터 리스(Peter Rees)의 지지를 받았는데, 리스는 이렇게 진술했다. "위원회는 런던이라는 도시와 그곳의 욕구들을

---

* Benjamin Disraeli (1804~1881): 영국의 보수당 정치인으로, 1874년부터 1880년까지 영국 총리를 지냈다. 수에즈 운하를 매수하는 등 영국의 이권을 확보하는 외교를 펼쳤으며, 자유무역주의에 반대하며 보수당이었던 토리당을 영국 제국과 동일시하는 '일국 보수주의(one-nation conservatism)'를 내세운 것으로 유명하다.

** 히틀러의 『나의 투쟁(*Mein Kampf*)』과 같은 발음을 활용한 언어유희로, 독일어의 Kampf는 '투쟁'이라는 뜻이지만 영어의 camp는 '진영' 이라는 뜻이다.

이해하지 못합니다. 상공인들은 토호들보다 개발에 대해 더 실용적인 관점을 취하는 편일뿐더러, 아침 식사를 위한 미학을 논할 시간은 적습니다. 왕립 미술 위원회와 관련해서는 어떤 건축 양식을 지시할 게 아니라 디자인의 표준을 개선하려는 시도를 하는 게 중요합니다."[5] 왕립 미술 위원회의 반대에도 불구하고 파렐의 계획안은 계획 허가를 받았지만, 1990년대 초에 불황이 닥치면서 결국 포기되고 말았다. 이 프로젝트가 다시 개시되었을 때 왕립 미술 위원회의 윌리엄 휘트필드 경이 추후에 제안한 계획안은 실제로 개발이 일어날 수 있도록 보장해줄 양식적인 타협으로 상정되었다.

1990년대에 각종 민간 투자 사업(private finance initiative: PFI)들이 도입되면서 공공 부문의 비용 절감은 왕립 미술 위원회의 주요 관심사가 되었다. 위원장은 비록 그런 사업들의 투자 정당화를 문제시하지 않으려고 주의를 기울였지만 그것이 설계 품질과 직접적으로 충돌한다고 믿었다. 좋은 건축이 너무 자주 소모품이 된다고 여겨졌고, 개발업자들이 이윤 극대화라는 명목하에 '모든 빈 곳마다 상업 용도들을 끼워 넣었기' 때문이다. 1995년 왕립 미술 위원회의 보고서는 위원장의 주장을 이렇게 전한다. 민간 투자 사업들을 통해 "설계 품질에 너무 낮은 우선순위가 주어진다. 여기서 내가 말하는 설계 품질은 건물의 외관뿐만 아니라 그 목적에 대한 적합성까지 포함하는 것이다."[6]

이 위원회는 미적 영향력을 행사하기 위해 건축 품질 평가에 관한 세미나와 출판을 기획했다. 1990년에 출판한 『아름다움을 위한 계획(*Planning for Beauty*)』에서는 "디자인 통제['미적 통제'라는 용어는 이 시기에 더는 흔히 쓰이지 않기 시작했다]에 대한 정부의 보다 긍정적인 입장 채택, 건물의 시각적 효과와 공공 영역 관련 사안의 중요성을 강조하는 설계 가이드라인의 더 폭넓은 사용, 그리고 왕립 미술 위원회에 가해지는 압박을 줄이고 지역마다 디자인 표준을 제기하는 데 도움을 줄 전국적인 '건축 자문단' 네트워크의 설립"을 옹호했다.[7] 이 보고서는 영국 내 건조 환경이 끔찍한 상황에 처해 있다는 보다 일반적이고 폭넓은 우려를 표명했고, 이러한 정서는 당시 왕세자도 공유한 것이었다.

당시 환경부 장관이었던 크리스 패튼(Chris Patten)은 정부의 디자인 지침을 재정의해야 할 필요를 인정하면서 이 보고서에 응답했고, 왕립 도시 계획 연구소(Royal

Town Planning Institute)와 왕립 건축가 협회 그리고 환경부와 협력하여 회보 22/80에 담긴 조언에 대한 수정 조항을 기술했다. 1992년에 이 수정 조항은 정부 지침에 통합되어 '개정판 계획 정책 지침(Planning Policy Guidance)' 부록 A의 1번 각주로 실렸다. 이 부록은 타운과 도시의 계획에서 디자인을 구체적인 고려사항으로 인정한 최초 사례였다. 디자인은 아름다움을 대신하여 계획 정책에 통합되었다.

패튼의 후임자인 존 거머(John Gummer) 장관은 나아가 1994년에 작성된 그의 '타운과 촌락의 질(Quality in Town and Country)' 구상으로 디자인의 위상을 끌어올렸다. 하지만 이 계획에서 유독 눈에 띄지 않은 것은 왕립 미술 위원회였다. 세인트 존 포슬리 상원 의원은 2012년에 사망했다. 『인디펜던트(*The Independent*)』에 실린 부고는 그를 이렇게 묘사한다. "널리 읽히는 글을 썼고 열심히 예술을 후원했던 지극히 관대하고, 세계 시민적이며, 문명화된 남자. 왕립 미술 위원회가 1996년 폐지될 때까지 바쁘게 활동했던 성공적인 위원장."[8]

건축 · 건조 환경 위원회

자본가이자 시티코프(Citicorp)의 전 회장인 월터 B. 뤼스턴(Walter B. Wriston)은 『주권의 황혼(*The Twilight of Sovereignty*)』에서 '정보 혁명(Information Revolution)'과 함께 민주적 정치력의 관습적 형식들이 무너지고 새로운 시장 민주주의가 승리하게 된다고 선언했다. 정치인들이 사람들의 의지를 효과적으로 해석할 수 있을 거라는 생각은 이미 거짓으로 판명되었다. 욕구는 최고로 드러났고, 경제 속에서 서비스되었다.

좋은 지배 구조는 경제의 문제였지 정치 자체의 문제는 아니었다. 지출하는 것보다 더 대중 정서를 잘 보여주는 가늠자는 없었다. 경제는 사람들의 삶에 민주적으로 답하는 유일한 방법인 대의 민주주의보다 더 선호되는 거로 나타났다. 이 원리들은 일반적으로 경제적 소관을 넘어선다고 여겨지는 사회 영역들로 확장되었고, 개개인이 자기 본위적이고 소유욕이 있는 합리적 행위자로서 전적으로 자기만의 이익을 위해 행동하는 단순화된 사회 모델을 세계에 제시한다.

공무원들에게도 같은 이야기가 적용되었다. 공적 의무와 그 안에 내포된 이상주의는 그저 하나의 환영이었다. 공공 부문도 기껏해야 기술 관료제로서 작동하는 게 최선이었다. 예전까지 대부분 민간 부문에 속했던 경영 컨설턴트들은 공공 서비스에 진입하여 그것을 협소하게 정의하기에 이르렀다. 목표와 수치에 이끌리며 측정되고 개선되는 조직 관리의 형식으로 말이다.

새로운 종류의 정치인들은 이런 경향을 열심히 활용한다. 1992년 5월 선거에서 근소한 차이로 석패한 노동당은 현대화하기 위한 노력들을 했다. 그들은 건축가이자 노동당 소속 귀족(peer)인 리처드 로저스*와 협력하여 미래 비전의 일환인 『새로운 런던(*A New London*)』이라는 펭귄 북스 도서를 공동으로 출판했다. 이 책은 나중에 도시 전담반(Urban Task Force)을 위한 청사진 역할을 했다. 정치인들은 유럽 도시에 대한 열정을 인식했고, 런던 시가지의 이미지들을 더 포근하다고 여겨지는 유럽 사례들과 대비시켰다. 새로운 런던은 열려 있고, 깨끗하고, 실험적이었다.

토니 블레어는 1994년에 노동당 당수가 되면서, 대처와 레이건의 신우파(New Right)에 응수하며 형성된 신노동당(New Labour)의 도래를 알렸다. 신우파가 경제적 자유주의와 사회적 보수주의로 특징되었다면, 신노동당은 마찬가지로 기업의 규제 완화와 복지 국가의 해체, 국유 산업의 민영화, 전국 노동력의 구조 조정을 홍보했다. 1996년 『새로운 노동당, 영국을 위한 새로운 삶(*New Labour, New Life for Britain*)』이라는 선언문의 초안에서는 사회주의에 대한 그간의 오랜 헌신을 버리고 시장 경제의 지지를 선언했다. 새로운 노동당은 중도적인 '제3의 길'을 모델로 했다. 그 초점은 부동층 유권자들을 위한 정책 아이디어들을 시험할 표적 집단들을 모아 선거에서 더 많이 이기려는 노력에 있었다. 그들은 보수당에 대한 대중적 반감을 돋우기 위한 전술적인 투표 프로그램에 착수했다.

1997년 5월, 노동당은 압도적인 다수로 승리했다. 클린턴 미국 정부의 경제 정책을 모델로 삼은 그들은 국가의 재정 의무를 은행과 시장에 양도했다. 노동

* 리처드 로저스는 1991년에 기사 작위를 받았고 1996년에는 노동당 소속으로서 후대에 물려줄 수 없는 '당대 귀족(life peer)' 작위를 받고 리버사이드 상원 의원이 되었다.

당은 산업 전반에 걸쳐 성과 목표와 인센티브를 설정하면서, 합리화된 경제 모델이 구체적으로 실현될 수 있도록 감독했다. 각각의 공공 서비스마다 유명한 장관을 한 명씩 붙여서 그런 목표들이 얼마나 준수되고 달성되는지 감독하게 했다. 심각한 주택난으로 인해 환경부 장관이자 부총리였던 존 프레스콧(John Prescott)은 신노동당의 도시 전담반을 가동시켰고, 1998년 리버사이드의 로저스 상원 의원이 그 전담반의 의장을 맡았다. 로저스 자신의 말을 빌리자면, 도시 전담반의 역할은 "디자인의 탁월성, 사회적 안녕, 환경적 책임이라는 원리들에 입각하여 도시 쇠락의 원인들을 파악하고 우리 도시들을 위한 비전을 확립하는 것"이었다.[9] 1999년 6월에 출판된 관련 보고서인 『도시 르네상스를 향하여(*Towards an Urban Renaissance*)』에서 권고한 사항 중 하나는 "더 좋은 질의 디자인"에 대한 희망이었다. 하지만 보고서의 저자들은 "더 좋은"이 아름다움 자체에 대한 것은 아니라는 요점을 신중하게 짚었다. "도시 전담반의 핵심 메시지는 도시의 근린들이 활기차고 안전하며 아름다운 삶의 장소들이어야 한다는 것이었다. 이건 미학만의 문제가 아니라 경제의 문제이기도 하다."[10]

프레스콧은 그의 임기 내내 디자인의 가치를 옹호했다. 그는 디자인을 성과 목표 달성과 시공 기간 단축, 지속 가능성의 표준 유지에 적용하는 것 이상으로, 좋은 디자인은 "건물 사용자든 행인이든 모든 사람을 존중하기 위한 열쇠"라고 믿었다.[11] 그의 감독하에 잉글랜드의 모든 타운과 마을이 측정되어 커뮤니티 활력 지수(Community Vibrancy Index)로 정리되었고, 잉글랜드의 전원 지대에서 삶의 질은 일련의 지수들로 분류되었는데 그중 하나는 심지어 얼마나 많은 새소리가 있어야 하는지도 측정했다.

1999년 8월에는 대체로 도시 전담반에 대한 반응으로서, 건축과 도시 설계에 관한 정부 자문을 책임지는 비부처 공공 집행 기관(executive non-departmental public body)인 '건축 · 건조 환경 위원회(Commission for Architecture and the Built Environment: CABE)'가 설립되었다.

건축 · 건조 환경 위원회는 1990년대 말에 기력이 다했다고 여겨진 왕립 미술 위원회의 후신으로 간주되었다. 문화부 장관 크리스 스미스(Chris Smith)가 예술 분야를 검토한 결과, 왕립 미술 위원회는 노동당 입장에서 공격하기 쉬운 표적이었다. "대처 시절 장관으로 재직한 보수당 귀족이 고리타분한 세인트 제임스 광장에서 운영한 비민주적이고, 엘리트주의적이며, 젠체하는 명칭의 특수 법인"이라고 말이다.[12] 왕립 미술 위원회는 귀족적이어서 신노동당의 모양새와 어울리지 않았다. 반대로 건축 · 건조 환경 위원회는 더 민주적이고, 광역적이며, 사용자 친화적이기를 의도했다. 이 새로운 위원회는 존 프레스콧의 지지를 받아 예산이 두 배로 늘면서 소관 범위가 확장되었다. 건물을 넘어 공공 공간 정책을 떠맡을 의도였는데, 좋은 도시 디자인을 구성하는 게 무엇인지 건축가와 계획가 그리고 의원들에게 자문하려는 것이었다. 창립 위원장인 개발업자 스튜어트 립튼 경(Sir Stuart Lipton)에 따르면, 그 목적은 "국가의 핏줄 안에 건축을 주입하는 것"이었다.

건축 · 건조 환경 위원회의 창립 위원 중 하나이자 2007년부터 2009년까지 왕립 건축가 협회의 회장을 맡은 서넌드 프라사드(Sunand Prasad)도 건설 산업 위원회의 '디자인 품질 지표(Design Quality Indicators)'를 개발하는 작업을 이끌었다. 디자인 품질 지표는 건설업의 '혁신을 위한 운동(Movement 4 Innovation)'의 일환으로, 시공 과정 평가를 위한 기존의 핵심 성과 지표들을 보완하기 위해 만들어졌다. 이 지표는 다양한 최종 사용자들의 물리적 · 열망적 · 감성적 필요에 적합한지를 기준으로 완성품의 디자인 품질을 평가하기 위해 의도되었다. 이 지표의 개발자들은 2천 년 전에 비트루비우스가 주창한 3요소인 '견고함(firmitas)', '유용함(utilitas)', '아름다움(venustas)'을 바탕으로 기준을 세웠는데, 이 셋을 각각 '기능성(functionality)', '시공 품질(build quality)', '효과(impact)'로 번역했다. "이 세 특질이 동등하게 고려되는 곳에는 탁월성의 기회가 있다"고 한다.[13] 이 세 번역어 중 단연코 가장 모호한 것은 세 번째 항목이다. 처음 두 항목은 어느 정도 물질적이고 사실 기반이지만 — 그런 의미에서 측정 가능하지만 — 한 건물이 효과가 세다고 여겨질 수 있는 방식은 분명하지 않다.

아마도 '효과'라는 용어는 그 단어를 명시적으로 쓰지 않은 채 아름다움으로 되돌아간 기점이었을 것이다. 2001년 4월 「아름다움에 대한 공포가 우리의 건조 환경을 파괴하고 있다(*The Fear of Beauty Is Destroying Our Built Environment*)」라는 제목의 기사에서 리처드 로저스는 다음과 같이 시인했다. " '나는 문화라는 단어를 들을 때마다 내 총에 손이 간다.' 괴링*의 이 말이 지난 4년간 나의 뇌리에서 떠나지 않고 있다. 신노동당 정부의 도시 전담반 의장을 맡는 데 동의한 후부터 그랬다." 그러고는 이렇게 덧붙인다. "이 시기에 내게 가장 당황스러웠던 것 중 하나는 이 나라의 공무원들과 정치인들이 늘 가장 평범한 미적 가치들에 대한 논의조차 피하리라는 깨달음이었다. 아름다움은 우리의 공무원들을 초조하게 만든다."14

도시 전담반 보고서를 쓸 때 그는 이 보고서를 주요 인사들이 진지하게 대하길 원한다면 '아름다움', '조화', '미학', 그리고 심지어는 '건축'이라는 단어도 쓰지 말라는 강력한 조언을 받았다. 대신 그는 '계획'과 '건설' 같이 견고하고 듬직한 특정 원리들에 초점을 맞췄다. "'미학'이라는 단어가 정부 기관들 사이에서 계속 그런 풍파를 일으킬 때 정말 우리 건축 환경에 대한 신노동당의 헌신을 믿을 수 있을까?" 로저스는 결국 건축에 투자하는 것이 "재정적으로 타당한 의미가 있다"는 관점을 역력히 강조한다.

그는 19세기 초에 내쉬(Nash)와 큐빗(Cubitt)이 지은 조지아 양식의 연립 주택을 예로 드는데, 이 주택은 비슷한 주택 계획안에 비해 유닛들의 투자 회수율이 계속 높다고 한다. 로저스는 "좋은 디자인은 손익분기점을 넘어서고, 아름다움은 제값을 한다"고 말한다. 하지만 그는 이런 설명도 덧붙인다. "정치인들이 협소한 공리주의적 가치에 기대어 건조 환경에 대한 투자를 합리화할 필요를 느끼지 않을 날을 기대한다. 그들이 아름다움을 그 자체로서 중시하는 법을 배울 날이 빨리 오기를." 2002년 10월 도시 정상 회담(Urban Summit) 연설에서는 논의를 더 진척시켰다. "우리는 공공 정책에서 '아름다움'이라는 단어가 나오면 움찔하지요. 하지만 크기(size)를 규모(scale)로, 질료(matter)를 빛과 리듬과 색으로 바꾸는 게 건축의 아름다움입니다. 왜 우리는 움찔할까요?" 로저스는 자문자답한다. "가치는 무의미한 성과 목표로 환원될 수 없습니다. 우리 모두 아름다운 장소에 서면 경외심을 느끼지요. 그러니 우리에게 필요한 새로운 주택들이 새 커뮤니티들의 아름다운 구성 요소가 되게 만들어야 합니다. 영혼이 없고 영혼을 파괴하는

* Hermann Goering: 히틀러의 심복이었던 나치 독일의 공군 원수

교외 단지를 확산하지 말고요. 과거의 실수들을 반복해선 안 됩니다."[15]

2002년에 건축 · 건조 환경 위원회는 『좋은 디자인의 가치: 건물과 공간은 어떻게 경제적 · 사회적 가치를 만들어내는가(*The Value of Good Design: How Buildings and Spaces Create Economic and Social Value*)』라는 자체 보고서를 출판했다. 먼저 현재의 건축을 "그것이 처음 개념화되었을 때의 관점에서" 판단하기 위한 확고한 근거로서 비트루비우스의 3요소를 꺼내든 위원회는 좋은 디자인에 대한 더 명확한 설명을 제시했다. 좋은 디자인은 구성의 명료성, 표현과 재현, 건축적 야심의 적절성, 진실성과 정직성, 건축적인 언어, 순응성과 대비, 방향성과 전망과 측면, 디테일 작업과 재료, 구조와 환경 설비와 에너지 사용, 유연성과 적응성, 지속 가능성을 지니며, 이 모든 걸 마무리하는 '최종 요점'으로서 건물은 "그로 인한 영혼의 고양이 건물 프로그램의 기능 요건을 성공적으로 다루는 것만큼이나 공적 안녕에 가치 있는 기여를 할" 때 아름답다는 것이다.[16]

"아름다움"이라는 단어가 돌아오고 있는 듯했지만, 오직 다른 것들의 견실한 의미를 전달하기 위한 불시의 속성으로만 돌아왔을 뿐이었다. 2005년 노동당이 세 번째 연승을 거두고 2012년에 열릴 런던 올림픽 유치전을 비롯하여 주거와 지속 가능성을 위한 정부 표준의 내부 업데이트 같은 새로운 이정표들에 자극받은 로저스가 『강력한 도시 르네상스를 향하여(*Towards a Strong Urban Renaissance*)』라는 제목의 도시 전담반 보고서 초판에 대한 최신판을 출판했을 때에도, 아름다움에 대한 언급은 여전히 현저하게 빠져 있었다. 그해 6월 보수당 하원 의원 올리버 레트윈(Oliver Letwin)은 '마치 아름다움이 중요한 것처럼 정치하기(Conducting Politics as if Beauty Matters)'라는 제목의 사회 정의 센터(Centre for Social Justice) 강연에서 로저스의 앞선 발언을 인용하며 이렇게 불평했다. "우리는 영국 정치에서 아름다움과 관련된 그 무엇에 대해서도 들어본 바가 별로 없습니다."[17]

당시 정부 정책의 의사 결정을 위한 지침서는 영국 재무부가 발행한 일단의 가이드라인인 『그린 북(*Green Book*)』이었다. 정책과 프로그램 및 프로젝트의 평가 방법을 다룬 이 책은 사전중간사후 모니터링과 평가의 설계 및 활용에 관한 지침도 제공했다. 하지만 그 과정에서 대부분의 초점은 단기적인 증거 기반의 비용 편익 분석에 맞춰졌다.

2006년에 건축건조 환경 위원회는 자체적인 『가치 핸드북(*Value Handbook*)』을 출판했는데, 이 온라인 자료집에는 400건이 넘는 사례 연구가 기록되고 80건이 넘는 보고서가 실렸으며 지역 당국의 계획가들이 좋은 디자인을 주장할 때 비용보다는 '가치'를 활용하라는 조언도 담겼다. 예컨대 교환 가치, 사용 가치, 이미지 가치, 환경적 가치, 문화적 가치 등을 활용하라는 것이었다. 디자인을 위한 정책 고문들에게는 정부의 『그린 북』에 쉽게 통합될 수 있도록 정량화할 수 있는 영향들이 뭔지 확인하라고 권고하는 내용이 담겼다.

더 잘 짓기, 아름답게 짓기

2010년 총선 결과 의회에서는 1974년 이후 처음으로 절대 다수당이 사라졌다. 새로운 정부는 보수당과 자유민주당의 연합으로 구성되었는데, 영국 총선 결과를 바탕으로 구성된 최초의 연합 정부였다. 영국의 새 국무총리가 된 데이비드 캐머런(David Cameron)은 2010년 7월 런던에서 열린 공무 서비스 라이브(Civil Service Live) 콘퍼런스 연설에서 "국민에게 책임지는 정부를 만들겠다"고 약속했다. 당시 국무총리가 책임을 성취하는 기준이 될 수 있다고 주장한 다섯 가지 도구는 선택(choice), 경쟁(competition), 성과급(payment by results), 선거(elections), 그리고 투명성(transparency)이었다.

관료제에 반대하는 보수당의 노선에도 불구하고, 정책의 심장부에 또 한 번 측정이 자리매김했다. 최근 투명성과 책임에 대한 강조가 늘어나면서, 공공 지출이 공공연히 합리화되어 증거 기반의 정책 입안을 자극하고 개입 조치에 대한 이른바 비용 편익 분석을 실시하리라는 기대도 함께 늘어났다. 긴축 정부에서 경제학자들은 주택이 갖는 웰빙의 측면들을 금융 용어들로 번역하는 작업에 일상적으로 관여했다.[18]

범주화하기 어려운 아름다움에 대한 지각은 기존에 확립된 자금 지원의 경계들에 부딪혔고, 결과적으로 측정할 수 있는 가치를 만들어낸 정책들이 우선시되었다. 중요한 건 숫자였고, 주택 공급은 기반시설의 관점에서 새롭게 고려되었다. 2010년부터 시작된 국가 계획 정책 프레임워크(National Planning Policy Framework)는 미적 통제에 반대하는 수많은 명령을 포함했다. “계획 관련 정책 및 결정들은 건축 양식이나 특정한 취향을 부과하려 해선 안 되며, 어떤 개발 형식이나 양식을 따르라는 근거 없는 요건들을 통해 혁신이나 독창성 또는 진취성을 억눌러선 안 된다.”19

2010년 11월, 들어선 지 5개월째였던 정부는 더 이상 건축 · 건조 환경 위원회에 자금을 지원하지 않고 그걸 디자인 위원회(Design Council)로 병합시킬 거라고 발표했다. 건축 · 건조 환경 위원회는 공적 자금을 지원받던 기관에서 자선 단체와 함께 운영되는 곳으로 변모했다. 이즈음에 건축 · 건조 환경 위원회는 마지막 위업으로서 『사람과 장소(*People and Places*)』를 펴냈는데, 이 보고서는 아름다움에 대한 공공의 태도를 다룬 것이었다. 이 보고서의 일부인 일곱 편의 에세이는 연구에서 제기된 질문들을 다뤄달라는 의뢰에 따른 것이었는데, 다이애나 애트힐(Diana Athill)의 「아름다움과 삶의 사랑(Beauty and a Love of Life)」, 글렌 파슨스(Glenn Parsons)의 「아름다움과 공공 정책(Beauty and Public Policy)」, 이레나 바우먼(Irena Bauman)의 「아름다움, 지역주의, 박탈(Beauty, Localism and Deprivation)」, 앨런 파워스(Alan Powers)의 「아름다움의 짧은 역사(Beauty, a Short History)」, 보니 그리어(Bonnie Greer)의 「아름다움, 안녕, 번영(Beauty, Well-being and Prosperity)」, 매튜 키어란(Matthew Kieran)의 「미지의 요인: 계획 속의 아름다움(X Factor: Beauty in Planning)」, 하산 바크시(Hasan Bakhshi)의 「아름다움: 척도 너머의 가치?(Beauty: Value Beyond Measure?)」가 그것이다. 앨런 파워스는 자신의 에세이에서 이렇게 썼다.

> 아름다움에 관한 우리의 생각이 전하는 이야기는 확실성을 벗어나 의심으로 나아가는 단일한 움직임으로 볼 수 있을 것이다. 이 이야기는 점점 더 복잡해져 가는 세계와 종교적철학적 확신의 상실을 반영한다. 토머스 하디는 「삶의 전과 후(Before Life and After)」에서 이를 ‘생각의 질병’*이라고 묘사했는데, 말하

* 저자가 인용하고 있는 이 문단에는 ‘생각의 질병(disease of thinking)’으로 기술되어 있지만 토머스 하디의 해당 시 원문에 나오는 정확한 표현은 ‘느낌의 질병(disease of feeling)’이다

> 자면 '의식이 태어나기 전에' 존재했던 (시각적 증거가 우리에게 그렇다고 말해주는) 내적 확신의 상실을 일으키는 병이라는 것이다. 많은 사람의 생각과 마찬가지로, 종교는 공적 원리로 삼기보다 개인적인 믿음과 행동으로 국한하는 게 더 낫다. 오래전 퇴각한 아름다움이라는 관념이 개인적 선호와 경험의 문제가 될 수 있으려면 말이다. 의식에 의해 죽을 필요 없이, 절제된 채로 남는 게 더 나은 것이다. 정치인과 계획가, 심지어 건축가들조차도 그것을 들먹이기 부끄러워한다.[20]

건축 · 건조 환경 위원회의 조사 결과에 따르면 응답자들은 다양한 사회 · 환경적 요인들이 아름다움의 감각에 기여한다고 보았다. 건조 환경의 여러 측면에 대한 정서적 반응들은 기억의 영향을 받는 편이었고, 응답자들은 오래된 건물일수록 더 아름답다고 여기고 건물을 신축하는 것보다 아름답다고 여기는 건조 환경의 일면들을 보존하는 걸 더 우선시하는 경향을 드러냈다. 사람들이 내구성과 장수와 전통의 가치를 중시한다는 걸 보여주는 결과다.

2014년에 문화 디지털 경제부 장관이었던 에드 베이지(Ed Vaizey)는 건축 분야의 관리를 주택 계획부장관 브랜든 루이스(Brandon Lewis)에게 넘겼고, 루이스는 비공식적인 건축부 장관으로 알려졌다. 루이스는 건축에 관한 첫 공식 성명을 내면서 더 많은 단층 주택이 있어야 한다는 의견을 표명했다. 열흘 후에 『인디펜던트』는 루이스가 자신의 지역구에서 어떤 단층 주택 설계안의 계획이 거부된 걸 축하했다고 보도했다.[21] 2013년 1월에 베이지는 테리 파렐에게 전국의 건축과 건조 환경에 대한 독립적인 조사에 착수해달라고 의뢰했다. '아름다움'이라는 단어는 이 보고서에 한 번도 등장하지 않았다.[22]

왕립 건축가 협회는 2015년 영국 총선을 향한 선언문인 『더 좋은 영국 건설하기(*Building a Better Britain*)』에서 "건축과 건조 환경이 영국이 당면한 주택난과 학교 재정, 기후 변화 등의 현안들을 다루는 데 어떻게 일조할 수 있는지"를 약술하고자 했다.[23] 이 문서에서 '아름다움'이라는 용어가 사용된 건 '뛰어난(outstanding)'과 '자연스러운(natural)'이라는 단어들과 함께 쓰인 게 전부였다. 이는 아름다움이란 우리가 보호해야 하는 무엇이고, 우리가 지을 수 있는 무엇이 아니라 자연과 내밀하게 얽힌 무엇이라는 뜻을 함축한 것이었다.

그해 총선에서 보수당은 1992년 이후 처음으로 과반 의석을 차지했다. 고든 브라운의 후임자로서 노동당을 이끈 에드 밀리밴드(Ed Miliband)는 사임했고, 대신 '민주적 사회주의자' 제레미 코빈(Jeremy Corbyn)이 노동당 당수를 맡게 되면서 신노동당 시대는 종말을 고했다. 보수당 정부의 주된 이데올로기적 맞수인 구좌파가 귀환하면서, 반동적 정치의 재출현은 불가피해보였다.

좋든 싫든 나는 영국의 기득권으로부터 방어할 수 없는 것을 방어하기 위해 의지할 수 있는 사람으로 인식되었다.[24]

로저 스크루턴(Roger Scruton)

2018년 6월, 보수당 싱크탱크인 폴리시 익스체인지(Policy Exchange)는 로저 스크루턴과 노동당 소속의 전직 뉴엄 자치구청장 로빈 웨일스 경이 공동으로 저술한 『더 많이 짓기, 아름답게 짓기: 디자인과 스타일이 어떻게 주택난을 풀 수 있는가(*Building More, Building Beautiful: How Design and Style Can Unlock the Housing Crisis*)』를 출판했다.[25] 이 책은 이어서 같은 해 11월 '더 잘 짓기, 아름답게 짓기(Building Better, Building Beautiful)' 라는 이름의 정부 위원회를 출범시켰다. 이 위원회는 "새로 지은 주택과 동네에 고품질 디자인을 더 많이 활용하도록 장려하여 (…) 기존 커뮤니티들이 기피하기보다 반가워할 가능성을 높이는 법"을 정부에 자문하고자 설립된 독립 단체였다.[26]

아홉 명의 전문가로 이루어진 자문단 중 실무 건축가는 단 두 명으로, 디자인 품질 지표(DQI) 개발을 이끈 서낸드 프라사드와 폴 모너핸(Paul Monaghan)밖에 없었다. 하지만 반발을 촉발한 것은 로저 스크루턴 경이 위원장으로 임명된 사실이었다. 『미술과 상상(*Art and Imagination*)』, 『건축 미학(*The Aesthetics of Architecture*)』, 그리고 아마도 가장 적실한 예로는 『보수주의자가 되는 법(*How to be a Conservative*)』의 저자였던 스크루턴은 근대 보수주의의 창시자인 에드먼드 버크 이후로 잉글랜드에서 가장 성공한 보수주의자로 널리 인식된 인물이었다. 좌파에서는 그를 주택

고문으로 임명하는 것에 반대하면서, 동성애와 이주민 유입에 대한 그의 불쾌한 시각들을 표면적인 이유로 들었다. 하지만 아마도 주된 쟁점은 그의 스타일 감각에 있었을 것이다. 로완 무어(Rowan Moore)는 『가디언』에서 "찰스 왕세자의 건축관을 공유하는 그 보수주의 철학자는 확실히 영국의 주거를 개선할 새로운 정부 위원회의 수장이 되기에는 최악의 인물"이라고 썼다.[27] FAT*의 유명 인사인 찰스 홀랜드(Charles Holland)는 "이것은 현대 건축보다 전통 건축을 중시하는 늘 똑같은 이원적 주장으로, 찰스 왕세자의 우스꽝스러운 연설이 끝없이 메아리치는 1980년대의 지루한 유물처럼 느껴진다"는 의견을 표했다.[28] 그리고 스크루턴을 터무니없는 꼰대라고 일컬은 더글러스 머피(Douglas Murphy)는 이렇게 공언했다. "우리의 주택난은 현대 미학이든 전통 미학이든 미학과는 거의 상관이 없고, 오히려 토지와 부, 착취와 관련이 있다. 이 위원회는 정부가 아무런 대처도 할 의도가 없는 훨씬 더 큰 문제들로부터 간편하게 시선을 돌리려는 것에 불과하다."[29]

이에 대한 스크루턴의 응답은 대중에게 르 코르뷔지에와 미스의 사도들이 부과하는 종류가 아니라 대중 스스로 지지할 종류의 건축이 있어야 한다는 것이었다. 르 코르뷔지에와 미스에게 대중의 취향이란 진보를 가로막는 장애물에 불과했다면서 말이다. "이게 다시 문화 전쟁을 일으킬지 나는 모르겠다. 하지만 그것은 사물을 있는 그대로 보고 미적 판단의 주권을 인정한다는 뜻이다."[30]

센트럴 세인트 마틴(Central St Martins)에서 열린 패널 토론에서 스크루턴은 '더 잘 짓기, 아름답게 짓기'라는 감시 단체를 보다 시급한 주거 현안들에서 시선을 돌리려는 정부의 미끼로 볼 수 있느냐는 질문을 받았다. 스크루턴은 솔직하게 대답했다. "제가 여기 있는 이유는 뭔가 이뤄지고 있는 듯한 인상을 주기 위해서입니다. 그리고 제가 뭔가를 하도록 요구받은 게 있다면 사람들이 자기 동네에 지어지고 있는 것들에 왜 반대하느냐는 이 질문을 직접 대면하라는 게 제가 아는 전부입니다."[31] 런던의 폴리시 익스체인지에서 있었던 한 회의에서 폴 핀치(Paul Finch)는 영국이 마지막으로 예상 주택 수요를 충족했던 해가 1978년이었

* 1990년대 런던에 처음 설립된 건축예술 협력 조합인 패션 아키텍처 테이스트(Fashion Architecture Taste)의 약자

음을 지적하면서 반론을 폈다. "좀 더 괜찮은 것들을 디자인할 수만 있다면 사람들은 지역 계획 위원들의 집집마다 줄을 서서 문을 두들겨가며 허가를 요구할 거라는 생각은 통계를 대충만 봐도 환상이라는 게 드러날 겁니다."[32]

핀치는 의견 충돌을 일으키는 원인의 상당 부분이 1980년대 당시 왕세자가 다시 불을 지핀 모더니스트들과 고전주의자들 간의 '상호 비방전'에 있다고 보았다. 대신 그는 『아키텍츠 저널』의 캠페인 구호를 따라 "어떤 스타일이든 더 많은 집, 더 좋은 집(more homes, better homes, whatever the style)"을 요청했다. 하지만 스크루턴에 따르면, 이 위원회의 목적은 새로운 개발 제안들에 대한 대중의 저항을 극복하는 것이었고, 여론 조사를 통해 영국 대중에게 어떤 식으로 아름다움이 중요한 문제가 되는지를 평가하려는 것이었다. 한 인터뷰에서 그는 "우리는 아름다움을 지향하는 창조물이고, 그것은 충분히 고려되지 않은 사실"이라면서 스타일에 관한 질문들은 "가능한 한 열린 질문으로 남겨둘 것"이라고 말했다. 그는 고전적인 패턴 북의 토속 양식을 옹호한 인물이었는데도 선택의 자유와 모더니즘의 폭정으로부터의 해방이라는 관점에서 얘기했다. (그는 모더니즘을 반민주적이고 전체주의적인 일종의 관료제로 여겼다.) 그의 비방자들도 아름다움의 (폭정까지는 아닐지라도) 갑갑함에 설득당한 것처럼 보인다는 점에서는 마찬가지였다. 하지만 스크루턴은 자신의 보수주의적 원칙을 충실히 따르면서도 사람들에게 고전주의를 좋아하라고 말하진 않고 있었다. 그보다는 어떤 의미에서 그들이 이미 고전주의를 좋아하고 있음을 상기시키고자 했다. "우정의 즐거움처럼, 아름다움의 즐거움은 궁금증을 일으키지요. 아름다움은 그 대상을 이해하려 하고 그것이 추구하는 것에 가치를 부여하려고 합니다."[33]

아름다움과 함께 살기

'더 잘 짓기, 아름답게 짓기' 위원회의 결론은 2020년 1월 30일 로버트 젠리크(Robert Jenrick) 장관과 공동 위원장 니콜라스 보이스-스미스(Nicholas Boys-Smith)가 발표한 『아름다움과 함께 살기(*Living with Beauty*)』라는 최종 보고서에 담겼다. 로저

스크루턴은 이미 2주 전쯤에 사망했지만, 그의 생각과 글은 — 언론 보도로 확인된 바에 따르면 — 최종판까지 그대로 보존되었다. 언론의 확인이 없었더라도 그 내용은 거의 의문의 여지 없이 분명한 것이었다. '아름다움'이라는 단어가 326회 등장했고, 그보다 더 많이 나온 단어는 362회 등장한 '장소(place)' 뿐이었다. 이 보고서에서 두드러지는 다른 단어들로는 '커뮤니티(community)' (121회)와 '동네/근린(neighborhood)' (62회) 그리고 '재생(regeneration)' (24회)이 있다. 그리고 아름다움은 결코 적절하게 정의되지 못하지만, 이 보고서는 콜더데일의 1등급 등재 건물인 피스 홀(Piece Hall)과 당시 찰스 왕세자의 승인으로 콘월의 해안 도시 뉴키에 덧붙인 낸슬리던(Nansledan) 교외 단지의 사진들을 표지에 실음으로써 이 위원회가 그 이름하에 실현되는 걸 보고 싶어 했을 건축 유형에 대한 풍부한 단서를 제공했다. 현대 건축도 실리긴 했지만, 벽돌 입면이 있는 제한된 규모의 종류만 실렸을 뿐이다.

아마도 이 보고서의 저류에 흐르는 국수주의적 기운 중에서도 최고봉은 전체 요약문 앞에 전면 인쇄된, 잉글랜드 초대 왕이 묻힌 중세 도시 맘스베리의 사진일 것이다. 이 위원회가 '잉글랜드의 구석구석'을 방문했음을 보여주는 몇 페이지 뒤에 실린 지도와 함께 이 맘스베리의 사진은 브렉시트 이후 영국의 문화적 정체성을 점점 더 편협하게 해석해가는 경향을 뼈아프게 드러낸 것이었다. 스코틀랜드와 웨일스와 울스터는 공백으로 남았고, '아름다움과 함께 살기'는 뭔가 철저히 잉글랜드적인 것으로 보인다.

추함에 대한 언급도 역시 있었다. '추함의 거부(Refusing Ugliness)'는 '아름다움에 대한 요구(Asking for Beauty)'의 이면이며, 이 둘은 세 번째인 '집사 의식의 진흥(Promoting Stewardship)'과 함께 이 보고서의 기초가 되는 세 기둥을 형성한다. 아름다움처럼 추함이라는 개념도 불분명하게 남았다. 두 용어 모두 그 뒤를 따른다고 가정되는 효과의 측면에서만 의미를 획득했다. 아름다움은 "건강하고 행복한 삶을 진흥하고, 건물들의 모음을 하나의 장소로 만들며, '아무' 곳을 '어떤' 곳으로, 어디에도 없는 곳을 집으로 바꾸는 모든 것"이다. 아니나 다를까 추함의 효과는 그와 정반대다. "추함은 융통성이 없고, 건강하지 않으며, 볼품없는 데다, 장소의 맥락을 위반하는 건물들을 뜻한다. 그런 건물들은 장소 감각을 파괴하고, 커뮤니티의 정신을 침해하며, 우리가 세계 속에 편안히 존재하지 못하게 만든다."[34] 아름다움은 고양하지만, 추함은 퇴락시킨다.

더 구체적으로 말하자면, 슈롭셔의 윈틀스(The Wintles) 단지는 아름답지만, 비놀리의 워키토키 건물은 추하다. 아름다움에 대한 다소 수고스러운 묘사에 비하면, 추함에 대한 정의는 놀랍게도 직접적이며 진심 어리게 느껴진다. 둘 중 뭐가 먼저였는지 의아해질 정도다. 이 위원회가 생각하는 아름다움의 개념은 과연 그들이 추하다고 여기는 것, 그러니까 현대 건축에 대한 그들의 지속적인 편견과 그 위원회가 — 그리고 특히 그 위원장이 — 혐오하기를 즐긴 다른 모든 것을 어느 정도로 단순히 뒤집은 결과인 걸까.

> 우리 연구의 상당 부분은 추함의 엄청난 사회적 비용도 강조할 뿐만 아니라 아름다운 도시 조직이 그 속에서 살고 일하는 이들의 안녕과 경제적 가치의 엄청난 제고에 기여하는 방식을 강조한다. 우리는 아름다움을 최상의 개인적 의제로 삼을 여유가 있는 이들로부터 자신의 정당한 지분을 제공하기 위해 계획을 현명하게 활용하는 데 의존하는 (사회적 약자와 노숙자를 포함한) 이들에게로 그런 가치를 확산시키는 걸 목표로 해야 한다. 아름다움은 본질적인 가치이지만, 사회적이고 경제적인 가치도 지니고 있으며 실로 인간 공동체들의 행복과 안녕에 근본적이다.[35]

이 보고서는 아름다움이 "소규모 블록 속의 과밀한 아파트들"과 "저렴하지 않은 집들", 그리고 "장기적 접근에 대한 세제 불이익"에 대항하는 만병통치약을 제공한다는 주장을 계속 이어갔다. 아이러니하게도 아름다움이 마술적으로 없앤다고 가정된 현상들은 대부분 이 위원회를 정치적으로 후원한 보수당 정부 자체의 경제 정책들을 통해 만들어진 측면이 있었다.

영국의 시스템은 유럽의 다른 어떤 계획 시스템보다도 더 건설 주도권을 시장으로 내려보냈다. 승인되는 허가 건들은 규제의 결과이기보다 타협의 결과이며, 여기에는 아름다움의 개념이 포함된다. 이 위원회가 명시한 희망 중 하나는 아름다움이라는 보다 제도화된 개념이 영국의 계획 시스템에서 적어도 그것의 변종 중 하나를 없애고 "예측 가능한 공평한 경쟁의 장을 만드는" 데 도움이 될 수 있으리라는 점이었다. 하지만 그 시스템 자체를 더 근본적으로 개혁하지 않고는 여전히 그럴 수 있을지 의심스러울 뿐이다.

끈질기게 계속되는 딜레마들이 종종 그렇듯이, 최후의 판단은 대중에게 맡겨졌다. "더 이상 대중을 건축가들과 계획가들이 이끈다고 가정해선 안 된다. 그 반대라면 몰라도."36 우리 건조 환경 내의 민주주의 결핍을 강조한 것으로 치자면, 이 위원회의 시도에는 새로운 개척이랄 게 거의 없었다. 톰 울프(Tom Wolfe)는 이 주제를 그의 『바우하우스부터 우리 집까지(*From Bauhaus to Our House*)』에서 폭넓게 다루었다. 제인 제이콥스는 일찍이 1950년대에 이 문제를 제기했다. 하지만 이 위원회와 달리 두 사람 중 그 누구도 아름다움에 대한 합의된 개념의 가능성을 따지진 않았었다. 두 사람의 틈을 잇는 그것은 민주주의에서 포퓰리즘으로의 작은 발걸음으로 보인다.

2021년 5월에 영국 정부는 『아름다움과 함께 살기』의 결론이 국가 모범 디자인 코드(National Model Design Code: NMDC)로 정리될 거라고 발표했다. 6개월에 걸쳐 14개의 위원회들이 하나 이상의 건축 사무소들과 협업하여 새로운 개발을 위한 원칙들을 도출할 예정이었다. 고려되는 측면들은 길거리의 특성, 건물의 유형과 입면, 환경과 문화유산 및 웰빙의 요인들이었다. 이 과업에 줄을 선 건축가 중 하나는 런던시장 디자인 자문 위원회의 특출한 일원인 테리 파렐 경이었는데, 디자인 표준을 개선하는 데 늘 헌신해온 그의 사무소는 다음과 같이 말한다. "우리는 사람 중심의 디자인을 만드는 데 헌신하며, 커뮤니티 참여와 지역 이해에 대한 우리 팀의 폭넓은 경험은 주민들이 보고 싶은 것을 반영하는 디자인 코드를 만들 수 있게 해줄 것입니다."37

퇴장

방 안에 있던 사람들이 나를 주목하기 시작한다. 누가 내 어깨를 가볍게 두드리는 느낌이 난다. "귀하는 어떤 용무로 여기에 계신 거였지요?" 내 머릿속에 설득력 있는 대답이 떠오르지 않는다. 그는 내게 나가 달라고 요청하더니, 내가 보았거나 들었을지 모르는 모든 걸 잊으라고 한다.

innovation (혁신)

[가산 또는 불가산 명사]

(영) /ˌɪn.əˈveɪ.ʃən/ (미) /ˌɪn.əˈveɪ.ʃən/

새로운 개념이나 방법(의 활용):

예) 컴퓨터 기술의 최신 혁신들

10

건축가 없는 건축 Architecture without Architects

우리가 겪는 문제 중 일부는 사실 사업과 특권의 문제들에 관심 있는 경우가 대부분인 건축가들에게 — 또는 그 문제에 관한 모든 전문가에게 — 삶의 문제들에 대한 탁월한 통찰을 맡기는 데서 오는 결과다.

버나드 루도프스키(Bernard Rudofsky), 『건축가 없는 건축』

2017년 10월 17일 화요일 오후 3시 45분. 춥고 바람 부는 오후다. 캐나다 국무총리 쥐스탱 트뤼도가 토론토에서 새롭고 혁명적인 도시 개발 형태를 발표하는 기자 회견을 한다. "토론토 갓길 보도(Sidewalk Toronto) 프로젝트는 퀘이사이드(Quayside)를 번영하는 혁신의 허브이자 수만 명의 사람이 살고, 일하며, 놀 수 있는 커뮤니티로 탈바꿈할 것입니다."[1] 트뤼도 총리는 대본을 충실히 읽기로 결정했다. 여전히 대본이 쓰이고 있는 중이라 할지라도 말이다. 그가 시연하고 있는 언어는 나중에 토론토시의 『혁신과 개발 계획을 마스터하라(*Master Innovation and Development Plan*)』에서도 비슷하게 쓰이는데, 2년 후에 출판된 이 두툼한 4권짜리 책은 이 개발의 브랜드 정체성을 개괄하는 내용으로 이뤄져 있다. "길 한복판에서 자전거를 타는 내 아들이 완전히 안전할 수 있는 곳 / 내게 최고의 것을 가져다주는 도시 / 엄마가 많이 피곤하지 않게 도와주는 도시 / 내게 숨을 쉬어보라고 상기시키는 도시… / 할머니가 우리와 함께 살 공간이 충분한 도시."[2]

구글의 자회사인 갓길 보도 연구소(Sidewalk Labs)가 밝힌 바에 따르면, 퀘이사이드는 약 5헥타르(1만 5천여 평) 규모의 부지 위에 350만 제곱미터(105만여 평)가량의 사무실, 상가, 주택(그중 35퍼센트는 저렴한 서민 주택으로 약속되었다), 초등학교를 포함하는 혼합 용도 개발 단지였다. 이 프로젝트는 2040년까지 4만 4천 개의 직접 고용 일자리와 캐나다화 142만 달러 규모의 연간 경제 효과를 창출하고, 온실가스를 89퍼센트 감축하며, 40%의 저소득층 주거 세대들을 제공하고, '개방형 디지털 생태계' 속에서 자동차를 대체할 교통 대안들을 진흥할 것으로 약속했다.[3]

토론토 갓길 보도 프로젝트는 이를 성취하기 위해 기술 주도의 장치들로 무장할 계획이었다. 웨이모(Waymo)와 리프트(Lyft)가 운영하는 자율 주행 택시, 지하 터널을 돌아다니는 쓰레기 수거 로봇, 가변형의 고층 목제 건물, 실외 공간 위에 설치되는 보호 구조들은 야외에서 편안하게 느낄 수 있는 시간을 '배가' 하기 위한 장치들이었다. 그 동네는 지역 지구제를 모조리 폐지한 '철저한 혼합 용도(radical mixed use)' 를 구현할 예정이었고, 이를 가능케 하는 도구는 온도와 빛, 소리, 구조적 완결성을 항시 모니터링 하는 센서들이었다. 소매업이 번성할 수 있도록 '내밀한 인간적 규모' 의 걷기 좋은 가로를 조성하고, 퀘이사이드의 시민들이 "저마다 공공 서비스와 공공 부문을 이용할 수 있도록 개인화된 보안성 높은 포털"도 조성할 예정이었다.[4]

2017년 11월 세인트 로렌스 예술 센터에서 열린 토론토 갓길 보도 프로젝트 공청회에 약 530명의 토론토인이 참석했다. 갓길 보도 연구소에서는 '탄탄한' 공적 자문 과정에 대해 얘기했는데, 2만 1천 명이 개인적으로 참여하고 28만 명이 온라인 행사나 비디오로 참여하면서 커뮤니티들이 참여하는 공동 설계 과정을 100시간 이상 진행했으며 6개 자문단의 지역 전문가 75명이 협력했다는 등의 얘기였다. 이 모든 것은 토론토 갓길 보도 연구소가 "고상한 디자인 원리들이 아니라 대중에게서 단서를 취함"을 분명히 하려는 것이었다.[5]

이 프로젝트는 그 고결한 의도에도 불구하고 지역민들과 기술 부문의 거물들에게서 예기치 못한 반대에 직면했다. 블랙베리의 최고 경영자 짐 발실리(Jim Balsillie)는 이 프로젝트를 가리켜 "중요한 도시적, 시민적, 정치적 현안들을 불도저처럼 밀어붙이려 하는 감시 자본주의의 식민화 실험"이라고 불렀다.[6] 시간이 지나면서 이 프로젝트의 미래는 점점 더 암울한 모양새가 되어갔다. 그리고 실제로 토론토 갓길 보도 연구소는 2020년 5월 "코로나 19의 범세계적 유행에 따른 전례 없는 경제적 불확실성"을 언급하면서 활동을 중단했다.[7]

50년 전

갓길 보도 연구소의 홍보 캠페인에서 메아리치는 예지적 사례로서, 활동가이자 나중에 토론토 주민이 된 제인 제이콥스는 1961년에 갓길 보도가 다양한 시민들이 도시의 소유권을 취할 수 있는 활기찬 공간으로서 상징적 기능을 갖는다고 썼다. "좋은 시내 갓길 보도의 발레는 결코 곳곳마다 동일하게 반복되지 않고, 어느 한 곳에서도 늘 새로운 즉흥성으로 충만하다."[8] 반복적인 대규모 전후 모더니즘에 대해 제이콥스가 주도한 세대 비판은 시민과 동떨어진 건축가와 개발업자가 만들던 도시를 다시 시민이 만들어갈 수 있게 해야 한다고 요구했다. "도시는 모두에 의해 만들어지기 때문에, 그리고 그럴 때만 비로소 모두에게 뭔가를 제공할 수 있다"는 것이었다.[9]

의도했든 그렇지 않든 전후 건축가와 계획가의 힘에 맞선 제이콥스의 풀뿌리 운동은 몇 년 뒤 하나의 이론적 토대를 얻게 되었는데, 1964년 뉴욕 현대미술관에서 《건축가 없는 건축(*Architecture without Architects*)》이라는 제목으로 이뤄진 버나드 루도프스키의 전시회가 그것이다. 이후 동명의 책으로도 출판된 이 전시회가 관객에게 소개한 것은 "전문가들이 생산하는 게 아니라 커뮤니티 경험을 함께 하며 문화유산을 공유하는 모든 사람의 자발적이고 지속적인 활동을 통해 생산되는 공동의 건축"으로 정의되는 "족보 없는(non-pedigreed) 건축"이었다.[10] 루도프스키는 갓길 보도도 사랑했다. "무엇보다 우리에게 어떤 반응을 일으켜야 하는 것은 이러한 [토속적인] 건축의 '인간성(humaneness)' 이다."[11]

건축가들에 대한 신뢰가 저물었음을 드러낸 또 하나의 증언으로서, 캘리포니아 대학교 버클리 캠퍼스의 크리스토퍼 알렉산더(Christopher Alexander) 교수는 1977년에 비전문가를 위한 건설 기법 안내서인 『패턴 랭귀지(*A Pattern Language*)』를 썼다. 알렉산더의 이 책은 대학 서점에서 늘 베스트셀러다. 오늘날 그의 딸이 운영하는 어느 웹사이트에는 '사람들이 자유로워지기 위한 투쟁(The Struggle for People to be Free)' 과 같은 이름의 페이지들이 있다.[12]

스마트한 모든 것

1960년대에 민중은 다시 도시의 진정한 제작자로 인식되기 시작했지만, 바로 그 십 년은 세계를 시뮬레이션하고 이해하는 도구로서 컴퓨터가 처음 출현한 시기이기도 했다. 컴퓨터는 우리 주변 환경에 포함된 엄청난 정보량에 유례없이 열광하는 태도를 부채질했다. 더 나아가 인간 중심 디자인에 대한 크리스토퍼 알렉산더의 이론들은 도시 설계와 소프트웨어 분야에 모두 영향을 주면서 양자 간 관계가 있을 가능성에 대한 흥분을 촉발시켰다. IBM과 시스코 같은 회사들이 주도하며 위상이 높아진 실리콘밸리에서 도시 계획 분야는 스마트 도시(smart city) 개념과 만났다. 이 개념은 곧 세계화되어 각종 도시 콘퍼런스들을 매료시키고 전 세계의 시장들에게 구애하기에 이르렀다. 2011년 바르셀로나에서 열린 제1회 스마트 도시 엑스포 세계 대회(Smart City Expo World Congress)는 "스마트한 경제, 스마트한 환경 실무, 스마트한 협치, 스마트한 삶, 스마트한 이동 수단, 그리고 스마트한 사람들"을 한자리에 끌어모았다.[13]

스마트 도시가 가능한 이유는 데이터 때문이다. 데이터는 많을수록 좋다. 광섬유 통신망으로 전해지는 데이터는 도시들이 도시 전역에 무선 인터넷망뿐만 아니라 스마트 수자원, 스마트 조명, 스마트 주차 관리, 심지어 환경미화원들에게 꽉 차는 시점을 알려주는 스마트 휴지통까지 갖출 수 있게 해주었다.

하지만 데이터의 범위는 그보다 훨씬 광범하다. 오늘날 모바일 위치 정보 부문은 생각할 수 있는 거의 모든 모바일 기기에서 수십억 개의 데이터를 반복적으로 수집한다. 그 과정에서 데이터 판매자들이 층층이 조직되어 있고, 그들은 대부분 자기가 작업하는 데이터의 출처를 거명하지 않겠다는 기밀 유지 협약을 해야 한다. 그러고서 이 데이터는 여러 회사에 판매되고, 회사들은 그 데이터를 활용하여 실제 도시 모델을 구축한다.

이 신흥 분야에서 가장 유명한 이름 중 하나인 도플갱어(Doppelganger)는 갓길 보도 연구소 소속이다. 도플갱어는 시민들 또는 '가상 가구들(virtual households)'의 종합적이고도 완전한 데이터베이스를 구축하기 위해 — 인구 조사국과 '기타 출처들'을 거명하면서 — 인구 집단들과 관련된 다양한 정보 조각들을 융합한다. 주민들을 시뮬레이션할 뿐이지만, 그럼에도 도플갱어는 노인, 교사, 장애인, 전기차 소유자 등의 비율을 비롯한 그들의 특성을 정확히 반영한다. 이러한 시뮬레이션으로 무장한 정책 입안자들과 도시 계획가들은 커뮤니티의 일부 구성원만 혜택을 받고 나머지는 손해를 보는 제로섬 게임을 더 잘 피할 수 있다고 한다. 말하자면 그들은 '모두가 이기는' 상황들을 만들어낼 수 있다는 것이다.

하지만 물론 모두가 이길 수는 없는 노릇이다. 그렇게 선포되는 가상 세계의 승리는 실제 세계의 급박한 위기에 대한 꽤나 명시적인 메시지다. 갓길 보도 연구소의 또 다른 자회사인 레플리카(Replica)는 다음과 같이 도시 환경의 위기를 묘사한다.

> 건조 환경의 사업 모델은 망가졌다. 커뮤니티들은 오랫동안 주택난과 노후해져가는 교통 시스템, 변화하는 소매 환경의 부담을 느껴왔다. 코로나 19의 위기를 맞아 한계점에 내몰리게 되었고, 우리가 도시를 계획하고 관리하는 방식의 결함이 드러났다. (…) 불안한 느낌이 들면 지하철을 타고 출근하지 않을 것이고, 출근하지 않으면 커피 한 잔을 사 먹지 못하며, 커피 한 잔을 사 먹지 못하면 커피숍이 문을 닫는다. 미처 인식하기도 전에 한 장소의 모든 부분에 영향을 주는 부정적 악순환의 한복판에 빠져버린 상황이다.14

레플리카 같은 플랫폼들은 바깥에 실재하는 사람들을 파악하겠다고 약속한다. 출신 민족이나 젠더, 성적 지향의 편견에 따라 만들어낸 상상의 사람들이 아니라, 지금껏 정확히 재현되지 못한 무한히 복잡한 현실에 거주하는 사람들을 말이다. 사실 레플리카는 인종주의(racism)를 전쟁 참여의 명분으로 삼았다.

> 이런 이유로 레플리카는 체계적이고 구조적인 인종 차별과 싸우는 데 집중하는 이들로 자문단을 구성하고 그들에게 우리의 데이터 플랫폼에 자유롭게 접근할 수 있는 권한을 제공하고 있다. 이러한 접근에는 인종과 출신 민족에 따라 일자리, 의료, 교육에 대한 접근 범위가 달라지는 점을 강조하는 통찰도 포함된다. 예를 들어 아래의 스냅숏은 시카고에서 레드 라인을 타고 출퇴근하는

> 흑인 주민의 사례를 보여준다. 평균적으로 이런 흑인 주민들은 백인 주민들보다 통근 거리가 거의 25% 더 길 뿐만 아니라, 연간으로 따지면 결국 통근하는 데 평균 125시간을 더 쓴다. 이것은 가족과 떨어져 지역 커뮤니티에 참여하며 보내는 시간이다.[15]

이제 보니 데이터는 인간적인 얼굴을 하고 있다. 특정한 한 사람의 얼굴이 아니라 특정한 사람들 전체의 얼굴을 역사상 처음으로 가늠할 수 있게 되었다. 제인 제이콥스가 말한 갓길 보도에서 복잡한 군무를 추는 사람들도 결국 '인식될' 수 있다. 남은 것은 그들을 위한 도시를 설계하고 짓는 게 전부다. 이것은 우리가 이전까지 지을 수 없었던 도시다. 예전에는 도시를 설계하려면 건축가와 계획가에게 의존할 수밖에 없었는데 말이다.

알고리즘으로의 진입

2008년에 『이코노미스트』는 2030년까지 인간이 하는 작업의 47퍼센트가 로봇으로 대체될 거라고 추산했다. 세계 경제 포럼은 2016년 보고서에서 2015년부터 2020년까지 "인공 지능과 로봇학, 나노 기술, 기타 사회 · 경제적 요인들이 인간 피고용자의 수요를 대체하게 되면서" 세계적으로 710만 개의 일자리가 사라질 거라고 추산했다.[16] 구글 브레인의 공동 창립자 앤드류 응(Andrew Ng)은 인공 지능을 그야말로 "새로운 전기(new electricity)"라고 불렀다.

건설 부문은 종종 아날로그 최후의 보루라고 여겨질지라도 지난 수십 년간 상당히 발전된 면이 없지 않았다. 1959년 매사추세츠 공과대학교에서 태동한 컴퓨터 보조 설계(computer-aided design)는 1963년 첫 쌍방향 소통 로봇 제도사가 출현한 이래 1980년대 초에 오토캐드가 도래하기까지 상당히 진척을 이뤄왔고, 디자인을 중앙 컴퓨터가 아닌 개인 컴퓨터에서 수행할 수 있게 해주었다. 원래 자동차와 항공 산업에서 사용되던 유니서프(UNISURF)와 카티아(CATIA) 같은 프로그램들은 복잡한 3차원 형상을 시각화할 수 있게 해주었다. 1980년대에는 최초의 파라메트릭 모델링 소프트웨어인 프로/엔지니어(Pro/ENGINEER)도 출현했다.

라르스 스파위브룩(Lars Spuybroek) 같은 파라메트리시즘*의 옹호자들은 "디자인이 장미나 개의 종자를 배양하는 것과 다름없는 번식(breeding)의 형태가 될 (…) 생명의 건축"을 촉발하겠다고 약속했다.[17] 필립 스탁과 카르텔** 그리고 오토데스크***는 최근 "인공 지능으로 설계한 세계 최초의 대량 생산 의자"를 공개했다.[18] 크리스티****는 최근 인공 지능이 알고리즘을 이용해 그린 미술품을 미화 432,000달러에 판매했는데, 이는 처음 예상했던 판매가의 4배를 뛰어넘은 금액이었다.[19] 알고리즘이 일상생활의 디자인에 끼치는 영향은 갈수록 더 뚜렷한 비전을 보이고 있다. 예컨대 비야르케 잉엘스 그룹(Bjarke Ingels Group)이 설계한 인공 지능 도시(AI CITY)에서는, 태양광 패널들이 그 밑의 식물들로 이슬이 떨어질 수 있도록 자체 조절되고 침실 창문들이 투명도를 조절하여 자연광을 들임으로써 수면 중인 거주자를 깨울 뿐만 아니라 그를 위해 타이탄이라는 이름의 인공 지능 가상 살림꾼이 아침 식사를 선택하고 날씨에 맞는 복장을 챙겨주며 그날의 일정을 준비해준다. "아침 식사를 한 뒤 완전히 자동화된 당신의 지능형 차량을 타고 다른 도시로 출근하면서 알고리즘이 추천해주는 뉴스를 훑어본다!"[20]

다른 건축가들은 그들의 설계 과정에 알고리즘의 힘을 통합하려는 시도를 하고 있다. 건축가이자 노르웨이 회사 스페이스메이커(Spacemaker)의 고객 성공 매니저인 예스페르 스탈(Jesper Staahl)은 자신의 블로그에서 다음과 같이 나긋나긋하게 얘기한다. "저는 건축가들이 사용하는 도구만 만드는 게 아니라 건축가들이 함께 만들어가는 도구에도 기여하고 있습니다."[21] 스페이스메이커는 인공 지능 플랫폼을 주로 지속 가능성을 다룰 수단으로써 개발해오는 중이다. 그 웹사이트는 다음과 같이 설득력 있는 수치를 제시하는 영상을 보여준다. "2050년에는 거의 100억의 인구가 지구상에 살고 있을 겁니다. 향후 세계 인구 성장의 90%는

* parametricism: 매개변수(parameter)들을 조절하는 방식의 파라메트릭 모델링 소프트웨어를 이용하는 디자인 스타일
* * Kartell: 이탈리아의 명품 가구 브랜드
* * * Autodesk: 오토캐드 소프트웨어를 개발한 미국의 다국적 기업
* * * * Christie' s: 1766년 제임스 크리스티가 설립한 영국의 경매 전문 회사

도시에서 일어날 텐데, 매주 새로운 '파리'를 짓는 것이나 마찬가집니다. 건물들은 모든 탄소 배출량의 40%를 차지하고 있습니다."[22] 스페이스메이커는 준비된 데이터베이스를 활용하여 개념들의 영향을 빠르게 시험해볼 수 있는 생성형 디자인 플랫폼을 만드는 것, 말하자면 건축가와 개발업자, 컨설턴트, 지방 자치단체를 같은 테이블로 모으는 게 목적이다. 스페이스메이커의 웹사이트에서 행복한 미소를 짓고 있는 110인으로 구성된 팀은 "데이터 과학자부터 건축가, 선원, 스키 선수, 등반가, 소프트웨어 엔지니어, 디자이너까지 많은 이들"을 포함하고 있다.[23]

좀 더 현실적으로 말하자면, 지금까지 통상 실제로 알고리즘을 건축 설계에 적용한 결과는 기껏해야 평범한 수준이었다. 2015년에 맥킨지 컨설팅은 건축엔지니어링건설(AEC) 산업을 가장 디지털화가 덜 된, 따라서 21세기의 가장 덜 효율적인 산업 중 하나로 분류했다.

실리콘밸리

따라서 알고리즘적인 건축을 개발하려는 가장 진지한 노력이 이번에도 건축가나 디자이너가 아닌 실리콘밸리에서 왔다는 사실은 거의 놀라울 게 없다. 이런 점에서 맥킨지의 보고서는 일차적으로 건설 산업이 아닌 기술 산업에 주의를 촉구하는 신호로 받아들여졌으며, 이후에는 기술 산업에 투자하는 커뮤니티들이 건설 해법의 디지털화에 수십억 달러를 쏟아붓게 만드는 촉매제가 되었다.

대중 시장을 위해 개발된 최초의 건설 관련 애플리케이션 중 하나는 2002년에 나온 프로코어(Procore) 건설 관리 애플리케이션이었다. 샌프란시스코 만안(灣岸) 지역(Bay Area) 회사의 한 중역이 건설 현장을 직접 경험한 노하우를 이용해 만든 이 애플리케이션은 의뢰인이나 프로젝트 리더가 건설 팀들의 작업을 실시간으로 감독할 수 있게 해준다. 프로코어는 곧 할리우드 유명 인사들 사이에서 사용되면서 뉴스 헤드라인을 탔고, "업계를 발목 잡아 왔던 소통과 데이터의 장벽을 타파"해오는 중이라고 주장한다.[24]

그 이후로 프롭테크(PropTech)라는 태동기의 부동산 기술이 급속히 발전해오는 중이다. 실리콘밸리는 무수한 스타트업들이 개발하는 건설 기술 플랫폼과 애플리케이션의 온상이 되어 왔다. 사실상 10년 전만 하더라도 존재하지 않았던 이 부문은 2008년 총 투자액이 미화 2천만 달러에 달했고 대략 10년 후에는 200배에 해당하는 미화 40억 달러로 상승했다.25

프롭테크를 양성한 건 기업가들을 재정 후원자들과 연결해주는 수많은 합작투자 자문 회사들이다. 2016년에 결성된 피프스 월(Fifth Wall)이 그런 단체 중 하나다. 기존 미국 부동산 산업의 큰손들이 후원하는 이 단체는 벤처 자금을 활용하여 '건조 환경' 안에서 이뤄지는 새로운 구상들에 자금줄을 댄다. 이 단체가 투자하는 사업들로는 건설 장비의 자동화, (지구뿐만 아니라 다른 행성에서도 이뤄지는) 3차원 인쇄, 주택 속성 관리, 전기공과 같은 부동산 서비스 전문가들을 위한 장터, 부동산을 매수하고 매각할 수 있는 플랫폼, 프리미엄 단기 임대 부동산의 설계와 관리, 자기 짐을 둘 곳을 찾는 사람들을 (주차장이나 다락방을 포함한) 창고 공간 소유주들과 연결해주는 장터, 소매 상권 유동 인구 분석 플랫폼, 저당권 교환 플랫폼, 에너지 절약을 보장하는 개인 거주자들을 위한 턴키 방식의 홈 웰니스 리노베이션, "사고를 미리 예방할 수 있는" 설비 및 기반시설 인공 지능, 심지어는 건물주가 "자기 건물을 발전소로 바꿀" 수 있게 해주는 시스템까지 있다.

피프스 월의 투자 포트폴리오에 포함된 회사 중 하나인 홈바운드(Homebound)는 "건설 과정의 모든 부분을 돌보기"를 내걸고, 금융부터 설계, 필지 준비, 건설, 입주에 이르는 전 과정에서 주택 건설업자들을 돕는다. 고객들은 건축가와 함께 설계 작업을 할 수 있는 선택권이 있지만, "시간을 들이지 않고 전문적인 미학을 성취하려면 인기 있는 평면이나 주택 마감 패키지를 선택하여 설계 과정을 신속하게 할 수도 있다." 홈바운드의 웹사이트에서는 "우리는 당신께 집을 구해주고자 여기에 있습니다"라고 말한다.26

온라인 판매 브로슈어는 최근 산불로 집이 소실된 노년의 신사 리처드에 대한 사례 연구를 제시한다. "홈바운드의 도움으로 그는 자택을 전보다 훨씬 더 좋게 만들었습니다. 주방을 완전히 새롭게 고쳤고, 큰 장롱을 추가했으며, 완벽한 각도의 크고 그늘진 안뜰을 설계하여 결국 그가 산 중턱에 있는 자택의 탁 트인 조망을 활용할 수 있게 해주었습니다." 사진에는 리처드가 자신의 새집을 발견하거나 더 젊은 여성과 잡담하는 모습이 나온다. … 그의 딸일까? 이웃일까? "집에 오신 걸 환영해요, 리처드."[27]

홈바운드 같은 건설 플랫폼들은 솥하게 찾아볼 수 있고, 건설 방법론의 다양한 측면들을 바꿀 준비가 되어 있는 듯하다. 저비용 주거를 위한 3차원 인쇄를 개발하는 회사인 아이콘(ICON)은 현장에 가져다 놓을 수 있는 2천 파운드짜리 인쇄기를 활용한다. 라이벌인 마이티 빌딩스(Mighty Buildings)는 경량 석재 물질(Light Stone Material: LSM)이라고 불리는 새로운 물질을 개발해오는 중인데, 이 물질은 캐노피처럼 지지대가 없는 요소들도 만들 수 있는 가소성이 높은 거석 구조가 된다고 한다. 프레션트(Prescient) 같은 다른 회사들은 디지털 건설 정보 모델링(BIM) 플랫폼으로 완전히 통합되는 대량 사전 제작 방식을 재도입하고 있는 것으로 보인다.

프롭테크는 다양한 사업 활동을 생산적으로 교차시키는데, 예를 들어 전직 애플 사내 아키텍트가 매스 팀버(mass-timber)* 주택 회사를 설립하거나 건축가 비야르케 잉엘스가 (놀랍게도!) 전직 토론토 갓길 보도 연구소 모형 실장이었던 위워크 중역과 팀을 이뤄 '디자인 리빙' 회사인 나브르(Nabr)를 설립한 사례가 있다.

아마도 이런 점에서 가장 야심찬 모험 중 하나는 카테라(Katerra)였을 것이다. 창립자이자 최고 경영자인 마이클 마크스(Michael Marks)는 마이크로소프트의 기호에 맞는 전자 부품들을 제조하는 회사를 이끌었지만, 이후 그의 야심은 그가 전자 제품들에 대해 했던 것과 똑같은 방식으로 건설 산업을 합리화하는 데 있었기 때문에 조립식 주택 부품들을 위한 일체형 해법으로 공급 체인들을 통합하는 회사를 만들었다. 건축가들이 시방서에 카테라의 제품들을 특정하려고 달려들지 않자, 카테라는 급기야 직접 자사 제품들을 특정하기 위해 건축 사무소 하나를 사들였다. 카테라의 사업 활동은 원도급과 건축 설계, 엔지니어링, 프로젝트 관리뿐만 아니라 설계 소프트웨어와 에어컨 시스템, 입면 유리창 시스템의 생산까지 할 정도로 성장했다. 카테라의 주요 자금줄 중 하나는 2년간 미화 20억 달러를 투자한 소프트뱅크였다.

* 콘크리트 조립체를 대체할 수 있을 만큼의 구조적 강도가 나오는 인공의 합성 목재

창립한 지 6년이 지난 2021년 6월, 카테라는 주요 자금줄 하나가 붕괴했음을 언급하며 파산 신청을 했다. 하지만 분석가들은 대부분 공적인 진술 너머를 바라본다. 한 전직 직원은 미국의 어느 전문 건축가 저널과 이야기하다가 골똘히 생각하며 말했다. "업계 전체가 파산했다는 오해가 있었습니다. (…) 그건 사실이 아니죠. 고쳐야 할 부분들이 있지만, 잘 작동하는 부분도 많거든요. 카테라는 업계 전체를 재발명하는 일을 시작한 거예요."[28]

전례 없이 빠른 더 스마트한 결정들

디지털화를 향한 이러한 초기 시도들은 적어도 건설 산업이 위태로운 상태까지는 아닐지라도 어느 수준까지 훨씬 더 비용 효과적인 산업이 될 수 있는지를 확실히 드러냈다. 카테라의 탐색 작업이 곧 다른 이들의 후속 작업으로 이어진 것은 아마도 놀라운 일이 아니리라.

"이 영상에서 우리는 델브(Delve)가 어떻게 여러분의 시간과 돈을 절약시켜줄지 살펴볼 겁니다"라고 발랄하고 상쾌한 미국 여성의 목소리가 말한다. 이 구술은 "델브는 어떻게 부동산 개발업자들이 가치를 잠금 해제하도록 도와주는가"라는 제목의 3분짜리 소개 영상 중 일부로, 이번에도 갓길 보도 연구소의 자회사인 델브가 이해 당사자들에게 보내는 영상이다. 갓길 보도 연구소는 더 이상 일편단심 토론토에만 집중하지 않은 채, 그간 "모두를 위해 도시에서 삶의 질을 근본적으로 개선하기 위한 제품을 만들고 장소를 짓기" 위한 시도를 계속해왔다. 델브의 사명은 아래와 같이 묘사된다.

> 델브는 도시 설계와 개발에 특수한 다차원적인 최적화 문제들을 해결합니다. 첫째, 기계 학습과 전산 설계를 통해 델브는 수천 개의 총체적 설계 옵션들을 생성합니다. 둘째, 델브는 이 다양한 옵션들이 핵심 척도와 삶의 질 지표에 미칠 수 있는 여러 영향을 평가합니다. 셋째, 델브는 최고의 성과를 내는 설계 옵션들을 식별하고 각각에 대한 상세한 분석을 사용자에게 제공합니다.[29]

설계 옵션들은 개발업자가 선택한 기준들에 따라 평가되는데, 그 기준들이란 직사 일광이 도달하는 시간, 대중교통의 근접성, '보행 편의성(walkability)', 건설비, 세대수, 자본 가치, 순이익 등이다. 의뢰인은 이런 기준들의 상대적 중요성을 지시하기도 한다. 각 옵션에는 가중치가 매겨진 기준들을 얼마나 충족하는지를 나타내는 점수가 따라붙는다. 채팅창으로 팀별 토론을 할 수 있고, 팀원들은 자기들이 가장 좋아하는 설계안들에 '선호(favourite)' 표시를 할 수 있다. 사용자들은 결정을 내릴 때 자기들의 책임이 최소화되는 편안함을 느낄 수 있다.

"델브의 제안들은 인간의 미적 통찰을 모방하는 인공 지능의 도움을 받아 모두 좋은 점수를 받고 서로 전략이 다르다"고 갓길 보도 연구소의 엔지니어링 디렉터 두워 오싱가(Douwe Osinga)는 쓴다.30 마우스 클릭에 수백 가지 대안을 보여주는 기계 학습의 격려 때문만이 아니라, 델브가 인상적인 이유는 재무 모델링을 설계 과정으로 직접 통합하여 가치와 비용을 면적에 비례하는 함수로서 측정하고 프로젝트의 총비용과 가치를 즉각 산출해내기 때문이다. 2004년에 영국 부동산 개발업체 퀸테인(Quintain Ltd.)이 델브를 참여시켜 런던 웸블리 공원의 노스이스트랜드 부지에 12에이커(14,690평)의 혼합 용도 개발을 했을 때, 델브는 기존의 표준 디자인 위에서 환경의 질을 보존하며 주거 세대수를 늘리는 4만 개의 대안들을 생성하고 평가하고 최적화하는 작업을 했을 것이다.

18주간의 참여가 끝났을 때 델브는 이미 유닛별 수익, 가용 건축 면적, 일조권, 지상층 햇빛 도달 시간, 인근에 미치는 일광 효과 등에 걸친 모든 목적을 뛰어넘었다고 하는 고성능 대안 24개를 생산한 상태였다. 프로젝트 서술에 함께 등장하는 이미지는 "고성능 설계 옵션"이라는 이름의 아파트 배치를 보여준다. 15층 내지 20층 규모의 타워 블록들이 한 블록을 중심으로 구불구불 배치되어 있다. 건물들의 각 층에는 다양한 세대 유형이 전혀 상상할 수 없는 순서로 흩뿌려지고, 다양한 층들 위로 형성되는 패턴은 거의 식별이 불가능하다. 몇몇 세대는 한 블록의 병목 구간에 위치해서 각각의 면적에 맞게 입면이 노출되지 못했고, 심지어는 입면이 전혀 노출되지 못한 세대들도 있다.

어떤 건물들은 나란히 서 있어서 각 건물 모퉁이에 있는 세대들은 (몇 센티미터는 아닐지라도) 몇 미터 간격만 사이에 두고 건너편 건물의 세대들을 마주본다. "델브는 많은 차원에서 가능한 디자인 선택과 건물 성능의 수천 가지 옵션들을 탐색할 수 있게 해주었고, 이 프로젝트가 삶의 질을 높이면서도 더 많은 수익을 얻을 수 있다는 걸 컨테인에 보여줬다."31

주택 시장에 관심을 둔 디지털 회사가 델브만 있는 것은 아니다. 2019년 6월 18일 구글의 최고 경영자 순다르 피차이(Sundar Pichai)는 구글 블로그에 다음과 같은 회사 공지문을 게시했다.

> 우리가 더 도움이 되는 구글을 만들려고 노력함에 따라, 우리는 본고장에서 출발을 도와야 할 책임을 인식합니다. 우리에게 그것은 이 모든 게 시작된 지 20년도 더 넘은 이곳 샌프란시스코 만안 지역에서 선한 이웃이 된다는 뜻입니다. (…) 이 지역 전체에서 특히 긴급하고 복잡하게 느껴지는 문제 하나가 두드러집니다. 그것은 주거 문제입니다. 새로운 공급이 부족하고, 더불어 생활비는 오르면서 오랫동안 살아온 중간 계층 및 저소득층 주민에게 적정한 비용의 주거 대안이 심각하게 부족을 겪게 되었습니다. (…) 오늘 우리는 만안 지역 전체의 주거에 10억 달러를 더 투자함을 공지합니다.32

구글은 미화 7억 5천만 달러 가치의 구글 부동산을 전환하여 혼합 용도 개발 단지에 '적어도' 15,000세대의 주거를 만듦으로써 샌프란시스코 만안 지대와 산호세의 주택난에 대처하겠다고 약속한다.33 추가적인 미화 2억 5천만 달러는 5,000세대의 적정 비용 주거를 만드는 개발업자를 지원하는 데 쓰일 것이다. 이 지역들 가운데 하나인 노스베이쇼어는 "장소"를 성취하기 위한 기본 원칙으로서 "커뮤니티, 자연, 혁신, 경제학"의 비전을 그린다. 구글이 직접 그 부지들을 개발하지는 않을 것이다. 하지만 구글은 맨해튼의 파크 애비뉴 432번지에 초고층 마천루를 지은 호주 회사 렌드리스(Lendlease)와 파트너십을 맺고 있다.

구글의 이 산호세 다운타운 웨스트(San Jose Downtown West) 프로젝트에 대한 브로슈어는 발랄한 색상과 손으로 휘갈겨 쓴 말과 진술—예컨대 "환영합니다, 이곳을 찾아주신 여러분 반가워요!", "계속 대화해보자고요!", "여러분 정말 고맙습니다!"—로 가득하다. 다운타운 웨스트는 현재 그 구역에 계획된 공급량의 6

배인 4천 세대의 주거와 15에이커(18,363평)의 공원 및 공개공지, 2만 5천 개의 제대로 된 일자리, 미화 2억 달러 규모의 커뮤니티 혜택 및 신규 온실가스의 실질 배출량 제로(net-zero emissions) 달성을 약속한다.[34]

갓길 보도 연구소, 델브, 구글… 이 셋의 모회사인 실리콘밸리 거대 기술 기업 알파벳(Alphabet)은 딱 알맞은 시기에 부동산 개발에 관여하고 있었다. 구글 본사가 위치한 만안 지대의 고립 구역인 마운틴뷰의 집값은 2010년부터 2배 이상이 올라 2018년에는 중위 주택 가격이 미화 2백만 달러에 달했다. 이 소도시의 많은 주민은 더 이상 셋집을 구할 여력도 없고, 하물며 거기서 집 한 채 사는 것은 꿈도 못 꾼다. 구글에서 자유 계약직 보안 요원으로 일하고 있는 한 주민의 생활 조건을 묘사한 기사에 따르면, 그는 매월 미화 2,500달러를 내야 하는 월세 아파트 대신 매월 800달러만 내면 되는 캠핑용 자동차를 선택했다.[35] 2019년 3월이 되자 마운틴뷰의 의원들은 하룻밤 캠핑용 차량에서 묵는 무단 점유자들을 내쫓는 법안에 투표했다.

한 부동산 뉴스 사이트는 2019년 알파벳의 부동산 자산 포트폴리오 가치가 미화 145억 달러에 달할 거라고 어림잡았다.[36] 이 포트폴리오의 약 1/3은 뉴욕에 있는 이 회사의 두 사옥이 차지한다. 나머지 100억 달러는 미국과 세계 전역에서 다양하게 운영 중인 부동산 벤처 투자들로 구성되는데, 2018년에는 70개국에서 사무실과 데이터 센터를 비롯해 수많은 공지와 건물을 보유했다. 2018년 7월에 알파벳은 캘리포니아 서니베일에서 미화 8억 2천만 달러 가치의 빈 건물들을 구매했다.

구매한 토지들에 대한 부동산 자금 투자만 하는 게 아니라, 알파벳 식구는 이미 더 근본적인 수준에서 건설의 세계를 와해시키는 작업에 착수하고 있다. 갓길 보도 연구소는 현재 "더 지속 가능한 삶과 일을 위한 고품질 매스 팀버 건물들을 납품할 수 있는 조립식 건설 회사의 개발을 탐색"하는 중이다.[37] PMX* 라고 불리는 그 첫 번째 원형 모델은 35층에 달하는 매스 팀버 고층 건물에 도전하는 걸 목표로 한다. 갓길 보도 연구소는 조립식 목구조 부재들을 기후 목표에 부

* '원형-모델 X(Proto-Model X)' 의 줄임말

응할 뿐만 아니라 현장 시공을 하지 않아 시간과 돈도 절약하는 수단으로서 홍보한다. 이것이 개발업자들에게 지닐 호소력은 사실상 거스를 수 없는 것으로 판명될 것이다. 개발업자들은 언제나 비용을 절감하는 동시에 옳은 일을 하고 있는 것처럼 보이길 원하니 말이다. PMX는 그들에게 모든 케이크를 독차지할 수 있는 기회로 다가올 것이다. 통상 건축가들이 대변하는 어려운 선택의 체제를 끝낼 기회로 말이다.

알고크라시

사회학자 아니시 아니시(Aneesh Aneesh)는 알고리즘이 일반적으로 적용되면서 수반되는 지배 구조를 '알고크라시(algocracy)'라고 일컬었다. "알고크라시적인 지배 구조하에서 노동을 통제하는 방식은 노동자에게 어떤 과업을 수행하라고 말하는 것도, 꼭 그들의 실수를 이유로 노동자를 처벌하는 것도 아니다. 그보다는 사전에 기술된 대로 노동을 수행하지 않을 수 없는 환경을 조성하는 것이다."[38] 컴퓨터 프로그램이 사실상 유효성 면에서 원본을 대체할 만큼 세밀해진 디지털 쌍둥이들을 만들 수 있을 때, 그 거울 세계 안에서 프로그램들이 시나리오들을 만들어낼 능력이 있을 때, "현실은 복제된 환영(simulacrum)을 따르게" 될까?[39]

제인 제이콥스와 로버트 모지스가 21세기에 태어났더라면 아마 적수가 되지 못했을 것이다. 그들의 차이는 고해상도 데이터 수집과 논박할 수 없는 알고리즘 논리로 화해됐을 테니까. 일단 프롭테크가 건설업자와 사회학자의 역할을 성공적으로 흡수할 만큼 충분한 전산 능력을 활용할 수 있게 되면, 프롭테크는 행위자뿐만 아니라 비평가의 입장도 내세울 수 있을 것이다. 아마도 솔깃하게 효율적인 형태이겠지만, 초미의 문제들은 남아 있다. 한때 건축가들에게서 찾았던 삶의 문제에 대한 이례적 통찰을 알고리즘에게 맡기면서 우리는 정말 사업과 특권의 문제들을 넘어설 수 있는가? 건축가들이 없으면 정말 세계가 더 나아질까? 거대 기술 기업이 루도프스키의 요구에 대한 해답일까?

부록: 전문가 화법의 원리

Appendix: The Principles of Profspeak

전문가 화법(Profspeak)은 21세기의 공식 언어다. 이 책을 쓰는 시점에서는 아직 모두가 똑같이 전문가 화법에 의존하고 있지는 않다. 하지만 그 어휘는 착실히 주류 언어가 되어가는 중이다. 전문가 화법은 언어학적 추상을 최고로 끌어올린 형식을 재현한다. 물론 영어이지만, 사실은 그렇지 않다. 그것은 영어를 모국어로 익힌 게 아니라 교육보다는 업무상 그 언어에 유창해진 세계의 다수 인구가 만들어낸 영어다. 전문가 화법은 세계에서 가장 많이 발화되는 언어다. 우리는 이런 언어로 토론하며 우리 삶의 환경에 가치를 매긴다. 그것은 사업 자문가부터 기술 기업가까지, 의료 전문가부터 건설업자까지, 엔지니어부터 건축가까지 직종을 가리지 않고 널리 퍼져 있는 소통의 방식이다.

전문가 화법은 전 세계에서 보편적으로 쓰임에도 영어의 특이한 성격에 깊이 빚지고 있다. 특히 말을 의미에서 분리시킬 수 있는 영어의 능력 때문이다. 전통적인 영어—이를 비전문가 화법(Layspeak)이라고 하자—는 여전히 어떤 모호성의 해소를 허용한다. 하지만 전문가 화법은 그렇지 않다. 전문가 화법은 기껏해야 의미론적 기회주의다. 일부러 모호하게 말하는 것이다. 특정하고 전적인 의미를 전달할 수 있는 단어들을 사용하게 되면 그 이후 신뢰할 만한 의견 차이는 일어날 수 없다. 전문가 화법은 우리가 자주 얘기 나누고 싶은 만큼이나 오랫동안 말을 교환할 수 있게 해주며, 어떤 지점에서도 견해가 완전히 일치할 필요가 없다. 전문가 화법의 천재성은 합의가 부재한 상황에서 합의를 촉진할 수 있다는 데 있다. 전문가 화법을 우리의 국제어로 삼으면 마침내 세계 평화가 찾아올 수도 있다.

전문가 화법은 말을 의미에서 해방시킬 뿐만 아니라, 문법에서도 자유롭게 해준다. 동사 변화(conjugation)도 없고, 그 외 품사들의 굴절(inflection)이나 곡용

(declension)도 없다. 오로지 명사와 동사, 형용사만 있을 뿐이다. (부사는 완전히 없어져버렸다.) 명사와 동사는 가장 교환이 잘 되는 사이다. '디자인(DESIGN)' 은 동사이자(예: 건물을 디자인하다) 명사다(예: 월드클래스 디자인). 가끔은 형용사도 교환이 가능할 때가 있다. 전문가 화법에서 '그린(GREEN)' 이라는 단어는 명사(greenery)이자 동사(to make green)요 형용사(the green grass)다. '아키텍트(ARCHITECT)' 는 명사(그 직종)이자 동사(그 직종이 개입한다고 여겨지는 활동)이다. 그런 것들을 분간할 수 없는 속성, 특히 명사와 동사가 분간이 안 된다는 것에는 어떤 목적이 있다. 그것은 한 단어가, 예컨대 회의 중 발화되는 한 단어가 어떤 활동이나 사물—말하자면 할 필요가 있는 무엇 또는 이미 일어난 무엇—을 가리키는지 여부와 상관없이 계산된 모호성을 도입한다. 어떤 일을 해야 하는 의무—전문가 화법으로 말하자면 '진짜 일(REAL WORK)' —는 무한히 미뤄질 수 있다. 말과 일은 교환 가능해진다. 말하기가 곧 일하기다.

형용사와 명사가 서로 교환될 수 있다는 것에도 유사한 목적이 있다. 단어들의 규범적 부담을 모호하게 만드는 것이다. 전문가 화법에서 '크리에이티브(CREATIVE)' 라는 단어는 (형용사로 쓰일 때) 찬사도 될 수 있고 (명사로 쓰일 때) 단순한 직무 서술이 될 수도 있다. 알랑거림인가, 객관적 진술인가? 모든 것은 듣는 사람의 귀에 달려 있다.

단어들은 무딜 수 있고, 비전문가 화법의 어휘들은 현재적 감수성을 포착하기에 한참 모자라다. 시간에 따라 진화하지 못해 날것 그대로인 그런 어휘의 단수 명사들은 불필요하게 불쾌한 경향이 있다. 한 번의 문체적 실수는 안도감을 가져다준다. 완곡어법은 비전문가 화법에서 폄하되지만 전문가 화법에서는 그렇지 않다. 전문가 화법에서 적절히 활용되는 완곡어법은 이미 거의 문체가 완성 단계에 와 있다. 건축가(architect)와 장인(craftsman)은 '건조 환경 실무가(BUILT ENVIRONMENT PRACTITIONER)' (성별 구분 없는 선량한 용어)로서 공통의 기반을 발견한다. 벽돌과 모르타르는 '부동산 벤처 사업(REAL ESTATE VENTURE)' 으로 꽤 괜찮게 변신하고, 독창적이지 않은 아이디어들은 '증거 기반 설계(EVIDENCE-BASED DESIGN)' 로서 존경받는다. 전문가 화법에서 선호하는 표현 방식은 더 이상 설명할 필요를 없애는 긴 말이다. 결국 사물과 그 사물이 존재하는 맥락, 그 사물에

도달하는 과정, 그리고 그 후에 따라오는 것—의도치 않은 부산물 등—을 묘사하는 이 긴 말이 시간을 절약한다.

단어는 길면 길수록 더 좋다. 단어와 그것의 정의가 역관계가 되면 이상적이다. 그것들이 자리를 바꿀 때 말이다. 정의가 강조될수록, 원래 단어는 더 배경 속으로 사라진다. 건축가, 장인, 건물 … 언젠가 우리는 이 용어들을 오래전 사라진 시대에 속한 '케케묵은 형식화(archaic formulation)'— 비전문가 화법으로는 옛 영어를 지시하는 또 다른 단어—로만 인식할지도 모른다.

전문가 화법은 변화를 명시적으로 반긴다. 새로운 단어와 표현은 풍요를 가져온다고 여겨진다. 설령 문체나 문법의 관습을 위반한다고 할지라도 말이다. 전문가 화법은 늙어가는 언어 순수 주의자들이 비호하는 난공불락의 요새가 아니다. 무엇이 통용되고 무엇이 그렇지 않은지에 대한 고정된 규칙은 없다. 전문가 화법에는 실수가 없다. 오직 '업데이트(UPDATE)' 만 있을 뿐.

신조어는 전문가 화법의 밥줄이다. 언어가 점점 더 저작권에 귀속되는 세계에서, 끊임없이 새로 유입되는 단어들과 표현들은 침체를 막는 데 필수적이다. 게다가 신조어는 그것에 참여하도록 영감을 불어넣고, 그 역사는 모두가 그 시초를 기억할 수 있을 만큼 충분히 짧다. 살아있는 화자들에게는 신조어를 통해 그들이 말하는 언어의 공동 저자가 될 기회가 주어진다. 전문가 화법은 한 언어를 사용하는 사람들에게 그런 언어를 빚어낼 권리가 있다고 굳게 믿는다. 신조어는 살아있는 언어의 기호이며, 전문가 화법의 '지적 건강(INTELLECTUAL HEALTH)' 에 필수적이다.

비전문가 화법이 언어의 완결성을 비호한 곳에서, 전문가 화법은 완결성의 종지부라는 이름으로 작동한다. 덕성(virtue)은 전문가 화법의 성배다. 그것의 입증은 결코 수그러듦이 없다. 합성어는 설령 때때로(또는 자주) 동어반복일지라도 전문가 화법의 명백한 도덕성 회복 전쟁에 나서는 보병들이다. '선제적 계획(FORWARD PLANNING)' , '최종 상태 비전(END-STATE VISION)' , '굿웰 인증(GOODWELL CERTIFICATION)' … 전문가 화법의 불필요한 반복은 강조를 위한 밑줄 긋기와 같은 것이다. 모든 의심은 제거되어야 한다. 명백한 것을 진술할 때 합성어는 강조만 하지 않는다. 그것은 매우 효율적인 구분의 도구이기도 하다. '사람 우선 디자인

(PEOPLE-FIRST DESIGN)' 이라는 개념을 생각해보라. '사람 우선(people-first)' 이라는 수식어는 불필요해 보인다. 디자인이라는 일은 원래 사람을 우선시하는 것이지 않은가? 그런데도 이런 말이 명백히 존재한다는 것은 사실 그렇지 않을 수도 있음을 암시한다. '사람 우선 디자인' 이 있기 전에는 '디자인' 이 있었다. 확실히 사람을 우선시한다는 — 사람을 우선시하긴 했느냐는 — 보장은 제공하지 않았었다. '사람 우선 디자인' 이라는 돌연변이 표현이 가지치기를 한 것은 '디자인' 을 그것의 반의어로 여기는 이해를 부추긴다. '사람 우선 디자인' 이 있고 나면 '디자인' 은 '사람 최후 디자인(people-last design)' 이 되고, 모든 디자인 실천가는 기본적으로 악의 대리인이 된다. 하지만 전문가 화법을 쓰는 사람은 그 누구도 이런 말에 사로잡히지 않을 것이다. 그런 화법은 전문가 화법의 관습이 늘 금하는 유해 화법(Illspeak)이다.

'인간 중심 건축(HUMAN-CENTRIC ARCHITECTURE)' , '해방적 디자인(EMANCIPATORY DESIGN)' , '스마트 모빌리티(SMART MOBILITY)' … 사례는 무한히 계속된다. 기존에 확립된 분야들은 늘 헛다리를 짚는다. 그것들을 의미화하는 단일한 단어들만큼이나 오래된, 암암리에 비인간적이고 위계적이며 어리석은 쪽을 짚는 것이다. 하지만 우리는 불평해서는 안 된다. 최종 심급에서는 전문가 화법만의 신조어들조차도 의심을 피해갈 수 없다. '건강한 장소 만들기(HEALTHY PLACEMAKING)' 같은 용어의 도입은 그보다 먼저 있는 '장소 만들기(PLACEMAKING)' 의 기본값을 건강하지 못한 것으로 만든다. 이처럼 어휘의 강등은 전문가 화법에서 일상적인 일이다. 오로지 그렇게 강등된 어휘들이 더 길게 합성된 합성어들의 일부가 되는 한에서 말이다.

하루하루 성숙해져 가는 전문가 화법은 그 와중에도 거의 모든 비전문가 화법의 번역을 허용한다. 다음 문장을 보라. "지속 가능성을 분명히 인식하고 이해하는 건축가라면 누구든 환경의 질을 더 개선하기 위해 친환경(green) 건물을 설계하려고 할 것이다." 이 문장 전체를 전문가 화법으로 다시 풀면 이렇게 정리할 수 있다. "스마트한 지속 가능성을 유념하는(SMART SUSTAINABILITY MINDFUL) 건조 환경 실무가들은(BUILT ENVIRONMENT PRACTITIONERS) 그린을 그린하게 그린하기(TO GREEN GREEN GREEN)* 위해 아키텍트한다(ARCHITECT)."** 전문가 화법을 유창하게 활용하면 순수한 시가 된다.

전문가 화법은 그저 특수 용어(jargon)를 가리키는 또 다른 말일 뿐일까? 특수 용어는 어떤 특정 직종의 내부에서 쓰는 전문적인 언어이지만, 전문가 화법은 그에 순응하지 않는다. 전문가 화법의 어휘는 특수 용어들을 가로지르는 기회주의적이고 절충적인 차용이며, 의학계뿐만 아니라 디지털 세계에서도, 비즈니스 세계뿐만 아니라 정신분석에서도, 고전 연구뿐만 아니라 행동 과학 영역에서도 차용한 단어들로 구성된다. 그것은 라틴어나 그리스어에서 따온 단어들과 함께 사이버 용어들을 통합한다.

전문가 화법은 특수 용어 자체에 대한 증언을 넘어 특수 용어의 무차별적 교배에 대한 증언이다. 그것은 전문가들에게 자기 직종의 한계를 뛰어넘어 유대감을 형성하는 동일한 언어를 말하면서 각자의 전문성뿐만 아니라 타인들의 전문성을 바꿔 말할 수 있는 능력까지 제시하도록 용기를 불어넣는다. 전문가 화법은 모든 전문적인 특수 용어들을 결합한 퓨전-믹스로, 여기서 전문 용어들은 보통 보너스로 첨가된다는 함의만 지닐 뿐이다. 전문가 화법 자체는 특수 용어의 신격화와 파괴를 동시에 구현한다. 특수 용어의 정점(uber-jargon)인가, 아니면 그것의 폐허(after-jargon)인가? 전문가 화법은 결론을 유예한다.

『옥스퍼드 영어 사전』에는 17만여 개의 단어가 실려 있다. 전문가 화법으로 쓰이는 단어들의 총 개수는 그것의 1/10쯤 되고, 그중의 1/10은 정기적으로 그럭저럭 통용되는 것들이다. 그 용어들 중 다수는 영어 사전에 그대로 실려 있지 않다. 지금껏 전문가 화법의 용어집은 영어 사전에서 부록이라는 이름으로 느슨히 정리되었고, 기껏해야 알파벳순이라는 형식만 따를 뿐이다. 하지만 시간이 갈수록 전문가 화법이 영어를 대체할 가능성은 충분히 있다. 게다가 여기서 끝이 아니다. 전문가 화법은 관용어의 대체제로서 점점 더 우리가 아는 지식을 대체하는 역할도 하게 될 것이다. 전문가 화법의 단어를 1천여 개쯤 구사할 줄 안

* green이 동사, 명사, 형용사로 모두 쓰였다. 한국어로 쉽게 풀면 '녹지를 푸르게 녹화하기' 정도의 동어 반복이 된다.

** 여기서 architect는 동사로 쓰였다. 전체 문장은 "SMART SUSTAINABILITY MINDFUL BUILT ENVIRONMENT PRACTITIONERS ARCHITECT TO GREEN GREEN GREEN"이다.

다면 누구든 어떤 회의에도, 어떤 모임에도 참석하여, 어떤 슬라이드든 구성해서, 어떤 발표라도… 할 수 있다. 전문가 화법은 이미 기존에 확립된 지식 영역들 간의 경계를 없애버렸다. 그게 이 영역들을 완전히 없애버리는 것은 시간문제일 뿐이다.

더 이상 어떤 것이든 알아야 할 필요가 전혀 없다. 갖출 능력은 오직 전문가 화법으로 말하는 것뿐이다. 전문가 화법은 전문직들(professions)을 전문가 주의(professionalism)로, 아마도 심지어는 그것의 단순한 아우라(aura)를 통해서라도 완벽하게 대체하기를 촉진한다. (이미 대체하고 있지 못하다면 말이다.) 그렇게 안 될 이유가 뭐가 있나? 말씀하는 것 이외에 다른 무슨 목적이 있어서 신이 '인민류(PEOPLEKIND)' 를 창조했단 말인가? 나는 말한다, 고로 존재한다(Loquor, ergo sum.).

전문가 화법 사전을 작게나마 발췌하여 아래에 싣는다.

A

AMWF: [약어] Architect' s Mental Wellbeing Foundation (건축가의 정신적 웰빙 재단).

ACTION ARCHITECTURE (행동 건축): [명사] 건축의 한 브랜드. 그게 아니면 비활성 상태나 인사불성 상태로 수행될 수도 있는 건축.

ACTIVE LISTENING (적극적 듣기): [명사] 비언어적 실마리들을 주의 깊게 듣고 관찰하는 기술. 정확한 의역의 형태로 피드백이 이뤄지며, 상담과 훈련 및 논쟁이나 갈등의 해결에 사용되는 기법이다.

ACTUALIZATION (현행화): [명사] 감지할 수 없는 것의 현실화. 현실화하지만 실제로는 그렇지 않은 행위(잠재력의 현행화).

ADHOCRACY (애드호크라시): [명사] 즉흥적으로 이뤄지는 민주주의. 민주주의의 한 형태이며, 민주주의의 일반적 특성이라고 여겨질 수도 있는 '임시변통' 의 형태.

ADULTING (어덜팅): [명사] 책임 있는 성인을 특징짓는 방식으로 행동하는 실천. 특히 지루하지만 꼭 해야 할 과업들을 해내는 것.

AFFINITY DIAGRAM (친화도법): [명사] (경영) 무작위적인 아이디어와 데이터를 동류의 집단들로 분류하여 일관성을 부여하는 도구. ('groupthink [집단사고]' 도 참조.)

AGRITECTURE (애그리텍처): [명사] '농업(agriculture)' 과 '건축(architecture)' 의 혼성어. 농업을 건축에 적용하는 것.

AHA EFFECT (아하 효과): [명사] 1. 이해할 수 없었던 문제나 개념을 갑자기 이해하게 되는 인간 공통의 경험. '유레카 효과(eureka effect)' 나 '아하 순간(aha moment)' 이라고도 한다. 2. 새로운 발견을 했다는 착각에 빠져 정신적으로 들뜬 상태. 자기도 모르게 표절하는 경우에 흔히 나타난다.

ANACHRONOMETRICS (아나크로메트릭스): [명사] 차이를 강조하기 위해 미래나 과거를 비교 지점으로 포착하는 시대적 치환 행위를 나타내는 신조어.

ANTICIPATORY DESIGN (예상 디자인): [명사] 사람들이 자기들도 필요한지 미처 몰랐던 구조나 물질적 오브제를 디자인하는 것.

ARCHITECT (아키텍트): [동사] 1. (소프트웨어 프로그램이나 시스템을) 설계하고 구성하다(예: 이더넷 연결을 염두에 두고 아키텍트된[architected] 소프트웨어 패키지들은 별로 없었다). 2. 건축가들이 개입한다고 여겨지는 활동을 하다(건축가하다).

ARCHIPRENEUR (아키프러너/건축업가): [명사] 1. 'architect(건축가)' 와 'entrepreneur(기업가)' 의 합성어. 대개는 두 유형의 최악을 결합한 인물을 가리킨다. 2. 분열된 인격.

ARCOLOGY (아콜로지/건축 생태학): [명사] 1. 'architecture(건축)' 와 'ecology(생태학)' 의 혼성어. 통합되고, 인구 밀도가 높고, 환경을 의식하는 인간 거주지들의 창출에 전념하는 건축 분야. 2. 때때로 원치 않은 결과를 가져오는 황야의 교부들에 대한 신성화.

ARTWASHING (아트워싱): [명사] 1. 문제 많은 활동을 정당화하기 위해 예술을 활용하는 것. 2. 동시에 상황을 더 더럽게 만든다고 생각할 수밖에 없는 종류의 세탁.

ASTROTURFING (아스트로터핑/인조 잔디 깔기): [명사] 요청받지도 않은 일부 대중의 의견을 구실로 삼아 조직적인 마케팅이나 홍보 캠페인을 내세우는 기만적인 실천.

ATAXOPHILIA (혼잡기호증): [명사] 혼잡이나 무질서에 대한 사랑.

ATAXOPHOBIA (혼잡공포증): [명사] 혼잡이나 무질서에 대한 공포.

AUTOPHOBIA (자기공포증): [명사] 홀로서기에 대한 공포('고독공포증[monophobia]'라고도 불림).

AUTOPOESIS (오토포이에시스/자기생산): [명사] 'αὐτο(자기)'와 'ποίησις(생산)'의 합성어. 자기 자신의 부분들을 생산하여 결국 더 발전된 구성 요소들까지 생산하는 식으로 스스로를 재생산하고 유지할 수 있는 시스템을 가리킨다.

B

BACK-END DEVELOPMENT (백 엔드 개발): [명사] 전방에서 가장 멀리서 이뤄지는 것. 어떤 프로젝트나 과정 또는 투자의 끄트머리.

BETA LAUNCH (베타판 출시): [명사] 완성된 버전을 출시하기 전에 결함이 있는지 확인하기 위해 미완성 (소프트웨어) 버전임을 알리고 출시하는 것.

BLUE-SKY THINKING (블루스카이 싱킹/푸른 공상): [명사] 현재의 현실에 바탕을 두지도 관련을 맺지도 않는 생각.

BOOSTERISM (부스터리즘/띄워주기): [명사] 한 인물이나 조직 또는 대의에 대한 열렬한 홍보.

BOTTOM UP (바텀업): [형용사] 어떤 위계의 바닥에서부터 올라가는 상향식. [명사] (복수) 술잔을 비워 마시는 게임.

BRAND (브랜드화하다/낙인하다): [동사] 1. 낙인 도장을 찍다. 2. 브랜드명을 할당하다. 3. 말 그대로, 불태우다.

BRANDING (브랜딩/낙인): [명사] 1. 낙인 도장을 찍는 행위. 2. 누군가에게 또는 무언가에 어떤 나쁘거나 부끄러운 특성이 있다고 묘사하는 행위. 3 광고와 특색 있는 디자인을 수단으로 어떤 특정 제품이나 회사를 홍보하는 것.

BRANDSCAPE (브랜드스케이프): [명사] 시장에서 또는 특수한 시장 부문에서 접할 수 있는 브랜드들의 범위로, 특히 하나의 집합적인 문화 현상으로 여겨지는 것.

BRANDSCAPING (브랜드스케이핑): [명사] 한 브랜드를 확장하거나 재현하는 물리적 공간의 조직.

BREADCRUMB (브레드크럼): [명사] 1. 빵의 작은 부스러기. 2. 일련의 연결된 정보 또는 증거의 조각들. 3. 웹사이이트 전체 구조에서 해당 페이지의 위치를 알려주는, 웹 페이지 최상단에 위계적으로 표시되는 일련의 하이퍼링크들.

BREADCRUMBING (브레드크러밍): [명사] 1. 큰 노력을 들이지 않고 연애 상대를 꾀기 위해 집적거리면서도 어정쩡한 사교 신호(즉 '브레드크럼')들을 보내는 행위. 2. 누군가를 어장 관리하기.

BREADCRUMBER (브레드크러머): [명사] 브레드크러밍 행위에 개입하는 사람.

BREATHWORK (호흡 요법), [명사]. 호흡을 의식적으로 제어하면 사람의 정신, 감정, 또는 신체 상태에 영향을 주어 치유 효과를 낼 수 있다고 주장되는 다양한 호흡법을 가리키는 뉴에이지 용어.

BRUTALISM (브루탈리즘): [명사] 노출된 건축 재료와 구조의 아름다움을 찬미하는, 1950~60년대 영국에서 성행한 건축 스타일.

BRUTALIST (브루탈리스트): [형용사] 거칠고 혹독한. [명사] 브루탈리즘의 지지자 또는 실천가.

BUCKET TESTING (버킷 테스팅): [명사] 클릭 수, 다운로드 수, 또는 구매 건수와 같은 특정한 핵심 척도에서 한 웹사이트의 두 버전 중 무엇이 더 좋은 성과를 나타내는지 시험하는 방법. 때때로 'A/B 테스팅' 또는 '스플릿 테스팅' 이라고도 불린다.

BUILT ENVIRONMENT PRACTITIONER (건조 환경 실무가): [명사] 건축가.

C

CSR: [약어] corporate social responsibility (기업의 사회적 책임).

CTA: [약어] call to action (행동 개시 요청).

CACOPHILIA (불협화기호증): [명사] 1. 추함에 대한 사랑. 2. 어리석고, 저속하고, 무가치한 사물과 사람에 대한 사랑.

CASE STUDY (사례 연구): [명사]. 1. 어떤 논지나 원리를 설명하기 위해 단일한 사례를 활용하거나 분석하는 것. 2. 일반화하기에 완벽한 알리바이.

CASUALIZATION (비정규화): [명사]. 주로 영구 계약으로 고용하던 인력을 단기나 임시 계약으로 참여시키는 인력으로 바꾸는 것.

CATALYST (촉매): [명사] 1. 화학 반응의 비율을 높이지만 자신은 어떤 영구적인 화학 변화도 겪지 않는 물질. 2. 어떤 사건을 촉진하는 사람이나 사물.

CELEBRATE (찬미하다): [동사] 1. 사회적 모임이나 즐길 만한 활동을 통해 (어떤 의미 있거나 행복한 날 또는 사건을) 인정하다. 2. 공적으로 경의를 표하거나 칭찬하다.

CEREBRATE (뇌를 쓰다): [동사] 뭔가에 대해 깊이 생각하다. 고민하다.

CENTRALIZE (중앙화하다): [동사] 1. (어떤 활동이나 조직의 제어를) 단일한 권위하에 집중시키다. 2. (여러 활동 또는 과정을) 한곳에 함께 모으다.

CHAKRA (차크라): [명사] (인도 사상에서) 인체에서 기(氣)가 모이는 일곱 군데 각각을 가리키는 말.

CHANGE AGENT (변화 주도자): [명사] 다른 사람들에게 영감과 영향을 주어 (한 조직이나 기관 또는 사회를) 변화시키고자 하는 사람.

CHROMOPHOBE (색소혐오자): [명사] 지속적으로 색을 무서워하거나 혐오하는 사람.

CHUNKING (청킹/덩이짓기): [명사] 1. 여러 덩이로 나누기. 2. (심리학이나 언어 분석에서) 연결된 항목들이나 단어들을 단일한 개념들로 기억하거나 처리할 수 있도록 의미 덩이들로 분류하기. 3. (데이터 관련) 별도의 구획들로 나누기.

CIRCLE BACK (다시 돌이켜보다): [동사] ~로 다시 돌아가다. 나중에 다시 논의하기로 하다.

CIRCULAR DESIGN (순환 디자인): [명사] 1. 둥근 오브제를 만드는 것. 2. 더 이상 한 번의 생애 주기로 끝나지 않고 처음이나 중간 또는 끝이 없는 제품과 서비스.

CIRCULARITY (순환성): [명사] 1. (사물에서) 원환의 형태로 존재하는 상태나 특질. 2. (수사법에서) 같은 지점이나 상황으로 계속 되돌아가는 행위. 3. (제품에서) 기간이 만료된 이후 다시 공급 사슬 속으로 들어가는 것.

CLAUSTROPHILIA (폐소기호증): [명사] 좁고 사방이 막힌 장소들을 좋아하는 유별난 취향.

COLLECTIVE ACTION (집단행동): [명사] 하나의 공통된 목표를 이루기 위해 한 집단의 사람들이 함께 취하는 행동.

COLLECTIVE ACTION PROBLEM (집단행동 문제): [명사] 하나의 공통된 목적을 추구하려는 개인들이 방해 요인들을 만나 공동 행동의 의욕이 꺾이는 경향이 있는, 집단행동에 내재한 문제.

COLOUR-CALMING (컬러-카밍): [명사] 심리 치료에 색을 적용하는 것.

COMMUNITY (커뮤니티): [명사] 1. 같은 장소에 살거나 특수한 특징을 공유하는 사람들의 집단. 2. 어떤 태도와 이익을 공유하거나 함께 지니고 있는 조건. 3. 댄 하먼(Dan Harmon)이 제작한 미국 텔레비전 시트콤.

COMMUNITY-BASED SOLUTIONS (커뮤니티 기반 해법): [명사] 1. 커뮤니티를 위한 커뮤니티에 의한 커뮤니티의 해법. ('탑다운'과 '바텀업'도 참조.) 2. 정맥 주사나 호흡기로 섭취할 수 있도록 지역에서 생산되는 성분 혼합물.

COMMUNITY ENGAGEMENT (커뮤니티 개입): [명사] 커뮤니티를 돕는 데 커뮤니티를 개입시키는 행위 또는 과정.

COMMUNITY ENHANCEMENT (커뮤니티 개선): [명사] (성공할 경우) 커뮤니티 개입의 결과.

CONCEPT (컨셉): [명사] 추상적 개념(예: 구조주의는 어려운 컨셉이다).

CONCEPTING (컨셉팅): [명사] 광고에서, 대개는 어떤 상품을 팔기 위한 목적으로 컨셉들을 만들어내는 행위(예: 우리 팀은 전혀 새로운 라인의 바디 용품들을 컨셉팅하고 있다).

CONCEPTUAL (컨셉추얼): [형용사] 1. 개념들의 수준에서. 2. 주어진 한 단계에서 시행된 일의 깊이나 정교함이 충분치 못할 때 정당화하는 말.

CONCILIARIST (공의회주의자): [명사] 1. 다른 이들, 특히 공의회주의자의 관점에 열린 사람들 간에 벌어지는 여러 갈등의 해소를 믿는 사람. 2. 14~16세기 가톨릭교회에서 일어난 개혁 운동인 공의회 우위설(conciliarism)의 지지자.

CONCRETE JUNGLE (콘크리트 정글): [명사] 'verdurelessness (무초목성)' 참조.

CONFIDENTIAL BENEFITS CONSULTATION (비밀 혜택 상담): [명사] 최소의 노력으로 최대의 놀라움 요소를 가장 잘 활용하는 법에 관한 상담을 구하거나 제공하는 행위.

CONSCIOUSNESS REVOLUTION (의식 혁명): [명사]. 사물 자체가 아니라 사물의 사유 방식에서 일어나는 극적 변화. 1960~70년대 미국의 '반문화'를 비롯하여 그와 연관된 페미니즘, 환경, 인종 간 평등 운동의 부상을 묘사할 때 흔히 쓰이는 말이다.

CRAFTIVISM (크래프티비즘): [명사] '수공예(craft)'와 '행동주의(activism)'의 혼성어. 수공예 실천에 중점을 둔 행동주의.

CREATIVE (크리에이티브) [형용사] 상상적이거나 독창적인 아이디어들이 있는 특성. [명사] 창조적인 일을 하는 사람.

CREDENTIALISM (자격 인정주의): [명사] 한 사람이 특정한 직무를 수행하는 지능이나 능력을 측정하는 최상의 척도가 학력이나 기타 형식적인 자격 요건이라고 믿거나 그런 요건을 신뢰하는 것.

CRITICALITY (위급성/임계성/비판성): [명사] 1. 위급한 상태. 2. (물리) 핵반응이 자동으로 계속되기 시작하는 임계점. 3. (학계) 비평가로 존재하는 일.

CROSS-MODAL (환승 방식/교차 양상): [명사] 1. (모빌리티) 둘 이상의 교통 형식을 포함하는 여정. 2. (신경과학) 둘 이상의 다른 감각 양상들 사이의 상호작용. 예컨대 말소리를 인식할 때 시각과 청각의 상호 작용.

D

DEALIGNMENT (탈편성/탈정렬): [명사] (정치학) '재편성/재정렬(realignment)'의 반의어. 유권자 대부분이 기존에 소속된 정치적 대오를 철회한 와중에 그것을 대신할 만한 새로운 정치적 대오를 발전시키지 않는 동향 또는 과정.

DECISION FATIGUE (의사 결정 피로): [명사] 의사 결정 회의들을 오랫동안하고 나면 곧잘 일어나는 의사 결정의 질 악화.

DECLUTTER (디클러터/정돈하다): [동사] 어수선하거나 지나치게 붐비는 곳에서 불필요한 품목들을 치우다.

DERACINATE (디레시네이트/뿌리 뽑다): [동사] 1. 누군가가 태어난 환경이나 문화에서 그의 근거지를 없애거나 그를 타지로 이주시키거나 분리시키다. 2. 인종적이거나 출신 민족적인 특징 또는 영향들을 없애다.

DERACINATION (디레시네이션/뿌리 뽑기): [명사] 뿌리를 뽑는(디레시네이트하는) 과정.

DE-RISK (디-리스크/위험을 제거하다): [동사] (비즈니스) 어떤 벤처 사업에서 재정 손실이 일어날 위험이나 가능성을 줄이는 조치들을 취하다.

DESIGN-LED INTERVENTION (디자인 주도 개입): [명사] 디자인이 차후에 덧붙인 생각이 아닌 개입.

DESIGN FOR LIFE (삶을 위한 디자인): [명사] 1. 가구 디자인 회사. 2. 매닉 스트리트 프리처스(Manic Street Preachers)의 노래.

DESIGN RESEARCH (디자인 리서치): [명사] 1. 디자인하는 행위보다 먼저 실시해야 하는 예비 연구와 분석. 2. 뒤로 미루기.

DESIGN SPRINT (디자인 스프린트): [명사] 시간의 제약 속에서 선택된 일군의 사람들이 디자인 개념을 발전시켜야 하는 기간. ('pressure cooker [압력솥]' 도 참조.)

DESIGN THINKING (디자인 사고): [명사] 디자인 행위에 관련된 인지 과정.

DESIGN THOUGHT (디자인 사상): [명사] 디자인 사고에서 이따금 출현하는 부산물.

DESIGN VALIDATION (디자인 검증): [명사] 어떤 디자인 제품이 의도대로 성능을 내는지 보기 위한 시험 과정. ('greenlight [그린라이트]' 도 참조.)

DEVELOPMENT QUANTUM (개발 양자): [명사] 제곱미터.

DEVIATIONISM (당규 일탈): [명사] 수용된 정당 정책이나 관행에서 (특히 정통 공산당 노선에서) 벗어나 이탈하는 것.

DIGITAL LIFE (디지털 라이프): [명사] 1. 한 사람의 인터넷 사용 이력에서 추적할 수 있는 부분과 추적할 수 없는 부분의 합. ('온라인 발자국' 도 참조.) 2. 매사추세츠 공과대학교의 연구 프로그램.

DRIVER FOR CHANGE (드라이버 포 체인지): [명사] 문젯거리.

DRUNK TESTING (음주 후 시험): [명사] 제품이나 웹사이트 또는 소프트웨어를 술에 취한 사람들이 시험하게 함으로써, 알코올을 과도하게 섭취한 후에도 충분히 쉬운 이용이 가능한지를 보고자 하는 것.

E

ECO-ANXIETY (생태 불안): [명사] 기후 변화가 일으키는 괴로움.

ECO-NATIONALISM (생태 국수주의): [명사] 국수주의와 환경 정치의 종합.

ECOTHERAPY (에코테라피/생태치료): [명사] 자연 속에서 야외 활동을 하는 것을 포함하는 치료법. 자연 치료, 산림 치료, 산림욕(또는 삼림욕), 접지하기 등으로도 불린다.

ELITE OVERPRODUCTION (엘리트 과잉 생산): [명사] 권력 구조에 흡수되기에 너무 많은 엘리트를 양산하는 사회 조건.

EMANCIPATORY DESIGN (해방적 디자인): [명사] 장애나 젠더 또는 인종 때문에 불이익을 받는 사람들에게 혜택을 주는 데 특히 집중하는 디자인.

EMERGENCY PREPAREDNESS (비상 대비 태세): [명사] 비상 또는 자연 재난의 발생 이전, 도중, 이후의 안전을 보장할 수 있게 대비되어 있는 수준.

EMOTIONAL CAPITAL (감정 자본): [명사] 한 조직과 그 직원들이 가진 축적된 느낌과 믿음(직무에 재미를 느낄수록 감정 자본이 쌓인다).

EMOTIONAL INFRASTRUCTURE (감정 하부구조): [명사] 직원들이 그들의 조직에 느끼는 애착으로, 특히 어려운 시기에 나타나는 것(감정 하부구조는 어떤 회사에서도 번영의 열쇠가 될 무형의 요소다.)

EMOTIONAL INTELLIGENCE (정서 지능): [명사] 감정들을 자각 · 제어 · 표현할 줄 알고 분별력 있게 공감을 주고받으며 대인 관계를 다룰 수 있는 능력(정서 지능은 개인적 성공과 직업적 성공 모두의 열쇠다).

ENCOUNTER GROUP (대면 집단): [명사] (미국식) 서로 대면하면서 심리적 이점을 얻기 위해 만나는 사람들의 집단.

END STATE VISION (최종 상태 비전): [명사] 목적.

ENGAGEMENT RATE (참여율): [명사] 소셜 미디어 콘텐츠의 평균적인 상호 작용 횟수를 측정하는 데 쓰이는 척도.

ENGINEER (엔지니어): [동사] 1. 공사를 준비하거나 설계하다. 2. 뭔가를 발생시키려고 특정한 기술을 쓰다(예: 사업 거래를 엔지니어[획책]하다).

EQUITABLE DESIGN (공평한 디자인): [명사] 젠더와 섹슈얼리티, 인종, 출신 민족, 국적, 능력을 고려하여 역사적으로 제대로 대변되지 못한 집단들을 겨냥한 디자인. ('emancipatory design [해방적 디자인]' 도 참조.)

ETHICALLY RESPONSIVE DESIGN (윤리적으로 반응하는 디자인): [명사] 디자이너나 고객 또는 둘 다의 도덕 원칙을 반영하도록 서로 교환 가능하게 쓰이는 특정한 도덕 원칙들을 따르는 디자인(윤리적으로 반응하는 디자인이란 우리의 믿음을 따라 훌륭한 제품들을 디자인하기 위해 열심히 노력함을 뜻한다).

EVIDENCE-BASED DESIGN (증거 기반 설계): [명사] 1. 선례에 따라 형성된 지식과 통찰을 적용하는 데 기초하는 디자인. 2. 건축가들의 변덕에 대항하는 만병통치약.

F

FAULT TOLERATION (결함 관용도): [명사] 시스템의 일부가 오동작할 때 의도된 작업을 이어갈 수 있는 시스템 능력.

FLIPPED LEARNING (거꾸로 학습법): [명사] 교실에서 직접 가르치던 내용은 학생이 집에서 알아서 하고 교실에서는 자유롭게 상호 소통하면서 주제에 개입할 시간을 갖는 교수법.

FLOTSAM (해상 표류물): [명사] 1. 해상이 떠다니거나 해안가로 떠밀려온 선박의 잔해나 그 화물. 2. 무가치하다고 거부되거나 버려진 사람이나 사물. ('jetsam [공중 유기물]' 도 참조.)

FLOURISHING (번창): [명사] 성공하는 법을 아는 기술.

FOLLOWER GROWTH (팔로워 증가): [명사] 소셜 미디어 플랫폼에서 시간이 갈수록 증가하는 신규 팔로워들의 수.

FORWARD PLANNING (선제적 계획): [명사] 계획 (겹말).

FRANKENSTEINING (프랑켄슈타이닝): [명사] 미적으로 꼭 일치하지는 않는 몇 가지 기원이 있는 산물들을 하나의 결과나 형식으로 결합하기.

FREE-MARKET URBANISM (자유 시장 도시 계획): [명사] 1. 자유 시장 정책과 그에 연관된 계획 정책들의 규제 완화를 도시 계획 개념과 화해시키려고 시도하는 계획 신조. 2. 저항을 무릅쓰는 계획.

FRONT-END DEVELOPMENT (프런트 엔드 개발): [명사] 1. 전방에 가장 가까운 것. 어떤 프로젝트나 과정 또는 투자의 시작. 2. (부동산) 선구적이거나 혁신적이라고 여겨지는 개발.

FRONT-END DEVELOPER (프런트 엔드 개발자): [명사] 최신 트렌드를 잘 알아야 한다고 공언하는 (부동산) 개발자.

FULL-STACK DESIGNER (풀스택 디자이너): [명사] 디자인 과정의 모든 단계에서 역량 있는 디자이너.

FUNIFY (퍼니파이/재미있게 하다): [명사] 1. 재미없는 무엇을 재미있게 만들다. 2. 모바일 앱.

FUTURE-PROOFING (미래 입증): [명사] 미래에 어떤 결과들이 일어날 수 있을지를 현재 시점에서 예측하는 행위 (이 접근은 당신이 소유한 앱들의 미래를 입증할 수 있게 해준다.)

FUTURITY (미래성): [명사] 1. 미래 시대 (미래성이 현재에 드리우는 엄청난 그림자들). 2. 미래의 어떤 사건. 3. 갱신되거나 지속되는 실존(예: 바람꽃들은 미래성의 약속이었다). 4. (미국식) 경마 시합.

G

GBCI: [약어] Green Business Certification Inc. (그린 비즈니스 인증 법인)*

GAME CHANGER (게임 체인저): [명사] 뭔가를 하거나 생각하는 현재의 방식에 상당한 변화를 일으키는 사건이나 아이디어 또는 절차(예: 업계 전체에 다시 활기를 불어넣을 수 있을 잠재적인 게임 체인저).

GAZE PATH (응시 경로): [명사] 화면이나 인쇄물의 정보를 읽고 처리할 때 두 눈이 취하는 경로.

GENDER HACKING (젠더 해킹): [명사] 1. 지배적인 '미개척지 남성성(frontier masculinity)'의 해킹 윤리에 맞서려는 의도로 더 뚜렷하게 정치적인 동기에 따른 여성적 해킹 윤리. 2. 사회 통념에 어긋나게 한 사람의 젠더를 확립하는 방식.

GLOBULAR (글로뷸러): [형용사] 1. 구형(球形)의. 2. 작은 방울(globule)들로 구성된.

GOODWELL (굿웰): [명사] 오클라호마의 군구(郡區).

GOODWELL CERTIFICATION (굿웰 인증): [명사] 참여형이고 공평하며 인도적인 일터에 관한 어떤 표준들을 준수한 고용주들이 얻는 인증.

GO-TO EXPERT (믿을 만한 전문가): [명사] 자신이 보유한 전문성에 대한 수요가 있고 보상도 잘 받는 개인. ('thought leader [선도적 사상가]' 도 참조.)

GRACEFUL DEGRADATION (우아한 퇴락): [명사] 시스템의 일부분들이 고장 날 때 기능성을 유지하는 시스템의 능력.

GREEN (그린): [동사] 생활 환경과 공간 · 생활 양식 · 브랜드 이미지 같은 인공물들을 더 친환경적인 버전으로 만들다.

GREENLIGHT (그린라이트): [동사] 승인하다. 허가를 내주다.

GREENWASH (그린워시): [동사] 문제가 많은 시도를 친환경적이거나 환경 의식이 있어 보이게 만들어 정당화하다.

GROUPTHINK (집단 사고): [명사] 하나의 집단으로서 생각하거나 결정을 내림으로써 대개는 반론이 없는 질 낮은 의사 결정으로 귀결되는 실천(예: 위계가 분명하지 않을 때는 늘 집단 사고의 위험이 있다).

GROWTH CENTRE (성장 센터): [명사] 1. 경제 성장을 돕기 위한 실제 또는 가

* 그린 빌딩 인증 법인(Green Building Certification Inc.)에 대한 풍자

상의 장소. 2. 사람들이 더 나은 농업 생산 방법에 관한 아이디어들을 교환하는, 전원 지역 내 경제사회 · 문화 활동의 중심지.

GUERRILLA GARDENING (게릴라 원예): [명사] 정원사들이 법적 권리를 보유하지 않은, 일반적으로 법적 소유주의 방치로 버려진 필지나 지역 등의 토지를 활용하는 (활동가적) 원예 형식.

GUERRILLA TESTING (게릴라 시험): [명사] 어떤 디자인이나 원형 모델을 공공영역에 배치한 다음 지나가는 행인들을 무작위로 인터뷰하여 반응을 수집하는 것.

GURU (구루): [명사] 1. 힌두교의 정신적 스승. 2. 영향력 있는 스승이나 인기 있는 전문가(예: 경영 구루). 3. 온라인 프리랜서 고용 대행업체.

H

HCI: [약어] human computer interaction (인간-컴퓨터 상호 작용)

HAPPINESS INDEX (행복 지수): [명사] 심리적 안녕, 건강, 일과 삶의 균형, 커뮤니티, 사회적 지지, 교육, 문화 예술, 환경, 협치, 물질적 안녕—더 구체적으로는, 모든 것—의 관점에서 행복의 느낌을 측정하는 지수.

HAPPINESS LADDER (행복 사다리): [명사] 'happiness index (행복 지수)' 참조.

HAPPY BY DESIGN (고의로 행복한): [형용사] 1. 잘 설계된 건물이나 도시는 사람들을 행복하게 만드는 능력이 있다는 이론을 진흥하는 말놀이. 2. 벤 섀넌(Ben Channon)의 책 제목.

HAPPY-HOME HACK (해피 홈 해크): [명사] 1. 순진한 (대개는 교외의) 가정에 불법 침입하는 것. 2. (경멸조) 실내 디자이너.

HEALING ENVIRONMENT (치유 환경): [명사] 병환이나 사랑하는 이의 사별에 따른 스트레스를 겪고 있는 사람들을 지원하는 물리적 환경.

HEALTH ARCHITECTURE (건강 건축): [명사] 1. 신체적, 정서적, 인지적, 정신적 안녕 간의 건강한 균형을 진흥하는 건물들을 설계하는 기술. 2. 대개는 의학 시설에 적용되는 건축 유형.

HEALTH-RELATED BEHAVIOUR CHANGE CAMPAIGN (건강 관련 행동 변화 캠페인): [명사] 사람들이 더 건강한 습관을 갖게 하는 조직화된 행동 방침.

HEALTHY LIFESTYLE EXPERIENCE (건강한 생활 양식 경험): [명사] 파스타 대신 애호박을 즐겨 먹고, 엄청난 양의 샐러드를 먹고, 운동을 하고, 그걸 소셜 미디어에 게시하기.

HEDONISTIC SUSTAINABILITY (쾌락주의적 지속 가능성): [명사] (신조어) 1. 통상 양립할 수 없다고 여겨지는 두 현상인 환경 생태학과 재미의 혼합. 2. 생태 의식이 있는 사람들을 위한 조직화된 재미. 3. 지속 가능한 태도가 용납 불가한 방식으로 계속되도록 허용하는 수단.

HIPSTER (힙스터): [명사] (비공식) 1. 최근 트렌드와 패션, 특히 그중에서도 주류 문화에서 벗어나 있다고 여겨지는 것들을 따르는 사람. 2. 반란이나 반문화의 개념을 상업화하고자 하는 특정한 소비 윤리를 구현하는 하위문화.

HUMAN-CENTRIC DESIGN (인간 중심 디자인): [명사] 제품을 사람에 맞추되 그 반대로는 하지 않는 이례적인 디자인 유형.

HUMAN-ORIENTED DESIGN (인간 지향 디자인): [명사] 'human-centric design (인간 중심 디자인)' 참조.

I

IDEATION (아이디어화): [명사] 아이디어나 컨셉의 형성. 특히 '아이디어 퍼슨(ideas person)' 이나 '크리에이티브(creative)' 들이 수행하는 것. ('편집증적 관념화 [paranoid ideation]' 도 참조.)

IMAGINEERING (이매지니어링): [명사] 새롭거나 고도의 상상적 개념 또는 기술의 고안과 시행.

IMMERSIVE ENVIRONMENT (몰입 환경): [명사] 사용자의 시야를 채워 물리적으로 현존하는 느낌을 만들어내는 시뮬레이션.

IMPACT GENERATION (효과 생성): [명사] 어떤 효과를 생성하는 뭔가를 하는 것.

INCLUSIVE DESIGN (포용적 디자인): [명사] 나이와 인종, 종교, 젠더, 장애 여부와 상관없이 가급적 많은 사람의 이용을 허용하는 디자인.

INCLUSIVE DESIGN OFFICER (포용적 디자인 담당관): [명사] 포용적 디자인을 시행하는 데서 입증된 배경을 보유한 사람. 자칭하는 경우가 흔하다.

INCLUSIVITY (포용성): [명사] 배제되거나 소외되기 쉬운 사람들, 예컨대 신체적 정신적 장애가 있거나 소수자 집단의 일원인 사람들을 포용하는 실천 또는 정책.

INCREMENTAL PLANNING (점진적 계획): [명사] 1. 전체적인 하나의 계획을 제각기 완결적이라고 여겨질 수 있는 중간 단계들로 나누는 것. 2. 언젠가 끝을 내려는 의도가 없는 계획.

INFLUENCER (인플루언서): [명사] (대안적 표기: influenza[인플루엔자]) 1. 다른 사람에게 영향을 주는 사람이나 사물. 2. 소셜 미디어에서 어떤 제품이나 서비스를 홍보하거나 추천함으로써 잠재적 구매자들에게 영향을 줄 능력이 있는 사람.

INFORMAL (인포멀/비공식): [형용사] 1. 격식 없고 친근한, 비공식적인. 2. 일상어에 어울리는 숙어. 3. 세실 발몬드(Cecil Balmond)의 책.

INFORMALITY (인포멀리티/비공식성): [명사] 인포멀한(비공식적인) 상태나 특성.

INTEGRATED DESIGN (통합된 디자인): [명사] 대개 별개로 고려되는 전문 분야들을 함께 모으는 디자인 접근법.

INTEGRATIVE DESIGN (통합적 디자인): [명사] 대개 별개로 고려되는 사람들을 함께 모으는 디자인 접근법.

INTELLECTUAL HEALTH (지적 건강): [명사] 곤란에 빠지지 않고 자기 두뇌를 활용하는 능력.

INTELLIGENT HOME (지능형 홈): [명사] 1. 스스로 생각할 줄 알기 때문에 정확한 정보를 보충받을 필요가 없는 가정집.

INTENTIONALITY (의도성): [명사] 무언가를 중심으로 하거나, 의도적으로 아무것도 중심으로 하지 않는 것.

INTERCONNECTEDNESS (상호 연결됨): [명사] 서로 연결되는 상태(예: 우주 만물의 상호 연결됨).

INTERCONNECTION (상호 연결): [명사] 둘 이상 사이의 상호 연결(예: 사람들의 삶을 잇는 복잡한 상호 연결들).

INTERCONNECTIVITY (상호 연결성): [명사] 상호 연결되는 상태나 특성(예: 이 네트워크는 상호 연결성이 높다.)

INTERSUBJECTIVITY (상호 주체성): [명사] (철학) 사람들의 인지적 관점들 사이에 맺어지는 관계.

J

JAM SESSIONING (잼 세셔닝): [명사] 많은 일행과 전문가들이 꼭 준비를 하지 않고도 함께 모여 '라이브' 로 각자의 기여를 하는 디자인 방법.

JARGON (자곤/특수 용어): [명사] 1. 한 직종이나 집단에서 사용하는 특수한 말이나 표현으로, 다른 사람들은 이해하기 어려운 것. 2. (고어) 미개하거나 천하거나 잡종이라고 여겨지는 언어 형태.

JARGONEER (자고니어): [명사] 특수 용어의 사용을 열렬히 진홍하는 사람.

JARGONIZE (자고나이즈/특수 용어화하다): [동사] (평범한 언어나 표현들을) 특수 용어로 바꾸다.

JARGONIST (자고니스트): [명사] 특수 용어화하는 습관이 있는 사람.

JEOFAIL (제페일): [동사] 실수를 공식적으로나 법적으로 인정하는 것.

JETSAM (공중 유기물): [명사] 지상에 흩뿌려지거나 해상에 떠다니는 채로 발견되는 비행기나 그 화물의 잔해. 2. 공항에서 결항이나 이민 정책 때문에 오도가도 못 하게 된 사람들.

JOBBING (품팔이): [형용사] (영국식) 정규직이나 종신직으로 고용되는 게 아니라 이따금 일감을 맡도록 고용되는 상태(예: 품팔이하는 건축가는 할 수 있는 일이라면 뭐든 맡아서 해야 한다.)

JOBBERY (독직): [명사] 누군가의 일자리를 도둑질하는 것.

JOBSWORTH (일자리 가치): [명사] 어떤 정치적 또는 경제적 결정이 그것이 창출하는 일자리의 수로 측정되는 효과.

JUMBOISM (점보이즘/거대주의): [명사] 큰 것들에 대한 동경.

JUXTAPOSITIVITY (병치성): [명사] 병치(竝置)의 상태 또는 특성.

K

KAW: [약어] Keep Austin Weird (오스틴의 기이함을 유지하라).

KPI: [약어] key performance indicator (핵심 성과 지표).

KARMA (카르마/업보): [명사] 한 사람의 미래 운명을 결정한다고 여겨지는, 그가 현생과 전생에서 행한 행동들의 총합. 2. 한 사람의 행동들로 인해 일어난 결과로 여겨지는 운(행운 또는 불운).

KAROSHI (과로사): [명사] (일본어) 과로 또는 일과 관련된 소진이 일으키는 죽음(예: 과로사 희생자들).

KEY DRIVER (핵심 동인): [명사] 동기.

KEYNOTE (기조): [명사] 1. (음악) 건반 하나의 기초가 되는 음조(으뜸음). 2. 대개는 무의미한 연설을 뜻하며, 이런 연설은 그보다 훨씬 더 무의미한 콘퍼런스에서 진행된다.

KEYSTONE (이맛돌): [명사] 1. 한 아치의 가운데 최고점에 놓여서 전체를 단단히 조이는 쐐기돌. 2. 다른 모든 것이 의존하는 바탕이 되는 중앙 원리. 3. 깨진 약속의 초기 단계(예: 일자리 성장은 여전히 정부 정책의 이맛돌로 남아 있다).

KICKSTARTER (킥 스타터): [명사] 1. 페달을 밟아 누르는 추력으로 엔진을 가동하는 장치. 2. 어떤 과정을 시작하거나 재개하기 위해 추동력을 제공하는 어떤 것. 3. 크라우드펀딩 사이트.

KILLSWITCH (킬 스위치): [명사] (비상시에 기계류를 중단시키는 데 사용되는 ('비상 정지', '비상 차단', '비상 전원 차단' 으로도 알려진) 안전 메커니즘.

KINESIOLOGY (신체 운동학): [명사] 신체 운동의 역학에 대한 연구.

KITCHEN SINK (키친 싱크): [형용사] (예술 형식에서) 칙칙하거나 더러운 대상들을 묘사하면서 위대한 리얼리즘으로 특징되는.

KOINONIPHOBE (격실공포증자): [명사] 격실들을 비합리적으로 두려워하는 사람.

KOINONIPHILE (격실기호증자): [명사] 격실들을 비합리적으로 사랑하는 사람. 2. 박물관장.

L

LABELLING (꼬리표 붙이기): [명사] 1. 어떤 사물이나 사람에게 꼬리표(label)를 붙이는 것. 2. 어떤 범주에 할당하기.

LABELLING EFFECT (꼬리표 효과): [명사] 꼬리표 붙이기가 자기 충족 예언이 된다는 가정상의 효과.

LABELLING THEORY (꼬리표 이론): [명사] 개인들의 행위가 그것들을 묘사하거나 분류하는 데 쓰이는 용어나 범주를 통해 결정되거나 영향을 받는다고 상정하는 이론.

LAGOM (라곰): [명사] (스웨덴어) 알맞은 상태.

LATENCY PERIOD (잠복기): [명사] 1. (의학) 개인이나 숙주가 병원균에 감염되었을 때부터 감염력이 나타나기 시작할 때까지의 간격. 2. (디자인) 어떤 아이디어가 생기고 나서 그게 좋은 아이디어임을 깨닫기까지 지연되는 시간.

LEARNABILITY (학습 용이성): [명사] 학습할 수 있는 자질.

LEFTWINGERY (좌익성): [형용사] 1. 정치적으로 좌익인 사람들에게 특징적인 시각, 의견, 원칙 또는 행동. 2. 불길함(sinisterness).

LEGACY CREATION (유산 창조): [명사] 유산을 남기지 않을 거 같은 어떤 사물이나 사람의 유산을 획득하는 행위.

LENTICULAR (렌티큘러): [형용사] 1. 특히 양면 볼록렌즈(렌티큘러 렌즈)를 통해 렌즈콩(lentil) 모양을 이루는. 2. 눈의 렌즈와 관련 있는.

LIFESTYLISM (라이프스타일리즘): [명사] 무언가의 바탕에 놓인 교의나 의미와 관련하여 그것을 하나의 생활 양식으로 삼는 것.

LIFESTYLIST (라이프스타일리스트): [명사] 어떤 정치 이념이나 운동의 대의에 헌신하지 않은 채 그것의 얄팍한 올가미들만 채택하는 사람.

LIVEABILITY (리버빌리티): [명사] (대안 철자법: 'livability') 1. 생존 기대치.

(가금류와 가축의) 생존 능력. 2. 인간이 거주하기 적합한 정도(거주 적합성).

LIVED-IN (리브드-인): [형용사] 연식이나 마모의 증거를 보이는. 지친.

LOCALITY (로컬리티): [명사] 장소.

LOGORRHOEA (다변증/어루): [명사] 1. 극단적으로 수다스러운 경향. 2. 입방정.

LOW-MAINTENANCE NATURE (손이 많이 안 가는 자연): [명사] (겹말) 많은 주의나 노력을 요하지 않는 자연.

M

MVP: [약어] minimum viable product (최소 자립 가능 제품).

MBArchI (엠비아크아이): [약어] mindfulness-based architecture intervention (마음 챙김에 기초한 건축 개입).

MBSR: [약어] mindfulness-based stress reduction (마음 챙김에 기초한 스트레스 완화)

MACHINE LEARNING (기계 학습): [명사] 명시된 지시 사항들을 따르지 않고 알고리즘과 통계 모델을 활용하여 데이터 패턴들을 분석하고 그로부터 추론을 이끌어냄으로써 학습하고 적응할 수 있는 컴퓨터 시스템들을 활용하고 개발하는 것.

MACRO BREAK (매크로 브레이크): [명사] 특정한 임무의 시행을 유보하라고 컴퓨터에게 내리는 지시.

MATERIALITY (구체성/물성): [명사] 1. 결정을 내릴 때 어떤 정보가 얼마나 타당한지를 측정하는 척도. 2. 사물을 구성하는 속성.

MEGALOMANIA (과대망상증): [명사] 1. 권력의 행사에 대한 집착. 2. (보통 조증 장애나 편집 장애의 증상으로 나타나는) 자기 자신의 힘이나 중요성에 대한 망상.

MEGALOPHILIA (거대기호증): [명사] 모든 큰 것들에 대한 사랑.

MEGALOPOLIS (거대도시): [명사] 매우 크고 인구가 밀집한 도시나 도시적 복합체.

MEGALOPOLITICS (거대도시정치): [명사] 매우 크고 인구가 밀집한 도시나 집적체를 다스리는 일과 연관되는 정치.

MENTAL HEALTH CHAMPION (정신 건강 챔피언): [명사] 정신 건강의 대의를 위해 싸우는 사람.

MENTAL HEALTH FIRST AIDER (정신 건강 응급 처치 요원): [명사] 정신 건강 위기의 초기 단계에 도움을 줄 자격을 갖춘 사람.

MENTAL HEALTH LITERACY (정신 건강 문해력): [명사] 정신 장애의 인식, 관리, 예방을 돕는 관련 지식.

MENTAL HEALTH PARITY (정신 건강 동등성): [명사] 정신 건강 질환을 다른 질병이나 장애와 동등하게 취급하는 것.

MENTAL WELLBEING (정신적 안녕): [명사] 일반적으로 자기 자신과 자신의 삶에 대해 편안하거나 건강하고 행복하다고 느끼는 상태.

METABOLIC LANDSCAPE (물질대사 풍경): [명사] 1. 어떤 풍경을 인체와 유사한 물질대사 과정의 결과로 해석하는 것. 2. 의학 용어(예: 인간 종양들의 단세포 물질대사 풍경).

MICROAGGRESSION (미세 공격): [명사] 어떤 뉘앙스는 충분히 존재하지만 상대가 (역시 비슷한 형태의 미세 공격을 취하지 않는 한) 확실히 반박하기에는 충분하지 않은 평범한 일상의 모욕적 언행.

MICRO-BREAK (잠깐의 휴식): [명사] 평일에 짧게 자발적이고 즉흥적으로 취하는 휴식으로, 간식 섭취, 동료와의 잡담, 스트레칭, 또는 낱말 맞추기 놀이 등의 자유재량 활동들을 포함한다.

MINDFULNESS (마음 챙김): [명사] 1. 자신의 감정과 생각, 신체 감각을 차분하게 인식하고 수용함으로써 얻어지는 마음 상태. 2. 부처 없는 불교.

RIGHT MINDFULNESS (바른 마음 챙김): [명사] 현재 순간을 그 자체로 자각하는 것.

WRONG MINDFULNESS (틀린 마음 챙김): [명사] 현재 순간을 그 자체와 달리 자각하는 것.

MINDFULNESS PRACTITIONER (마음 챙김 실무가): [명사] 마음 챙김의 실무를 통해 생계를 꾸리는 사람.

N

NARRATIVE-DRIVEN DESIGN (서사 주도 디자인): [명사] 사후 합리화에서 '사후'를 취하는 디자인.

NATURE INCORPORATION (자연 통합): [명사] 1. 보통은 자연이 일부를 구성한다고 여겨지지 않는 것들에 자연을 일부로서 구성하는 것(예: 건축으로의 자연 통합). 2. '하이플로-슈퍼셀 분말(hyflo-supercel powder)'의 제조업체.

NEEDFINDING (필요 찾기): [명사] 1. 특정 디자인이나 제품에 대한 필요를 파악하는 과정. 2. 데브 패트나이크(Dev Patnaik)의 책.

NETWORK (네트워크/네트워크하다): [명사] 1. 수평선과 수직선이 교차하는 배치(그물망). 2. 서로 연결된 사람들이나 사물들의 집단 또는 시스템(연계망). [동사] 정보를 교환하고 직업적으로 또는 사회적으로 연락하기 위해 타인들과 교류하다(인맥을 맺다).

NETWORKER (네트워커): [명사] 네트워크를 만드는(네트워크하는) 사람.

NETWORKEE (네트워키): [명사] 네트워크에 잡히는(네트워크되는) 사람.

NEW-AGEISM (뉴에이지즘): [명사] 1. 뉴에이지의 실천과 믿음을 고수하는 것. 2. 사람의 나이를 기초로 반복되는 형태의 차별.

NON-PLACE (비-장소): [명사] 장소의 감각을 불어넣지 않는 장소.

NON-VISUAL DESIGN (비-시각 디자인): [명사] 시간 낭비.

NOSOCOMEPHOBIA (병원 공포증): [명사] 병원에 대한 공포.

NUDGE ARCHITECTURE (넛지 건축): [명사] 요점을 자유롭게 무시할 수 있는 건축.

NYCTOPHILIA (암야기호증): [명사] 어둠에 대한 극단적이거나 비합리적인 사랑.

NYCTOPHOBIA (암야공포증): [명사] 어둠에 대한 극단적이거나 비합리적인 공포.

O

OBJECTIVISM (객관주의): [명사] 1. 마음에 외부적이거나 그와는 독립적인 것을 강조하는 경향. 2. 도덕적 진리들은 그것들에 대한 인간의 인식이나 지식과 독립적으로 존재한다는, 러시아계 미국인 작가 아인 랜드(Ayn Rand)가 개발한 철학 체계.

OCCUPATIONAL THERAPY (작업 치료): [명사] 의미 있는 일상적 활동에 참여하는 것에 기초하는, 즉 바쁘면 좋아진다는 치료법.

OCCUPATIONAL THERAPIST (작업 치료사): [명사] 작업 치료 실무를 하는 사람.

OFFICIALDOM (관공서계): [명사] 1. (경멸조) 조직이나 정부 부처의 공무원들을 통틀어 부르는 말. 2. 관료제.

OFFICIALESE (관공서체): [명사] 공식 문서들과 관련이 있는 장황한 문체.

OFFTREND (오프트렌드): [형용사] 주어진 트렌드와 상충하는. ('ontrend [온트렌드]' 도 참조.)

ONBOARDING (온보딩): [명사] 어떤 조직에 새 직원을 통합하거나, 새로운 고객 또는 의뢰인에게 자사의 제품이나 서비스를 길들이는 행동 또는 과정(예: 초기 온보딩이 끝나면, 신규 직원들에게 관련 교육 및 개발 기회를 제공하라.)

ONLINE FOOTPRINT (온라인 발자국): [명사] 인터넷을 둘러볼 때 남기는 흔적들. ('digital life [디지털 라이프]' 도 참조.)

ONTREND (온트렌드): [형용사] 주어진 트렌드를 따르는. ('offtrend [오프트렌드]' 도 참조.)

OPEN SOURCING (오픈 소싱): [명사] 단일한 제품에 대해 공개적으로 협력하는 행위로, 대개는 디지털 기술의 가용성 때문에 가능하고 개선도 이뤄진다.

OPEN SOURCE DESIGN (오픈 소스 디자인): [명사] 오픈 소싱의 방법을 적용하는 디자인.

ORGANICITY (유기성): [명사] 유기적인 상태.

ORTHOCRACY (직각주의): [명사] (건축) 직각의 지배.

OTHER (타자화하다): [동사] 어떤 문화나 계급에 속한 개인들의 예외성이나 차이를 지나치게 강조함으로써 그들에게 불이익을 주다. 소외시키다.

OTHERNITY (아더니티): [명사] 2021년 베네치아 건축 비엔날레 중 헝가리관의 전시 프로젝트.

P

PAO: [약어] physical activity opportunities (신체 활동 기회).

PCT: [약어] person-centered therapy (인간 중심 치료).

PARANOID-CRITICAL METHOD (편집증적 비판 방법): [명사] 살바도르 달리가 개발한 초현실주의 기법.

PARANOID IDEATION (편집증적 관념화): [명사] 일시적이고 스트레스와 관련 있는 편집증을 동반하는 정신병적 장애 증상으로, 위협이나 박해를 받거나 음모의 대상이 되고 있다는 느낌을 경험하는 게 특징이다.

PARTNER (파트너): [동사] 그들이 당신에게 파트너하기 전에 당신이 그들에게 파트너하라. ('trust issues [신뢰 이슈들]' 을 참조.)

PASTORALIZATION (목가화): [명사] 목가적으로 만드는 행위나 과정.

PEOPLE-FIRST DESIGN (사람 우선 디자인): [명사] 사람들을 우선시하는 디자인('사람 최후 디자인' 의 반의어).

PERSONAL ENERGY EXPENDITURE (개인 에너지 지출): [명사] 한 사람이 다른 사람들의 존재를 인정하는 데 쓰는 에너지의 총량.

PLACEMAKING (장소 만들기): [명사] (신조어) 비-장소를 장소를 바꾸겠다는 게 목적(주장)인 공공 공간 디자인 접근법. ('non-place [비-장소]' 참조.)

PLACE-STAKING (장소 줄치기): [명사] 말뚝을 활용해 장소를 표시하거나 그 경계를 둘러 그 장소를 찜해두는 것.

PLACE-TAKING (장소 취하기): [명사] 한 장소를 자기 소유라고 주장하는 행위(대개는 장소 줄치기의 형식이 선행하며, 장소 만들기라는 이름으로 행해지는 경우도 적지 않다).

PLAZA BONUS (광장 보너스): [명사] 지역지구제 법률에 따라 인접한 광장을 만드는 것에 대한 보상으로서 한 건물에 추가로 허용되는 바닥 면적.

PLURALISTIC WALKTHROUGH (다원주의적 검토회): [명사] (컴퓨팅) 인간과 컴퓨터 간 인터페이스를 최적화하기 위한 노력으로서 하나의 소프트웨어나 웹사이트를 다양한 시각에서 검토하는 것.

POLITICAL CORRECTNESS (정치적 올바름): [명사] 사회적으로 불리한 조건에 있거나 차별당하는 그룹의 사람들을 배제하거나 소외시키거나 모욕하는 것으로 인지되는 표현 또는 행동의 형태를 피하는 것.

POLITICAL CORRECTNESS GONE MAD (미쳐버린 정치적 올바름): [명사] 하버드.

PRECARIAT (프레카리아트): [명사] 1. '불안정한(precarious)'과 '프롤레타리아트(proletariat)'의 혼성어로, 고용 상태와 소득이 불안정한 사람들을 말하며 특히 하나의 사회적 계급으로 다뤄질 때 쓰이는 말이다.

PREDICTIVE CITY (예측 도시): [명사] 디지털 기술을 실행함으로써 예측 능력이 있다고 여겨지는 도시.

PRESENTISM (현재주의): [명사] 1. 과거를 묘사하거나 해석할 때 오늘날의 관념과 관점을 시대착오적으로 도입하는 것. 2. 크리스마스를 향한 비합리적 편견.

PRESSURE COOKER (압력솥): [명사] 1. 증기압을 주어 음식을 빨리 조리할 수 있는 기밀성 솥. 2. 스트레스를 크게 주는 상황이나 숙제(예: 젊은이들을 우울증 환자로 만드는 학업의 압력솥).

PROGRESSIVISM (진보주의): [명사] 사회 개혁에 대한 지지나 옹호.

Q

QI: [약어] quite interesting (꽤 흥미로운).

QUALITY TEAM (품질 팀): [명사] 잊어버리시길!

QUANTIFIED SELF (정량화된 자기): [명사] 기술을 활용해 자기를 추적하는 문화 현상.

QUANTUM LEAP (양자 도약): [명사] 돌연한 변화, 갑작스러운 증가 또는 여타의 극적인 진전.

QUIDDITY (무엇임): [명사] 1. 어떤 사람이나 사물의 타고난 본질 또는 정수. 2. 변별적 특징. 특색.

R

RMT: [약어] regenerative massage therapy (재생적 마사지 치료).

REAL WORK (진짜 일): [명사] 진짜가 아닌 일과는 다른, 진짜인 일.

REBRANDING (리브랜딩): [명사] 첫 번째 브랜딩이 효과를 보지 못했을 때를 위한 브랜딩.

REDLINING (레드라이닝): [명사] 1. 자동차의 운전 속도를 엔진의 분당 정격 최대 회전수에 맞추거나 그 이상으로 높이는 행위. 2. 투자하기에 '위험한' 곳으로 분류된 동네에 사는 잠재적 고객들에게 서비스하지 않는 차별적 관행.

REGIONALLY INFLECTED (지역적으로 굴절된): [형용사]. 지역에 따라 특수한 모양이나 변형이 주어지는(예: 디자인은 20세기 말의 지역적으로 굴절된 모더니즘을 보여주는 가장 중요한 사례 중 하나다).

RELIGIOSITY (독실함): [명사] 강력한 종교적 감정이나 믿음.

RESILIENCE (회복탄력성/복원력): [명사] 1. 곤경에서 빨리 회복하는 역량. 강인함. 2. 어떤 물질이나 사물이 제 모양으로 되 튀어 돌아가는 능력. 탄성.

RESTORATIVE ENVIRONMENT (회복 환경): [명사] 감정이나 신체상의 스트레스를 극복하는 데 도움을 줄 수 있는 환경이나 자연적 배경.

RESTORATIVE SPACE (회복 공간): [명사] 1. 감정이나 신체상의 스트레스를 극복하는 데 도움을 주도록 지정된 공간. 2. (고어/폐어) 집.

REWILDING (재야생화): [명사] 어떤 토지 구역을 자연적인 미개척 상태로 복원하는 행위. 특히 내쫓기거나 멸종되어버린 야생 동물 종들을 재도입하는 작업과 관련하여 쓰이는 말.

S

SJW: [약어] social justice warrior (사회 정의 전사).

SSOT: [약어] single source of truth (단일한 진실 공급원).

SAFETYISM (안전지상주의): [명사] '가위 들고 뛰놀기'가 신체적으로도 도덕적으로도 위험하다고 보는 이들이 설교하는 경건함.

SAFE SPACE (안전 공간): [명사] 바람직하지 않거나 구식으로 여겨지는 것들을 위해 안전하지 않게 만들어진 공간.

SATISFACTION THRESHOLD (만족 역치): [명사] 어떤 사물이나 사람에 대해 만족을 느끼는 데 필요한 최소한의 만족 수준.

SCIENCE-BASED TARGET (과학에 기초한 표적): [명사] 추구할 만한 가치가 있음을 뒷받침하는 과학적 증거가 있는 표적.

SELF-ACTUALIZATION (자기실현): [명사] 자신의 잠재력을 완전히 이룬 상태. 기본적인 물적 요구들이 충족된 이후에 뒤따르도록 허용되는 조건.

SELF-COMPASSION (자기 연민): [명사] 사회적으로 수용된 자기 연민(self-pity).

SELF-HEALING (자기 치유): [명사] 의사의 도움을 받거나 약을 복용하지 않고 자신을 치유하는 것.

SIMPLEXITY (심플렉시티): [명사] 단순하게 만들어진 복잡성. 복잡하게 만들어진 단순성.

SLEEP INCORPORATION (수면 통합): [명사] 직원들이 오랜 업무 시간을 보상하기 위해 짧게 낮잠을 자는 흔한 습관.

SLEEP SUPPORT (수면 지원): [명사] 1. 수면 장애 극복을 위한 전문가의 도움. 2. 멜라토닌 브랜드.

SMART EVERYTHING (스마트한 모든 것): [명사] 인간의 모든 과업이 디지털 장치나 기기로 대체될 상태.

SOCIABILITY (사교성): [명사] 사교할 수 있는 자질.

SOCIAL TRUST (사회적 신뢰): [명사] 더 큰 집단이나 사회 전체로 더 폭넓게 적용되는 '신뢰' 개념.

SPECIALNESS (특별함): [명사] 1. 어떤 사물이나 사람이 특별하고 뚜렷이 구별되는 상태. 2. 선의로 해석되는 유별남(idiosyncrasy).

SPIRIT-TO-SPIRIT (이심전심): [형용사] 한마음인.

STATUS ANXIETY (지위 불안): [명사] 사회에서 물질주의적 관점에서 '성공하지 못했다' 고 인지될까봐 느끼는 긴장이나 공포.

STAYCATION (스테이케이션): [명사] 집에서 또는 본국에서 보내는 휴일.

STIGMATIST (스티그마티스트): [명사] 1. 지각할 수 있는 사회적, 정신적, 또는 신체적 특징을 이유로 타인들을 고정 관념으로 낙인하는 게 습관인 사람. 2. 종교적 성흔을 몸에 지니고 있는 사람.

SUCCESSFUL BUILDING (성공적 건물): [명사] 어떤 성공의 척도에 맞는 건물. 수상한 건물이라서, 월드클래스라서, 혁신적이라서, 지속적이라서, 창조적이라서, 아름다워서, 장소와 웰빙의 감각을 키워서일 수도 있고 그 모든 게 한꺼번에 이유가 될 수도 있다.

T

TBL: [약어] triple bottom line ([기업 실적을 측정하는] 3대 기준).

TASK FLOW (과업 흐름): [명사] 어떤 과업의 다양한 단계들을 재현하는 다이어그램. ('workflow [작업 흐름]' 참조.)

TED (테드): [약어] Technology, Entertainment, Design (기술, 엔터테인먼트, 디자인): 온라인으로 강연들을 게시하여 무료 배포하는 미국의 미디어 단체.

TEDify (테드화하다): [동사] 어떤 발표를 정확히 7분 30초 동안 지속되게 압축하거나 확장하다.

THOUGHT LEADER (선도적 사상가): [명사] '사상 리더십' 의 질을 인정받은 개인. 특정 분야에서 그가 지닌 전문성이 추종되고 그에 따른 보상을 받는 권위자. ('go-to expert [믿을 만한 전문가]' 도 참조.)

THOUGHT SHOWER (생각 소나기): [명사] 더 많은 아이디어가 논의될수록 좋은 아이디어가 나올 확률이 더 높다는 통계적 공리에 입각하여, 집단 토의 도중 새로운 아이디어들을 즉흥적으로 만들어내는 것. ('jam sessioning [잼 세셔닝]' 도 참조.)

TOKENISM (토크니즘): [명사] 형식적인 겉치레나 상징적인 노력만 하는 관행.

TOTEMISM (토테미즘): [명사] 인간이 동식물처럼 영혼이 있는 존재와 동류의식을 갖거나 신비한 관계를 맺는다고 여기는 믿음.

TOP DOWN (탑다운): [형용사] 1. 어떤 위계의 맨 위에서 아래쪽으로 진행하는. 2. 컨버터블 자동차의 두 상태 중 하나.

TRANSFORMATIVE POLITICS (변혁적 정치): [명사] 허구.

TRENDING (트렌딩): [형용사] 현재 온라인에서 인기가 있거나 널리 논의되는.

TROLL (트롤): [명사] 1. 거인으로도 난쟁이로도 묘사되는 못생긴 생명체. 2. 온라인에서 일부러 모욕적이거나 도발적인 게시물을 올리는 사람. 3. 견지낚시로 물고기를 잡을 때 사용하는 줄이나 미끼.

TROLLING (트롤링): [명사] 1. 온라인에서 불특정한 누군가를 화나게 하거나 그들로부터 화난 반응을 이끌어낼 목적으로 일부러 모욕적이거나 도발적인 게시물을 올리는 것. 2. 한 구역을 세심하게 체계적으로 뒤지며 뭔가를 찾으려 하는 것.

TRUE INTENT STUDY (진짜 의도 연구): [명사] 특정한 사이트나 애플리케이션의 실시간 방문객을 갑자기 붙잡아 방문한 이유를 묻는 조사.

TRUST ISSUES (신뢰 문제): [명사] 1. 사람들이나 그들의 행동이 만드는 결과를 신뢰하지 못하는 타고난 무능력. 2. 어떤 공통된 노력에 참여하는 사람들 사이에서 충분하지 못한 신뢰. ('partner [파트너]' 도 참조.)

TRUTH SYSTEM (진실 시스템): [명사] (정보 기술) 한 조직의 일원들이 결정을 내릴 때 동일한 정보나 데이터에 의존하도록 보장하는 시스템. ('SSOT' 도 참조.)

T-SHAPED DESIGNER (T형 디자이너): [명사] 자기 영역에서 깊고 구체적인 지식(즉 대문자 T의 수직선)을 지녔을 뿐만 아니라 자기 분야와 관련된 수많은 분야에서도 일정 수준의 경험(T자 상부의 좀 더 짧은 수평선)을 갖춘 사람.

U

UGC: [약어] user-generated content (사용자 생성 콘텐츠).

USP: [약어] unique selling point (독특한 셀링 포인트).

UNDERSTATED LUXURY (절제된 럭셔리): [명사] 대놓고 강조하거나 그런 장식을 달지 않은 고급스러움.

UNEDIFYING (눈꼴사나운): [형용사] (특히 공공장소에서 일어나는 사건과 관련하여) 불쾌하고 혐오스러운(예: 두 지도자가 괴성을 지르며 상충하는 제안들을 하는 눈꼴사나운 모습).

UNPUTDOWNABLE (손에서 뗄 수 없는): [형용사] 1. (어떤 책에) 너무 몰입한 나머지 읽기를 멈출 수 없는. 2. 올리버 웨인라이트가 OMA에서 일할 때의 모습.

UNREGENERATE (역재생하다): [동사] 재생(regeneration)을 거꾸로 하는 과정.

UPCYCLE (업사이클): [동사] 원본보다 질이나 가치가 더 좋은 제품을 만드는 방식으로 (버려진 물건이나 물질을) 재사용하다.

UPLEVEL (업레벨): [동사] 어떤 사람이나 사물을 현재의 역량이나 인식 너머로 끌어올리다.

UPSCALE (업스케일): [동사] 더 크게 만들다.

UPSTART (어정뱅이): [명사] BBC 코미디 〈디 오피스(The Office)〉에 나오는 가레스 키넌(Gareth Keenan).

URBAN (어번/도시적): [형용사] 어떤 (소)도시에 있거나 관련된 또는 특징적인. 2. 라디오 디제이 프랭키 크로커(Frankie Crocker)가 처음 도입한 음악 라디오 포맷이자, 래퍼들이 쓰는 용어. 3. '흑인'에 대한 정치적으로 올바른 대체 용어.

URBAN ACUPUNCTURE (도시 침술): [명사] 더 큰 맥락을 변화시키려는 희망 속에서 한 도시에 소규모로 개입하는 시도들.

URBAN MYTH (도시 신화): [명사] 사실이 아닌 이야기.

URBAN PLANNING (도시 계획): [명사] 도시들을 계획하는 기술적이고 정치적인 과정.

URBANISM (어버니즘): [명사] 도시들을 계획하는 연구 또는 '과학.'

URBANITE (도시인): [명사] 도시에 거주하는 사람.

URBANITY (도회풍): [명사] 1. 도시 생활. 2. 매너의 세련됨.

URBANOLOGY (도시학): [명사] 도시 계획의 잘못된 결과들을 다루기 위해 자청한 사회학의 한 분야.

URBANOLOGIST (도시학자): [명사] 리처드 플로리다.

UTILITARIANISM (공리주의): [명사] (철학) 유용하거나 다수에게 이익이 되는 행위는 옳다는 신조.

V

VANCOUVERISM (밴쿠버리즘): [명사] 보편적인 계획 신조로서 포장되고 마케팅되는 밴쿠버의 세계적 거주 적합성 순위 평가. 다른 도시들도 밴쿠버의 사례를 따르게 하려고 합심한 약속. 2. 래리 비어즐리(Larry Beasley)의 책.

VANGUARDISM (전위주의): [명사] 1. 어떤 특정 분야를 선도하는 사람들의 행동이나 믿음. 2. (레닌주의) 프롤레타리아나 노동 계급에서 가장 계급 의식적이고 정치적으로 '진보한' 부문들이 노동 계급의 더 큰 부문들을 혁명적 정치로 이끌고 부르주아에 맞선 프롤레타리아 정치 권력의 징후 역할을 하려고 조직들을 형성하는 전략.

VEGETATIVE PROPAGATION (식물성 번식): [명사] 무성 생식.

VERBIAGE (장황함): [명사] 지나치게 길거나 전문적인 말이나 글.

VERDURELESSNESS (무초목성): [명사] (울창한 초록) 식생 지대가 없는 상태 (예: 그 영지는 슬프게도 무초목성 상태에 있었다.) ('concrete jungle [콘크리트 정글]' 참조.)

VIEW-BASED URBANISM (조망 기반 어버니즘): [명사] 계획을 통해 형성될 시야들을 적절히 고려하여 실천되는 어버니즘.

VISUAL DESIGN (시각 디자인): [명사] 디자인.

VITAL (활력적): [형용사] 1. 필수적. 2. 활기찬.

VITALITY (활력): [명사] 바이탈한 특성.

VITALISM (활력론): [명사] 순수하게 화학적이거나 물리적인 힘들과 구분되는 어떤 힘이나 원리에 생명의 기원과 현상들이 의존한다는 이론.

VITALITARIANISM (활력 공리주의): [명사] 가능한 최대 활력을 불어넣는 행위들은 옳다는 신조.

VULGARIZATION (저속화): [명사] 1. 뭔가를 저속하게 만드는 행위나 과정. 2.

뭔가를 평범한 사람들이 더 잘 인식하고 이해하도록 만드는 행위나 과정. 대중화하기.

W

WALKABLE NEIGHBOURHOOD (걷기 좋은 동네): [명사] 노팅힐.

WALLPAPER (월페이퍼): [동사] 1. 벽지로 (한 방의) 벽을 덮다. 2. 서로 다른 것들을 무차별적으로 동일하게 취급하다.

WANDERLUST (방랑벽): [명사] 여행을 하려는 강력한 욕망.

WELL AP: [약어] WELL-accredited professional (웰-인증을 받은 전문가).

WELL BUILDING STANDARD™ (웰 빌딩 표준™): [명사] 인간의 건강과 웰빙에 영향을 준다고 생각되는 건조 환경의 특징들, 예컨대 공기와 물, 빛, 쾌적성 등을 측정하고 인증하고 감시하기 위한 성능 기반 시스템.

WELL v2™ (웰 v2™): [명사] 웰 빌딩 표준 버전 2.

WELLBEING (웰빙): [명사] 자신과 삶 전체와 관련해 편안하거나 건강하거나 행복한 상태.

WELLNESS (웰니스): [명사] 편안하거나 건강하거나 행복한 상태에 대한 적극적 추구.

WELLNESS ARCHITECTURE (웰니스 건축): [명사] 1. 신체적 · 정신적 웰빙의 조직화된 진흥. 2. 웰니스 시설에 전형적으로 적용되는 건축 유형.

WELLNESS OPTIMIZATION (웰니스 최적화): [명사] 좋은 건강 상태를 추구하기 위해 가능한 최고의 컨디션을 만드는 것.

WISDOM 2.0 (위스덤 2.0): [명사] 고대의 지혜를 현대 생활에 적용하는 법을 탐구하는 행사 시리즈. 2. 소렌 고드헤이머(Soren Gordhamer)의 책.

WORK FEVER (업무열): [명사] 1. 미친 듯이 일하려는 충동. 2. 일만 생각하면 높아지는 체온.

WORKFLOW (작업 흐름): [명사] 하나의 업무가 시작에서 완성으로 나아가며 통과하는 단계들.

WORLD CLASS (월드클래스): [형용사] 1. 세계 최고에 속하는 순위에 오른. 탁월한. 2. 월드클래스 선수들이나 공연자들을 끌어들이거나 그런 사람들로 구성된. 3. (비공식) 이런 종류의 악명 높은 사례인 것.

WOW FACTOR (감탄 요인): [명사] 1. (비공식) 지극히 인상적인 특성이나 특징. 2. 흔히 '월드클래스'의 속성으로 여겨지는 황홀한 기쁨을 불어넣는 능력.

X

X (엑스): [동사] 글자들을 하나하나 가위표 치다

X-ING (엑싱): [명사] 글자들을 하나하나 가위표 치는 행위.

X-ER (엑서): [명사] X세대의 일원

X-CHASER (엑스 체이서): [명사] 수학에서 X값을 찾는 데 능한 사람.

XENAGOGUE (제나고그): [명사] 이방인 · 외국인들을 안내하고 그들에게 호소력을 갖는 사람.

XENIATROPHOBIA (제니아트로포비아): [명사] 외국인 의사들에 대해 갖는 비정상적 공포.

XENIZATION (제니제이션): [명사] 이방인으로서 여행하는 행위.

XENOCRACY (제노크라시): [명사] 외국인들로 구성된 정부.

XENOFEMINISM (제노페미니즘): [명사] 1. 젠더를 폐지하기 위해 기술의 활용을 진흥하는 페미니즘 운동. 2. 헬렌 헤스터(Helen Hester)의 책.

XENOGLOSSY (제노글로시): [명사] 적극적으로 배워본 적이 없는 언어로 말하는 능력.

XENOMANIA (제노매니아/외국열): [명사] 외국의 사람 또는 사물에 대해 갖는 강렬한 열정.

XERISCAPE (제리스케이프/건식 조경): [명사] 관개나 기타 유지 관리를 할 필요가 거의 또는 아예 없는 스타일로 만들어진 정원이나 조경.

Y

YAWN: [약어] young and wealthy but normal (젊고 부유하지만 정상적인).

YIELD: [동사] 1. (자연, 농업 또는 산업의 산물을) 생산하거나 제공하다. 2. 주장이나 요구, 압박에 굴복하다. [명사] 1. 생산량. 2. 총 투자 수익.

YIELDING: [형용사] 1. (딱딱하거나 견고하지 않은 어떤 물질이나 물건이) 압력을 받고 유연해지는. 2. (농작물, 토양 등이) 수확량을 내는, 생산적인.

YIELD SPREAD (수익률 격차): [명사] 2개의 다른 투자 건에 대해 추산한 회수율 간의 격차.

YOYO (요요): [명사] 불안정한 휘발성 시장.

YUPPIE 2.0 (여피 2.0): [명사] 'hipster (힙스터)' 참조.

Z

ZAG (재그): [명사] 갑작스러운 방향 변경. [동사] 갑작스럽게 방향을 틀다.

ZIG (지그): [명사/동사] 'zag (재그)' 참조.

ZAGGER (재거): [명사] 지그하라는 옵션이 주어질 때 재그하는 사람.

ZIGGER (지거): [명사] 재그하라는 옵션이 주어질 때 지그하는 사람.

ZIGZAG (지그재그): [명사] 좌회전과 우회전 사이의 교대를 갑작스럽게 하는 노선이나 경로. [형용사] 지그재그의 형태를 갖는. 좌우로 왔다 갔다 방향을 확 트는. [부사] 좌우로 교대로 움직이도록. [동사] 지그재그 코스로 움직이다.

ZOOM (줌): [명사] 1. 롱 쇼트에서 클로즈업으로, 또는 그 반대로 매끄럽게 변화하는 카메라 쇼트. 2. 영상 소통 플랫폼.

ZOOM FATIGUE (줌 피로): [명사] 영상 소통을 지나치게 활용하면서 생기는 피로('줌[Zoom]'이라는 플랫폼 자체를 사용하는 것에만 국한되지 않는다).

ZOOM READINESS (줌 준비성): [명사] 1. (방 안에서) 당혹스러운 장식물이나 가족사진을 치워 두기. 2. (줌으로 화상 통화하는 사람이) 옷을 절반만 입은 자신의 모습을 드러내지 않도록 위치 잡기.

감사의 말

레오 홀리스는 비판과 격려와 인내를 다 함께 보여주었다. 자클린 텔링가는 도덕적으로도 다른 면에서도 응원을 보내주었다. 알렉스 리티건과 한스 라슨, 매튜 보빙던-다운, 그리고 애덤 쿠키는 각 장의 내용을 탁월하고 혁신적이고 창조적이고 지속 가능하며 아름답게 만들도록 도와주었다. 그리고 케임브리지 온라인 영어사전은 단어가 그 의미를 능가할 때마다 중요한 거점이 되어주었다. 그 모두에게 이 책이 빚진 각별한 감사를 전한다.

옮긴이의 말

흥미로운 책일수록 번역자의 고심은 늘어난다. 어떤 글이 재미있는 이유는 대개 그 글자들이 품고 있는 의미들이 다채롭고도 예상치 못한 조합 속에서 뒤통수를 치는 맛이 있을 때다. 일부는 공감하면서, 또 일부는 그 표현의 솜씨에 감탄하다가도, 이걸 어떻게 번역할까 싶은 고민이 스쳐 간다. 이 책은 또 한 번 내게 그런 만만찮은 도전을 안겨주었다. 저자는 심지어 사전에 등재되지도 않았거나 부록에만 대충 실릴 정도에 불과한 신조어들을 수록하면서 '전문가 화법' 의 원리까지 정리했고, 이러한 전문가 화법은 단지 한 업계의 특수 용어(jargon)들이 아니라 "특수 용어들의 무차별적 교배에 대한 증언"이자 "특수 용어들을 가로지르는 기회주의적이고 절충적인 차용"이라고 말한다. 대체 이런 용어들을 어떻게 번역해야 마땅할까? 게다가 저자 말마따나 이런 용어들은 "번역될 필요가 없어서 번역되지도 않는" 게 대부분인 듯한데 말이다.

그럼에도 많은 독자를 위해 최대한 전문가 화법을 비전문가 화법으로 옮겨야 하는 게 번역자의 숙명이다. 하지만 평소 같으면 가급적 우리말로 옮기곤 했던 영어 단어들을 이 책에서는 발음 그대로 번역한 경우가 꽤 있음을 말해둬야겠다. 이것은 전문가 화법이 하나의 의미로 고정되길 거부하며 다양한 의미로 진화한다는 사실 때문이기도 하고, 심지어 저자가 그런 용어들의 다채로운 의미를 '전문가 화법' 사전으로 정의해놓았기 때문이기도 하다. 예컨대 'community' 를 우리말로 통상 '지역 사회' 나 '공동체' 등으로 옮기곤 하지만, 이 책에서 확실히 정리해주듯이 이 말은 요즘 들어 특히 그 이상의 의미로 쓰이고 저자 역시 그렇게 쓰고 있기 때문에 대부분의 경우에는 '커뮤니티' 로 표기해두었다. 또 하나의 예로, 국어사전에 '콘셉트' 라는 표기로 등재된 concept는 여기서 대부분 '개념' 으로 옮겼지만 외래어 발음을 표기하는 게 적절한 맥락에서는 실무 현장에서 많이 쓰는 '컨셉'으로 옮겼다. 저자는 concepting이라는 신조어와 conceptual이라는 형용사까지 '전문가 화법' 사전에 올려놓고 있는데, 이를 '콘셉팅'과 '콘셉추얼'로 옮기는 것은 아무래도 '한국의 전문가 화법'으로 보이지 않기 때문이다. 이뿐만이 아니다. 이 책의 제목이 '아키텍트하다'가 된 것은 영어에서 동사화된 'architect'를 표제로 삼은 원서 제목 때문이다. 원서의 제목은 마치 영영사전에 등재된 단어의 품사를 표시하듯 'architect, *verb*'로 되어 있는데, 이를 영한사전식으로 표현하면 'architect [동사]'처럼 바꿀 수 있겠다. 그 의미는 이 책의 부록에 잘 기술되어 있으니 참고하면 되지만, 중요한 것은 이것이 상징하는 바가 무엇인지를 생각해보는 일이리라.

architect에 대응하는 한국어인 '건축가'는 철저히 명사로만 쓰이지만, 영어에서 architect는 건축만이 아니라 정보 기술 분야에서도 널리 쓰이는 말이다. 정보 기술 분야에서 architecture는 '구조'나 '체계'를 뜻하는 명사이고, architect는 그 구조를 설계하고 완성하는 사람을 뜻할 뿐만 아니라 그런 행위를 지칭하는 동사적 의미까지 있다. 이렇게 빠르게 진화하는 용법이 건축계로 침투한 탓인지 아니면 그런 침투에 대항하고자 변신하려는 의도인지는 몰라도, 최근에는 건축계 일각에서도 이 말을 동사로 쓰는 사례가 발견된다. 일례로 하버드 디자인 대학원의 마이클 헤이스 교수가 사용하는 architecting을 들 수 있겠는데, 이 말의 의미도 이 책의 '전문가 화법' 사전에 짧게나마 정리되어 있다. 어쨌든 '아키텍트'가 동사적 의미로 발전하게 된 배경에는 정보 기술 발전의 가속화가 있는 것으로 보이며, 이 책은 그러한 시대 변화의 양상을 언어를 통해 날카롭게 들여다보며 풍자하고 있는 셈이다.

'건축의 새로운 언어'라는 이 책의 부제는 지극히 객관적이면서도 풍자적인 묘사이지만, 이 낯선 언어 탐구의 향연 속에서 키득거리다 보면 어느새 그 새로움의 이미지가 어떤 것인지 어렴풋이 떠오른다. 이 책을 처음 읽을 때는 별개로 느껴지던 각 장의 이야기들이 완독을 하고 나면 비로소 하나의 '네트워크'(이 또한 '전문가 화법' 사전에 나오는 용어다)처럼 결합되는 느낌이랄까. 특히 '전문가 화법의 원리'라는 이름으로 정리된 이 책의 부록은 어쩌면 네트워크화된 이 시대에 맞게 결론을 대신하는 완벽한 방법일지도 모르겠다. 하지만 나는 저자가 서론에서 강조한 것처럼 “건축이 다시 건축으로 존재하기” 위해, 이 “직종이 언젠가는 다시 독립적이고 비판적인 분야로 부상하길 진심으로 바라며” 번역했음을 적어두며 글을 맺고자 한다.

주(註)

들어가며

1 Paul Tostevin, '8 Things to Know about Global Real Estate Value', savills.com, July 2018.

2 Sonia Sykra, 'How Does Construction Impact the Environment?', gocontractor.com, 21 June 2017.

1. 눈물과 사랑

1 Herbert Muchamp, The Miracle In Bilbao , nytimes.com, 7 September 1997.

2 Celestine Bohlen, The Guggenheim s Scaled-Back Ambition; A Museum Director s Risk-Taking Approach Gets a New Look in Hard Times , nytimes.com, 20 November 2001.

3 Interview with Juan Ignacio Vidarte, the-report.com, 1 October 2001.

4 구겐하임 측이 먼저 고려했던 입지는 잘츠부르크와 베네치아의 푼타 델라 도가나였다. Hannah McGivern, Twenty Years On: How the Guggenheim Bilbao Came of Age , theartnewspaper.com, 24 November 2017 참조.

5 *Impact of the activities of the Guggenheim Museum Bilbao on the economy of the Basque Country 1997-2000*, prensa.guggenheimbilbao.eus, 12 January 2001.

6 The Bilbao Effect , forbes.com, 20 February 2002.

7 Tom Jacobs, Branding Bilbao: A Cultural Investment That Paid Off , psmag.com, 14 June 2017.

8 Richard Tomkins, Happy Birthday Globalization , ft.com, 6 May 2003.

9 Annie Bennet, Aviles Awaits the Niemeyer Effect , moochingaroundspain.com, 3 April 2011.

10 Benjamin Forgey, Beyond Bilbao: Revisiting a Special Effect , washingtonpost.com, 20 October 2002.

11 Bruce Murphy, New Addition Leaves Art Museum Mired in Debt , philanthropynewsdigest.org, 30 July 2003.

12 Denver Art Museum , designbuild-network.com, 21 March 2005.

13 Elisabeth Merrill, Zaha Hadid s Center for Contemporary Art and the Perils of New Museum Architecture , researchgate.net, September 2019.

14 Dorothy Spears, When the Final Touch Is the Exit Door , nytimes.com, 12 March 2018.

15 Department of Culture, Media and Sport, *Better Public Buildings*, October 2000.

16 Jonathan Glancey, War and Peace and Quiet , theguardian.com, 22 April 2002.

17 phaeno.de 참조.

18 Andrew Ayers, The ¨255.4-million Question: Is It a Masterpiece That Future Generations Will Cherish? , architecturalreview.com, 27 August 2015에서 인용.

19 Interview with Peter Eisenman, bombmagazine.org, 1 October 2011.

20 Giles Tremlett, Spain s Extravagant City of Culture Opens Amid Criticism , theguardian.com, 11 January 2011에서 인용.

21 같은 글.

22 Suzanne Daley, A Star Architect Leaves Some Clients Fuming , nytimes.com, 24 September 2013.

23 Giles Tremlett, Architect Santiago Calatrava Accused of Bleeding Valencia Dry , theguardian.com, 8 May 2012.

24 Interview with Santiago Calatrava, architecturalrecord.com, 27 June 2012.

25 Rowan Moore, The Bilbao Effect: How Frank Gehry s Guggenheim Started a Global Craze , theguardian.com, 1 October 2017.

26 Matt Chaban, Frank Gehry Really, Really Regrets His Guest Appearance on The Simpsons , observer.com, 9 May 2011.

27 *Impact of the Activities of the Guggenheim Museum Bilbao*.

데이터, p. 28–29

1 burjkhalifa.ae 참조.

2 Katie Warren, 'The World' s Skinniest Skyscraper Is Almost Complete. I Toured Its First Luxury Condo.Take a Look Inside the NYC Tower That' s 24 Times as Tall as It Is Wide' , businessinsider.nl, 11 August 2020.

3 Niall Patrick Walsh, 'World' s Tallest Modular Buildings Completed' , archdaily.com, 3 July 2019.

4 Associated Press in Changsha, 'Chinese Construction Firm Erects 57-Storey Skyscraper in 19 Days' , theguardian.com, 30 April 2015.

5 hitachi.com 참조.

6 atlasobscura.com 참조.

7 klm.com 참조.

8 guinnessworldrecords.com 참조.

9 guinnessworldrecords.com 참조.

10 Christopher Klein, '10 Things You May Not Know About the Eiffel Tower' , history.com, 30 March 2020.

11 Roberto A. Ferdman, 'The World' s New Largest Building Is Four Times the Size of Vatican City' , qz.com, 3 July 2013.

12 boeing.com 참조.

13 Leah Dolan and Megan C. Hills, 'Designs Unveiled for The World' s Largest Single-Domed Greenhouse' , edition.cnn.com, 12 May 2021.

14 KPF, 'KPF-Designed MGM COTAI Achieves a GUINNESS WORLD RECORDS™, Title' , kpf.com, 23 April 2019.

15 guinnessworldrecords.com 참조.

16 Jon Dioffa, 'World' s Largest and Most Expensive Family Home Completed' , inhabitat.com, 15 October 2010.

17 apis-cor.com 참조.

18 Oliver Smith, 'World' s Longest Building: Prora on the Island of Rugen in Germany Is a Former Nazi Resort' , traveller.com.au, 20 November 2018.

19 Emely Acobo, 'Jinping Underground Laboratory, China–The World' s Deepest Underground Laboratory' , re-thinkingthefuture.com.

20 What Are the Biggest Underground Structures?' , groundworkscompanies.com, 2 October 2020.
21 Kara Williams, 'Take A Plunge into The World' s Deepest Swimming Pool, Complete with A Sunken City' , travelawaits.com, 23 July 2021.
22 guinnessworldrecords.com 참조.
23 Alice Young, 'The 10 Most Expensive Buildings in The World' , constructionglobal.com, 10 June 2016.
24 guinnessworldrecords.com 참조.
25 AD Editorial Team, 'Bloomberg' s New European Headquarters Rated World' s Most Sustainable Office Building' , archdaily.com, 10 October 2017.
26 Rosamond Hutt, 'This Warehouse Is One of the World' s Greenest Industrial Buildings' , weforum.org, 19 August 2019.
27 Renee Ghert-Zand, 'MKs May Turn the Air Blue, but Knesset Is Earth' s Greenest Parliament' , timesofisrael.com, 8 April 2015.
28 Megan Willett-Wei, 'This staircase and Plant-Filled Building Is Designed to Be the Healthiest Workplace in the World' , business insider.com, 5 November 2015.
29 atlasobscura.com 참조.

2. 공식적으로 놀라운

1 Jeff Schofield, 'Case Study: Capital Gate, Abu Dhabi' , *CTBUH Journal*, Issue II, 2012.
2 'Farthest Leaning Church Tower' , guinnessworldrecords.com, 17 January 2007.
3 National Geographic Channel, 'The Leaning Tower of Abu Dhabi Documentary' , *Megastructures*, 5 April 2010.
4 Jeff Schofield and Pierre Martin Dufrense, *18 Degrees: Capital Gate – Leaning Tower of Abu Dhabi: The Ultimate Diagrid*, Basel: Bikhauser, 2016.
5 같은 책
6 U+A, 'Capital Gate' , ua-intl.com.

7 Schofield, 'Case Study'.
8 RMJM, 'The Capital Gate ADNEC', archello.com에서 인용.
9 RMJM, 'RMJM: Exclusive Hospitality Design Projects', rmjm.com, 12 April 2008에서 인용.

데이터, p. 45

1 en.innovative-architecture.de 참조.
2 archdesignaward.com 참조.
3 akdn.org 참조.
4 architectureprize.com 참조.
5 worldarchitecture.org 참조.
6 architecturedesignaward.com 참조.
7 aia.org 참조.
8 alvaraalto.fi 참조.
9 currystonefoundation.org 참조.
10 dedalominosse.org 참조.
11 citedelarchitecture.fr 참조.
12 pritzkerprize.com 참조.
13 architecture.com.au 참조.
14 architecture.com 참조.
15 tamayouz-award.com 참조.
16 architecture.com
17 internationalarchitectureawards.com 참조.
18 paawards.com 참조.
19 architectural-review.com 참조.
20 culture.ec.europa.eu 참조.
21 leafawards.arena-international.com 참조.

3. 모두가 승자

1 Tom Dyckhoff, 'The Malling of Our Cities', thetimes.co.uk, 10 January 2007.
2 Edwin Heathcote, 'Carbuncle Cup: Award Mocks Ugly Buildings but

Doesn' t Stop Them' , ft.com, 16 September 2016.

3 Liz Walder, *History, Design, and Legacy: Architectural Prizes and Awards: An Academic Investigation of the Royal Institute of British Architects' (RIBA) Royal Gold Medal*, Cardiff: Wordcatcher Publishing, 2019, 24.

4 pritzkerprize.com 참조.

5 Y-Jean Mun-Delsalle, 'Created In 1979, Jay Pritzker' s Prize Is Still Architecture' s Highest Honor, forbes.com, 13 March 2016에서 인용.

6 architecture.nd.edu 참조.

7 w-awards.architectural-review.com 참조.

8 'A Decade of Design Awards: We Look Back Through the Years' , wallpaper.com, 14 January 2014.

9 2017년에 두 잡지는 모두 『부동산 주간(*Property Week*)』을 소유한 메트로폴리스 그룹에 매각되었다.

10 'ASA Ruling on AI Global Media Ltd t/a Build' , asa.org.uk, 22 August 2018.

4. 위기? 어떤 위기?

1 Bloomberg, 'Bloomberg' s New European Headquarters Rated World' s Most Sustainable Office Building, October' , Bloomberg. com, 1 October 2017.

2 Foster + Partners, 'Bloomberg' s New European Headquarters Rated World 's Most Sustainable Office Building' , fosterandpartners.com, 2 October 2017.

3 Steven Levy, 'One More Thing Inside Apple' s Insanely Great (Or Just Insane) New Mothership' , wired.com, 16 May 2017.

4 Oliver Wainwright, 'Bloomberg HQ: A £1bn Building That Looks Like a Regional Department Store' , theguardian.com, 25 October 2017.

5 Lloyd Alter, 'Please Stop Calling the New Bloomberg HQ the World' s Most Sustainable Office Building. It' s Not' , treehugger. com, 11 October 2018.

6 Christopher Schnaars, Hannah Morgan, 'In US Building Industry, Is It

Too Easy to be Green?' , eu.usatoday.com, 24 October 2010.

7 Bloomberg, 'Bloomberg' s New European Headquarters' 에서 인용.

8 David Gottfried, *Explosion Green: One Man's Journey to Green the World's Largest Industry*, New York: James Publishing, 2014, 31.

9 breeam.com 참조.

10 'Why Choose BREEAM' , www.breeam.com.

11 usgbc.org 참조.

12 Hans Carl Von Carlowitz, *Sylvicultura Oeconomica*, Leipzig: 1713, 105.

13 Ulrich Grober, 'Deep Roots—A Conceptual History of "Sustainable Development" (Nachhaltigkeit)' , *Discussion Papers / WZB, Wissenschaftszentrum Berlin fur Sozialforschung*, Berlin: WZB, 2007, 22-24 참조.

14 Gifford Pinchot, *Breaking New Ground*, Washington, DC: Island Press, 1988, 319.

15 Gifford Pinchot, 'The Forest. Forest-Policy Abroad—III' , *Garden and Forest* 4 (152), 1891, 35.

16 Pinchot, *Breaking New Ground.*

17 Archibald MacLeish, 'A Reflection: Riders on Earth Together, Brothers in Eternal Cold' , nytimes.com, 25 December 1968.

18 Edward Goldsmith, *Blueprint for Survival*, London: Tom Stacey Ltd, 1972, 1.

19 같은 책, 5.

20 Donella H. Meadows, Club of Rome, *The Limits to Growth*, New York: Pan Books, 1972, 142.

21 같은 책, 158.

22 Peter Passell, Marc Roberts and Leonard Ross, 'The Limits to Growth' , nytimes.com, 2 April 1972.

23 World Commission on Environment and Development, *Our Common Future*, New York: Oxford University Press, 1987, 7.

24 같은 책, 46.

25 United Nations, Agenda 21, 1992, 40-4.

26 Livio D. DeSimone and Frank Popoff with World Business Council for

Sustainable Development, *Eco-efficiency: The Business Link to Sustainable Development*, Cambridge: MIT Press, 1997, 89.

27 Hendrik A. Verfaillie and Robin Bidwell, Measuring Eco-efficiency: A Guide to Reporting Company Performance, 2000, 2.

28 gbci.org 참조.

29 Michael Green, '2019 Social Progress Index: Measuring Real Things That Matter', skoll.org, 18 September 2019.

30 Somini Sengupta, 'Global Action Is 'Very Far' From What's Needed to Avert Climate Chaos', nytimes.com, 26 February 2021.

31 WMO, 'Climate Change Threatens Sustainable Development', public.wmo.int, 22 September 2021.

32 Billy Nauman, '"Green Bubble" Warnings Grow as Money Pours into Renewable Stocks', ft.com, 19 February 2021.

33 Bjarke Ingels, 'Hedonistic Sustainability', ted.com, May 2011.

5. 모두가 웰

1 WHO Regional Office for Europe, 'Biological Effects of Man-made Mineral Fibres', EURO Reports and Studies 81, Copenhagen 1983.

2 Sumedha M. Joshi, 'The Sick Building Syndrome', *Indian Journal of Occupational and Environmental Medicine* 12(2), 2008, 61-64.

3 TSSA, 'Sick Building Syndrome', tssa.org.uk.

4 Ake Thorn, 'Case Study of a Sick Building: Could an Integrated Biopsychosocial Perspective Prevent Chronicity?', *European Journal of Public Health* 10(2), June 2000.

5 George Augustus Sala, 'The Health Exhibition: A Look Around', in *Illustrated London News* 85, 2 August 1884, 94.

6 Philip and Leah Lovell, *Diet for Health by Natural Methods: Together with Health Menus and Recipes; Complete Instructions for the Cure of the Sick Without the Use of Drugs*, Los Angeles: Times-Mirror Press, 1927. Quoted in Beatriz Colomina, *X-ray Architecture*, Zurich: Lars Muller Publishers, 2019.

7 Richard Neutra, 'Steel Construction with Plaster', California Plasterer,

1929. Beatriz Colomina, *X-ray Architecture*, Zurich: Lars Muller Publishers, 2019에서 인용.

8 Frank Macfarlane Burnet, *Natural History of Infectious Diseases*, New York: Cambridge University Press, 1962, 3.

9 Clare Cooper Marcus and Marni Barnes, *Healing Gardens: Therapeutic Benefits and Design Recommendations*, New York: Wiley, 1999; M.T. Southwell and G. Wistow, 'Sleep in Hospital at Night.Are Patients' Needs Being Met?' , *Journal of Advanced Nursing* 21(6), 1101.9; Roger S. Ulrich, Robert F. Simons et al., 'Stress Recovery During Exposure to Natural and Urban Environments' , *Journal of Environmental Psychology* 1(3), 1991, 201-30 참조.

10 John Baptista van Helmont, *Oriatrike*, or Physick Refined, London: Printed for Lodowick [Lloyd], [1662], 526.

11 David Sackett, William M. Rosenberg et al., 'Evidence Based Medicine: What It Is and What It Isn' t' , *BMJ*, 312, 71.

12 Kirk Hamilton, 'Four Levels of Evidence-Based Practice' , *Healthcare Design* 3(4), 2003, 18-26.

13 Kerstin Sailer, Andrew Budgen et al., 'Evidence-Based Design: Theoretical and Practical Reflections of an Emerging Approach in Office Architecture' , *Undisciplined! Design Research Society Conference* 2008, Sheffield Hallam University, Sheffield, UK, 16-19 July 2008.

14 Kirk Hamilton, 'Four Levels of Evidence-Based Practice' .

15 Susanne Colenberg, Tuuli Jylha, Monique Arkesteijn, 'The Relationship Between Interior Office Space and Employee Health and Well-being. A Literature Review' , *Building Research and Information* 49(3), 2021.

16 같은 책, 9.

17 globalwellnessinstitute.org 참조.

18 같은 사이트.

19 Urban Land Institute, *Building Healthy Places Toolkit: Strategies for Enhancing Health in the Built Environment*, 2015 참조.

20 Patrick Sisson, 'Can the Right Home Make You Live Longer?' , curbed.com, 15 October 2019에서 인용.

21 같은 글.
22 Samantha Sharf, 'This Ex-Goldman Trader and His $800 Million Startup Hope You' ll Pay Extra for Real Estate That Aces a 'Wellness' Test' , forbes.com, 11 April 2019에서 인용.
23 wellcertified.com 참조.
24 Delos Living LCC, *Investing in Human Health: The Science behind Darwin Home Wellness Intelligence*, 2019, 4.
25 Rachel Hodgdon, 'Lead by Example: Cultivating Wellness in the Workplace' , resources.wellcertified.com, 3 September 2019.
26 Eleftherios Zakaris and Crystal Rosen, 'Climate Change, Human Health and the Built Environment, an EMEA Roundtable' , resources.wellcertified.com, 8 February 2022.
27 Paul J. Rosch, 'The Quandary of Job Stress Compensation' , *Health and Stress: The Newsletter of the American Institute of Stress*, March 2001.
28 Nadia Wood and Chi Lam, *Preparing and Architecting for Machine Learning: A White Paper*, 9 April 2020, 4.
29 v2.wellcertified.com 참조.
30 Paul Scialla, 'Paul Scialla On Human Friendly Building Standards' , youtube.com, 26 August 2016.
31 v2.wellcertified.com 참조.
32 standard.wellcertified.com 참조.
33 Oliver Heath, 'CBRE Madrid: The Benefits of WELL Building in Practice' , blog.interface.com, 4 May 2018.
34 Deepak Chopra, 'How to Stay Well' , youtube.com, 2 June 2016.
35 Samantha Sharf, 'This Ex-Goldman Trader and His $800 Million Startup' .
36 같은 글.
37 2006년에 이미 로베르트 볼린데르(Robert Wålinder) 박사는 스웨덴의 『의학 저널(*Läkartidningen*)』에서 "의료 부문 외부의 활동가들이 내린 (유사)의학적 진단들"에 대해 얘기하면서, 필요한 의학적 역량을 갖고 있지 않은 자문 회사들이 실시하는 유도 문항들이 있는 설문 조사들이 직원이나 주민 입장에서 인지되는 불안을 증폭시키는 동향에 대해 우려를 표했다.

데이터, p. 103

1 Monocle, 'Quality of Life Survey, top 25 cities', monocle.com, 21 June 2019.

6. 밴쿠버™

1 Mercer, 'Vienna Tops Mercer's 21st Quality of Living Ranking', mercer.com, 13 March 2019.

2 Roberta Ryan and Yvette Selim, 'Livable Sydney. *Livable for Whom?', Livable Cities from a Global Perspective*, New York: Routledge, 2018.

3 Mohamad Kashef, 'Urban Livability Across Disciplinary and Professional Boundaries', *Frontiers of Architectural Research* 5(2), 2016, 239-53.

4 Jane Austin, *Mansfield Park*, New York: W.W. Norton & Company, 1998, 166. [역주: 제인 오스틴, 『맨스필드 파크』, 김영희 옮김, 민음사, 2020, 349쪽 번역문 준용.]

5 Lewis Mumford, *From The Ground Up: Observations On Contemporary Architecture, Housing, Highway Building, and Civic Design*, San Diego: Harcourt Brace Jovanovic, 1956, 219.

6 Jane Jacobs, *The Death and Life of Great American Cities*, New York: Vintage Books, 1961, 14.

7 Donald Gutstein, *Vancouver Ltd.*, Toronto: Lorimer, 1975에서 인용.

8 같은 책.

9 Rod Mickleburgh, 'Visionary Mayor Art Phillips Remade Vancouver', theglobeandmail.com, 24 April 2013에서 인용.

10 Harry Lash, *Planning in a Human Way: Personal Reflections on the Regional Planning Experience in Greater Vancouver*, Ottawa: Ministry for Urban Affairs, 1976, 45.

11 같은 책, 54.

12 같은 책, 54.

13 Greater Vancouver Region, *The Livable Region 1976/1986: Proposals to Manage the Growth of Greater Vancouver*, 1975, 4.

14 Greater Vancouver Regional District, *Creating Our Future: Steps to a*

more Livable Region, 1990, 9.

15 City of Vancouver, Administrative Report, 31 October 2006, 4.

데이터, p. 123

1 pps.org 참조.

2 Fred Kent, 'Transformative Times: Earth Day 1970, Placemaking, and Sustainability Today' , pps.org, 21 April 2010.

3 같은 글.

4 Lynda H. Schneekloth, Robert G. Shibley, *Placemaking: The Art and Practice of Building Communities*, New York, Chichester, Brisbane, Toronto, Singapore: Wiley, 1994.

5 placemakers.nl 참조.

6 placemakingplus.com 참조.

7 cnu.org 참조.

8 Urban Land Institute, Creative Placemaking. Sparking Development with Arts and Culture, 2020.

9 artscape.ca 참조.

10 Holly Moskerintz, 'ULI Advances Placemaking: A Value to Real Estate' , nar.realtor, 11 December 2018.

11 digital-placemaking.org 참조.

12 Delaware County Planning Department, Tactical Placemaking. Planner' s Portfolio 12, September 2017, delcopa.gov.

13 Nicola Dempsey, 'We need to talk about place-keeping!' , placekeeping.org, 10 November 2013.

14 jocowenarchitects.com 참조.

15 Ben van Berkel. UNStudio, 'UNStudio Report: Architecture and Urban Design Critical to Helping Build Communities Post-Corona' , unstudio.com, 22 July 2021에서 인용.

16 markoandplacemakers.com 참조.

17 streetdots.co.uk 참조.

18 Hans Karssenberg, Developing Our Cities Around Community and Place, thecityateyelevel.com.

19 Savills, Spotlight Development: The Value of Placemaking, 2016, savills.co.uk.

여기도 저기도 아닌 *Here nor There*

1 en.wikipedia.org 참조.
2 pps.org 참조.
3 Neal Peirce, 'Planning for Public Spaces as if People Mattered', *Washington Post*, 12 May 1978.
4 Barbara Palmer, 'Fred Kent. The Doctor of Place', PCMA *Convene*, November 2008에서 인용.
5 Kathy Kiefer, 'Earth Day. 'What Is It?', kathykieferblog.wordpress.com, 16 April 2015.
6 Fred Kent, 'Transformative Times: Earth Day 1970, Placemaking, and Sustainability Today', pps.org, 21 April 2010.
7 'Lindsay Triangle', nycgovparks.org 참조.
8 Palmer, 'Fred Kent. The Doctor of Place'.
9 Elizabeth Giddens, 'Impresario of the Village Green',nytimes.com, 30 September 2007.
10 Martin Gottlieb, 'Conversations/Fred Kent; One Who Would Like to See Most Architects Hit the Road', nytimes.com, 28 March 1993.
11 The Aspen Institute, 'AIF 09: In Conversation with Frank Gehry', youtube.com, 13 July 2009.
12 Lynda H. Schneekloth, Robert G. Shibley, *Placemaking: The Art and Practice of Building Communities*, New York: John Wiley & Sons, 1995.
13 같은 책.
14 Kathleen Madden, Andrew Schwartz, Project for Public Spaces, *How to Turn a Place Around. A Handbook for Creating Successful Public Spaces*, New York: Project for Public Spaces, 2000.
15 Glenn Collins, 'Bryant Park Braces for a Tidal Wave of Traffic', nytimes.com, 5 June 2008에서 인용.
16 Paul Goldberger, 'ARCHITECTURE VIEW; Bryant Park, An Out-of-Town Experience', nytimes.com, 3 May 1992.

17 Collins, 'Bryant Park Braces for a Tidal Wave of Traffic' .
18 bryantpark.org에서 인용.
19 Alison Gregor, 'Bryant Park Office Rents Outperform the Rest of Midtown' , nytimes.com, 2 October 2012.
20 downtowndetroit.org 참조.
21 JC Reindl, 'Ilitch Organization to Get $74m Bonus for Hitting Arena District Goal' , eu.freep.com, 11 May 2019.
22 Michael Jackman, 'The District Detroit: The City of Today, Tomorrow!' , metrotimes.com, 3 March 2015.
23 John Gallagher, 'Downtown Detroit Sales Prices Rise to "Insane" Levels' , eu.freep.com, 23 April 2016.
24 Rod Meloni, 'Dan Gilbert to Unveil Plans for Reinventing Downtown Detroit with Development Strategy' , clickondetroit. com, 27 March 2013에서 인용.
25 같은 글.
26 Ben Austen, 'The Post-Post-Apocalyptic Detroit' , nytimes.com, 11 July 2014.
27 같은 글.
28 discoverygreen.com 참조.
29 downtownpittsburgh.com 참조.
30 rosekennedygreenway.org 참조.
31 downtownseattle.org 참조.
32 Rick Snyder, 'A Special Message from Governor Rick Snyder: Community Development and Local Government Reforms' , 21 March 2011.
33 sfplanning.org 참조.
34 'Regeneration and Placemaking: Shape Meaningful Places We All Value' , jll.co.uk.
35 Urban Land Institute, 'Creative Placemaking. Sparking Development with Arts and Culture' , 2020.
36 Jane Jacobs, 'Downtown is for People' , *Fortune*, 1958.

8. 보헤미아를 지배하라!

1 Department of Communications and the Arts (Australia), *Creative Nation: Commonwealth Cultural Policy*, webarchive.nla.gov.au, 30 October 1994.

2 Jonathan Gross, *The Birth of the Creative Industries Revisited. An Oral History of the 1998 DCMS Mapping* Document, kcl.ac.uk, 2020, 9.

3 Department for Digital, Culture, Media & Sport, *Creative Industries Mapping Documents 1998*, gov.uk, 9 April 1998.

4 Gross, *The Birth of the Creative Industries Revisited*, 6에서 인용.

5 같은 책, 12.

6 같은 책, 6.

7 Hasan Bakhshi, Ian Hargreaves and Juan Mateos-Garcia, 'A Manifesto for the Creative Economy' , April 2013, media.nesta.org.

8 Gross, *The Birth of the Creative Industries Revisited*, 19.

9 Richard Florida, *The Rise of the Creative Class, Revisited*, New York: Basic Books, 2011, 38-39.

10 같은 책, 39.

11 Richard Florida, 'Bohemia and Economic Geography' , *Journal of Economic Geography*, 2, 2002, 64.

12 Florida, *The Rise of the Creative Class*, 135.

13 Alec MacGillis, 'The Ruse of the Creative Class' , prospect.org, 18 December 2009.

14 Ross Atkin, 'A Tale of Cool Cities' , csmonitor.com, 8 October 2003.

15 Kim Margolis, 'Young Dayton Adults Strive to Help the City Thrive' , *Dayton Daily News*, 30 April 2010.

16 coolcities.com.

17 Rana Florida, 'Watch CREATE: Detroit' s Inaugural Ideas Fest on City Building' , huffpost.com, 9 July 2015.

18 Shinan Govani, 'Richard and Rana Florida' s Long Journey to Baby Mila' , thestar.com. 26 November 2015.

19 Donald Bonk, 'Richard Florida: Iconic Thoughts on Pittsburgh' , pittsburghquarterly.com, 19 August 2020.

20 Jamie Peck, 'Struggling with the Creative Class' , *International Journal of Urban and Regional Research*, 20 December 2005; Steven Malanga 'The Curse of the Creative Class' , city-journal.org, 2004; and MacGillis, 'The Ruse of the Creative Class' 참조.

21 'LSE Events, Prof. Richard Florida,The New Urban Crisis' , youtube.com, 11 October 2017.

22 Oliver Wainwright, '"Everything Is Gentrification Now": but Richard Florida Isn' t Sorry' , theguardian.com, 26 October 2017.

23 MacGillis, 'The Ruse of the Creative Class' .

24 Department for Digital, Culture, Media and Sport, *Creative Industries Mapping Documents 1998*.

25 Walter Isaacson, *Steve Jobs: The Exclusive Biography*, London: Little, Brown, 2011, 463.

26 Office Snapshots, 'Pixar Headquarters and the Legacy of Steve Jobs' , officesnapshots.com, 16 July 2012.

27 Robert Iger, *The Ride of a Lifetime*, New York: Random House, 2019, 150.

데이터, p. 167

1 The Building Better, Building Beautiful Commission, *Living with Beauty. Promoting Health, Well-being and Sustainable Growth*, January 2020, 1-5.

9. B로 시작하는 금칙어

1 Royal Fine Art Commission, *Records of the Royal Fine Art Commission*, 1924.

2 같은 기록.

3 Dennis Kavanaugh, 'Lord St-John of Fawsley: Flamboyant Politician Who Fell Foul of Margaret Thatcher' , independent.co.uk, 6 March 2012.

4 Matthew Carmona and Andrew Renninger, 'The Royal Fine Art Commission and 75 Years of English Design Review: The Final 15 years, 1984-1999, *Planning Perspectives* 32(4), 2017, 581.

5 Amanda Ballieu, 'Architecture: The Mandarins Meet Their Match:

When the Royal Fine Art Commission Decrees, Governments Defer. But in Paternoster Square It Is Being Spurned (CORRECTED)', independent.co.uk, 3 February 1993에서 인용.

6 Carmona and Renninger, 'The Royal Fine Art Commission'.

7 Royal Fine Art Commission, *Records of the Royal Fine Art Commission*.

8 Kavanaugh, 'Lord St-John of Fawsley'.

9 Richard Rogers, 'Lord Rogers' Speech to the Urban Summit Today', theguardian.com, 31 October 2002.

10 Urban Task Force, *Towards an Urban Renaissance*, London: E & FN Spon, 1999, 5.

11 Sebastian Macmillan (ed.), *Designing Better Buildings: Quality and Value in the Built Environment*. London: Taylor & Francis, 2004, 2에서 인용.

12 James Fischer, 'Architecture: The Country's Architectural Enforcer', independent.co.uk, 20 August 1998.

13 dqi.org.uk.

14 Richard Rogers, 'The Fear of Beauty is Destroying our Urban Environment', independent.co.uk, 2 April 2001.

15 Rogers, 'Lord Rogers' Speech'.

16 Commission for Architecture & the Built Environment (CABE), *The Value of Good Design: How Buildings and Spaces Create Economic and Social Value*, 2002.

17 Oliver Letwin, *Conducting Politics as if Beauty Matters*, conservative-speeches.sayit.mysociety.org, 6 June 2005.

18 Gabriel M. Ahlfeldt and Nancy Holman, 'Distinctively Different: A New Approach to Valuing Architectural Amenities', *SERC Discussion Paper* 171, 2005 참조.

19 Department for Communities and Local Government, *National Planning Policy Framework*, 27 March 2012, 15.

20 Alan Powers, 'Beauty, a Short History', *People and Places*, 15 November 2010.

21 Andrew Lainton, 'Brandon Lewis Celebrates Defeat of Bungalows

Scheme' , independent.co.uk, 29 August 2014.

22 The Farrell Review of Architecture and the Built Environment, farrellreview.co.uk, August 2014 참조.

23 RIBA, *Building a Better Britain*, architecture.com, July 2014.

24 Roger Scruton, 'On Defending Beauty' , spectator.org, May 2010.

25 스크루턴은 훗날 이렇게 고백했다. "저는 그 책을 한 페이지도 쓰지 않았습니다."

26 Ministry of Housing, Communities and Local Government, *Living with Beauty: Report of the Building Better, Building Beautiful Commission*, gov.uk, 30 January 2020 참조.

27 Rowan Moore, 'Would You Trust Roger Scruton to Design Your New Home?' , 25 November 2018.

28 India Block, 'UK' s New Commission for Beautiful Buildings Is "Tedious Hangover from 1980s" Say Architects' , dezeen. com, 6 November 2018 에서 인용.

29 같은 글.

30 같은 글.

31 Ella Jessel, 'Beauty Watchdog Could Be Government Decoy, Admits Scruton' , architectsjournal.co.uk, 25 January 2019에서 인용.

32 Ella Jessel, '"Stop Being Defensive and Build What British People Want", Kit Malthouse Tells Architects' , architectsjournal.co.uk, 20 November 2018에서 인용.

33 Roger Scruton, *Beauty*, Oxford: Oxford University Press, 2009, 31.

34 Ministry of Housing, Communities and Local Government, *Living with Beauty: Report of the Building Better, Building Beautiful Commission.*

35 Building Better, Building Beautiful Commission, *Living with Beauty. Promoting Health, Well-being and Sustainable Growth*, January 2020, 22.

36 @JoeShalam, twitter.com, 30 January 2020, 6:14 PM.

37 Vaughn Horsman. Quoted in Tom de Castella, 'Farrells and PRP Help Councils Draw Up New Design Codes' , architectsjournal. co.uk, 24 August 2021.

10. 건축가 없는 건축

1 Justin Trudeau, 'Announcing Sidewalk Toronto: Press Conference Live Stream' , youtube.com, 17 October 2017.

2 Sidewalk Labs, *Master Innovation and Development Plan*, 2019, Volume 0, slideshare.net, 9.

3 sidewalklabs.com 참조.

4 Herman van Bosch, 'Google' s Sidewalk Labs Takes the Lead in "Smart City" Development in Toronto. Smart City Hub' , smartcityhub.com에서 인용.

5 sidewalklabs.com 참조.

6 Leyland Cecco, '"Surveillance Capitalism": Critic Urges Toronto to Abandon Smart City Project' , theguardian.com, 6 June 2019에서 인용.

7 Eleanor Gibson, 'Sidewalk Labs Abandons Toronto Smart City During Pandemic' , dezeen.com, 7 May 2020에서 인용.

8 Jane Jacobs, *The Death and Life of Great American Cities*, New York: Vintage Books, 1961, 50.

9 같은 책, 138.

10 Bernard Rudofsky, *Architecture without Architects: An Introduction to Non-Pedigreed Architecture*, New York: Museum of Modern Art, 1962.

11 같은 책, 15.

12 patternlanguage.com 참조.

13 Boyd Cohen, 'What Exactly Is a Smart City?' , fastcompany.com, 19 September 2012.

14 Replica, 'A New Way to Plan and Manage Cities' , replicahq.medium.com, 16 September 2020.

15 같은 글.

16 Klaus Schwab and Richard Samans, 'Preface' , in *The Future of Jobs Employment, Skills and Workforce Strategy for the Fourth Industrial Revolution*, World Economic Forum, January 2016.

17 Lars Spuybroek, *The Architecture of Continuity*, Rotterdam: V2 Publishing, 2008, 71.

18 Sebastian Jordahn, 'Philippe Starck, Kartell and Autodesk Unveil "World' s First Production Chair Designed with Artificial Intelligence"' ,

dezeen.com, 11 April 2019.

19 Natashah Hitti, 'Christie' s Sells AI-Created Artwork Painted Using Algorithm for $432,000' , dezeen.com, 29 October 2019.

20 terminusgroup.com 참조.

21 Jesper Staahl, 'Architects and Our Tools: A Return from User to Creator' , spacemakerai.com, 29 March 2021.

22 spacemakerai.com 참조.

23 같은 사이트.

24 apps.apple.com에 있는 애플리케이션 설명 참조.

25 Louisa Xu, 'Modernizing Real Estate: The Property Tech Opportunity' , forbes.com, 22 February 2019.

26 homebound.com 참조.

27 같은 사이트.

28 Daniel Davis, 'Katerra' s $2 Billion Legacy' , architectmagazine.com, 18 June 2021.

29 sidewalklabs.com 참조.

30 Stephen Cousins, 'Generative City Design Gets the Google Treatment' , ribaj.com, 9 November 2020에서 인용.

31 sidewalklabs.com 참조.

32 Sundar Pichai, '$1 Billion for 20,000 Bay Area Homes' , blog.google, 18 June 2019.

33 realestate.withgoogle.com 참조.

34 Downtown West' s Social Infrastructure Plan, Spring 2021 참조.

35 Alistair Barr, 'An RV Camp Sprang up Outside Google' s Headquarters. Now Mountain View Wants to Ban It' , bloomberg.com, 21 May 2019.

36 Mark Maurer, 'Map: A Look at Google' s Growing Empire' , there-aldeal.com, 21 Mar 2018.

37 sidewalklabs.com 참조.

38 Aneesh Aneesh, 'Technologically Coded Authority: The Post-Industrial Decline in Bureaucratic Hierarchies' , *Conference: International Summer Academy on Technology Studies*, Deutschlandsberg, 2002, 8-9.

39 Aneesh, 12.267

찾아보기

가이아스 센터 박물관(Gaias Centre Museum, 갈리시아 박물관), 22-3
갈리시아 문화 도시(City of Culture of Galicia, 스페인 갈리시아), 22-3
갈리시아 박물관(Museum of Galicia, 가이아스 센터 박물관), 22-3
갈리시아, 스페인(Galicia, Spain), 16, 22-3
갓프리드, 데이비드(Gottfried, David), 68, 82
거리 생활 프로젝트(Street Life Project), 133
건강 주택(Health House, 캘리포니아 로스앤젤레스), 87
건강(health): 애플리케이션, 93 / 건축, 87-8 / 관련 요인들, 93 / 환자 중심, 90
건강한 장소 짓기(Building Healthy Places) 표준, 95
건물 관련 증후군들(building-related symptoms), 102
건설 연구소 환경 평가법(Building Research Establishment Environmental Assessment Method: BREEAM), 67
건설 연구소(Building Research Establishment: BRE), 67
건축 프리캐스트 협회 우수상(Architectural Precast Association [APA] Awards for Excellence), 53
건축 · 건조 환경 위원회(Commission for Architecture and the Built Environment: CABE), 174-76
건축가의 정신적 웰빙 재단(Architect' s Mental Wellbeing Foundation: AMWF), 210
게리, 프랭크(Gehry, Frank), 8-10, 134
경량 석재 물질(Light Stone Material: LSM), 198
고아가 된 미술관/박물관(orphaned museum trend), 19-21
골드버거, 폴(Goldberger, Paul), 137
골드스미스, 에드워드(Goldsmith, Edward), 74
공공 아이콘(public icons), 40. 아이콘으로서 건물(icons, buildings as)도 참조.
과학 기술 도시(City of Science and Technology, 스페인 발렌시아), 23
과학 산업 도시(Cite des Sciences et de l' Industrie, 프랑스 파리), 23
관련 연구, 89-92 / 건강에서 창출되는 부, 96-102
관용 지수(Tolerance Index), 154
광저우 CTF 파이낸스 센터(Guangzhou CTF Finance Centre, 광둥), 28
교토, 일본(Kyoto, Japan), 103
구겐하임 재단(Guggenheim Foundation), 11
구글(Google), 39, 127, 139, 196, 203-4
구리 건축상(Copper in Architecture Awards), 53
국가 계획 정책 프레임워크(National Planning Policy Framework: NPPF), 169, 181
국가 모범 디자인 코드(National Model Design Code: NMDC), 188
국경일 관람석(National Day Grandstand, 아부다비), 35
국민당(People' s Party), 22, 23
국제 문화 센터(International Cultural Centre, 아스투리아스), 16

국제 보건 전시회(International Health Exhibition), 87
국제 석조 건축상(International Stone Architecture Award), 53
그레이코트 리얼 에스테이트(Greycoat Real Estate), 67
그레이터 밴쿠버 광역 지구(Greater Vancouver Regional District: GVRD), 113
그로스먼, 닉(Grossman, Nick), 130
그로헤(GROHE), 59
그리니치빌리지, 뉴욕시(Greenwich Village, New York City), 108-9
그린 빌딩 협의회(Green Building Council: GBC, 미국), 68-9, 72, 101
글로벌 웰니스 연구소(Global Wellness Institute: GWI), 93
글로벌 지속 가능 건축상(Global Award for Sustainable Architecture), 45
금속 건축 디자인상(Metal Architecture Design Awards), 53
기네스 기록 목록(Guinness List of Records), 31-2
기록, 건축을 위한(records, for architecture), 43. 건물 데이터도 참조.
길버트, 댄(Gilbert, Dan), 139, 140, 141

나흐얀, 셰이크 술탄 빈 타흐눈 알(Nahyan, Sheikh Sultan bin Tahnoon Al), 34
'너의 내면을 탐색하라(Search Inside Yourself)', 91-3
노동당(Labour Party, 영국), 151-153, 175, 183
노이트라, 리하르트(Neutra, Richard), 87
뉴 어버니즘(New Urbanism), 95
뉴로직 III 빌딩(NewLogic III building, 네덜란드 퇼부르흐), 29
뉴비긴, 존(Newbigin, John), 153
뉴욕시(New York City), 28, 42, 137, 144
뉴캐슬 건축상(Newcastle Architecture Awards), 45

다거트, 존(Doggart, John), 67
다운타운 디트로이트 파트너십(Downtown Detroit Partnership: DDP), 138-42
다윈(DARWIN), 102
대도시 계획 기술 위원회(Technical Committee for Metropolitan Planning, 밴쿠버), 109
대처, 마거릿(Thatcher, Margaret), 171-77
더 잘 짓기, 아름답게 짓기(Building Better, Building Beautiful) 위원회, 180-85
더 퍼블릭(The Public, 잉글랜드 웨스트브로미치), 21
데달로 미노세 국제 건축 위임상(Dedalo Minosse International Prize for commissioning a building), 45
데이비스, 스티브(Davies, Steve), 130
덴버 미술관(Denver Art Museum, 콜로라도 덴버), 18
델로스(Delos), 96-102
델브(Delve), 201, 204
도시 건설 아이디어 축제(Ideas Fest on City Building), 159
도시 계획법(Planning Act, 영국), 169
도시 전담반(Urban Task Force), 175, 178-9
도시 토지 연구소(Urban Land Institute), 137
도플갱어(Doppelganger), 194
동방명주(Oriental Pearl Tower, 중국), 38
뒤셀도르프, 독일(Dusseldorf, Germany), 103
뒤프렌, 피에르 마르탱(Dufresne, Pierre Martin), 35
드레이크 서커스 쇼핑센터(Drake Circus Shopping Center, 영국 플리머스), 47, 62
드리하우스 건축상(Driehaus Architecture Prize), 52
디 에지(The Edge, 네덜란드 암스테르담), 29
디스커버리 그린(Discovery Green, 텍사스 휴스턴), 141
디자인 공로상(Design Merit Award), 137

디자인 품질 지표(Design Quality Indicators: DQIs), 177
디자인 혁신상(Innovation by Design Award), 57
디진 어워즈(Dezeen Awards), 57
디캐프리오, 리어나도(DiCaprio, Leonardo), 102
디테일상(Detail Prize), 54
디트로이트 300 컨서번시(Detroit 300 Conservancy), 138
디트로이트, 미시건(Detroit, Michigan), 138-40, 159
딥 다이브 두바이(Deep Dive Dubai, 두바이), 29

라비니, 클렘(Labine, Clem), 53
래시, 해리(Lash, Harry), 114
러프 로드 하우징(Lough Road Housing, 잉글랜드 런던), 62
런던 도크랜즈 개발 공사(London Docklands Development Corporation), 67
런던, 잉글랜드(London, England), 29, 52, 63, 87
런델 언스트버거 어소시에이츠(Rundell Ernstberger Associates: REA), 138
레지 어워즈(RESI Awards), 53
레지오넬라균(Legionella), 85
레트윈, 올리버(Letwin, Oliver), 179
레플리카(Replica), 195
렐리(RELi), 80
로마 상(Prix de Rome), 48
로벨, 필립(Lovell, Philip), 87-88
로열 골드 메달(Royal Gold Medal), 49
로저스, 리처드(Rogers, Richard), 16, 44, 61, 175, 177
로즈 케네디 그린웨이(Rose Kennedy Greenway, 매사추세츠 보스턴), 142
록 벤처스(Rock Ventures), 140
론 국영회사(Compagnie Nationale du Rhone: CNR), 21
롯데월드 타워(Lotte World Tower, 대한민국 서울), 28
루도프스키, 버나드(Rudofsky, Bernard), 191 193
루브르 박물관 피라미드 출입구(Louvre Pyramid), 39
루웰린-데이비스 건축 사무소(Llewelyn-Davies architecture firm), 63
루이스, 브랜든(Lewis, Brandon), 182
뤼스턴, 월터 B.(Wriston, Walter B.), 174
리드(LEED): 브리암(BREEAM) 대 리드, 67-9 / 범주, 70-1 / 인증 과정, 71-2 / 기원, 68 / 개요, 69 / 내부 등급화 시스템, 80
리들리, 니콜라스(Ridley, Nicholas), 171
리베스킨트, 다니엘(Libeskind, Daniel), 17, 18, 22
리스, 피터(Rees, Peter), 172
리스본, 포르투갈(Lisbon, Portugal), 103
리우 지구 정상 회의(Rio Earth Summit), 77
리틀 시저 경기장(Little Caesars Arena, 미시건 디트로이트), 139
린지, 존(Lindsay, John), 132

마드리드, 스페인(Madrid, Spain), 100
마운틴뷰, 캘리포니아(Mountain View, California), 204
마이티 빌딩스(Mighty Buildings), 200
마카 로열 클락 타워(Makkah Royal Clock Tower), 29
마켓 스퀘어(Market Square, 펜실베이니아 피츠버그), 142
맘스베리, 잉글랜드(Malmesbury, England), 186
매든, 캐시(Madden, Kathy), 130
매클리시, 아치볼드(MacLeish, Archibald), 74
맥구겐하임(McGuggenheim), 17
맥도너, 윌리엄(McDonough, William), 68
맨해튼(Manhattan), 136-7

머샴, 허버트(Muchamp, Herbert), 9-10
머서(Mercer), 105
머피, 더글러스(Murphy, Douglas), 184
멈퍼드, 루이스(Mumford, Lewis), 108
메디뱅크 빌딩(Medibank Building, 호주 멜버른), 29
메모리얼 네크로폴 에큐메니카(Memorial Necropole Ecumenica, 산투스), 28
메트로폴 파라솔(Metropol Parasol, 스페인 세비야), 38, 40
멜버른, 호주(Melbourne, Australia), 29, 103, 107
멜팅 팟 지수(Melting Pot Index), 156
모두를 위한 커피(cafe para todos) 정책, 15
모저, 빌헬름 고트프리트(Moser, Wilhelm Gottfried), 73
모지스, 로버트(Moses, Robert), 109, 132, 205
목조 디자인상(Wood Design Award), 53
몬트리올 올림픽 경기장(Montreal Olympic Stadium), 31
무당파 연합(Non-Partisan Association: NPA), 109
무어 하우스(Moore House, 잉글랜드 런던), 62
무어, 로완(Moore, Rowan), 184
문화 혁신 센터(Centre for Cultural Innovation, 헤리티지 연구 센터), 23
문화 미디어 스포츠부(Department of Culture, Media and Sport, 영국), 151
뮌헨, 독일(Munich, Germany), 103
미국 그린 빌딩 협의회(US Green Building Council: USGBC), 68
미국 재향 군인회(American Legion), 85
미국(United States). 도시 데이터도 참조:
미니 스카이 시티(Mini Sky City, 중국 창사), 28
미드, 마거릿(Mead, Margaret), 132
미술관 건축(museum architecture), 25.
미스 반 데어 로에 상(Mies van der Rohe Award), 45, 51
민간 아이콘(private icons), 38-40. 아이콘으로서 건물(icons, buildings as)도 참조.
밀워키 미술관(Milwaukee Art Museum, 위스콘신 밀워키), 18

바그다드, 이라크(Baghdad, Iraq), 106
바르셀로나 파빌리온(Barcelona Pavilion), 51
바르셀로나, 스페인(Barcelona, Spain), 15, 27, 103
바벨탑(Tower of Babel), 9
바사이, 모나(Vasigh, Mona), 34
바스크 컨트리, 스페인(Basque Country, Spain), 12, 16
발렌시아, 스페인(Valencia, Spain), 23-4, 95
발실리, 짐(Balsillie, Jim), 192
밴쿠버, 캐나다(Vancouver, Canada): 도시 생활 조건, 105, 120 / 시내 개발 계획, 109 / 생태밀도 구상 문서, 117 / 생태 밀도, 117 / 유권자 행동 운동, 111-2 / 빈집세, 121 / 폴스 크릭 물줄기, 112 / 프리웨이 개발, 109-13 / 성장, 113, 115 / 거주 적합성, 118-21 / '살기 좋은 광역 계획(The Livable Region Plan)', 114 / 살기 좋은 광역권(1976/1986), 113-6 / 장소 만들기, 143 / 계획 혜택, 117 / 용도 지역 변경, 117 / 부동산 기부 기금, 112
버닛, 프랭크 맥팔레인(Burnet, Frank Macfarlane), 88
베네치안 리조트(Venetian Resort, 네바다 라스베이거스), 29
베네프, 애드리언(Benepe, Adrian), 137
베르사유궁(Palace of Versailles, 프랑스), 29
베를린, 독일(Berlin, Germany), 103
베이지, 에드(Vaizey, Ed), 182
벨뷰-스트랫포드 호텔(Bellevue-Stratford Hotel, 펜실베이니아 필라델피아), 85
벽돌 건축상(Brick in Architecture Award), 53

'병든 건물 증후군(Sick Building Syndrome: SBS)', 86, 102
보이스-스미스, 니콜라스(Boys-Smith, Nicholas), 185
보잉 에버렛 팩토리(Boeing Everett Factory, 워싱턴 에버렛), 28
보헤미안 지수(Bohemian Index), 155
보헤미안들(Bohemians), 155
복합 다양성 지수(Composite Diversity Index), 156
부르즈 할리파(Burj Kahlifa, 두바이), 28, 38, 40-1
북부 제국 전쟁 박물관(Imperial War Museum North, 영국 맨체스터), 19
뷰즈, 레이먼드(Buse, Raymond), 17
브라이언트 공원 법인(Bryant Park Corporation: BPC), 136-7
브라이언트 공원(Bryant Park, 맨해튼), 135-8, 144
브레넌, 레이(Brennan, Ray), 85
브루틀란 보고서(Brundtland Report, 『우리 공동의 미래(*Our Common Future*)』, 76
브루틀란 위원회(Brundtland Commission, 환경과 개발에 관한 세계 위원회[World Commission on Environment and Development]), 76
브루틀란, 그로 할렘(Brundtland, Gro Harlem), 76
브리즈번, 호주(Brisbane, Australia), 103
브리티시컬럼비아(British Columbia), 113. 밴쿠버, 캐나다(Vancouver, Canada)도 참조.
블레어, 토니(Blair, Tony), 19, 149, 173
블룸버그 유럽 본사(Bloomberg European HQ, 잉글랜드 런던), 29, 65-6
블룸버그, 마이클(Bloomberg, Michael), 66-7
비더맨, 대니얼(Biederman, Daniel), 137
빅토리아 건축상(Victorian Architecture Awards), 45
빈, 오스트리아(Vienna, Austria), 106, 107
빈집세(Empty Homes Tax), 121
빌라 발렌시아(Villa Valencia, 플로리다 코럴게이블스), 95
빌바오 구겐하임 미술관(Guggenheim Bilbao): 관련 대화, 7 / 경제적 파생 효과, 26 / 아이콘으로서, 38 / 인기, 14 / 홍보 캠페인, 12 / 관련 제안들, 10 / 재생 계획, 11 / 관련 통계, 12 / 관련 글들, 8-10
빌바오 효과(Bilbao Effect), 15, 18, 19, 21-4, 25-7
빌바오, 스페인(Bilbao, Spain), 10-1, 15-6, 27
뾰루지 컵(Carbuncle Cup), 47-8, 62

사부아 주택(Savoye, Villa), 42
사이츠(SITES), 80
산호세 다운타운 웨스트 프로젝트(San Jose Downtown West project), 203
살기 좋은 광역 계획(The Livable Region Plan, 밴쿠버), 114
살기 좋은(liveable), 108
살기 좋음/거주 적합성(liveability), 115, 117-19, 121
'삶의 질' 조사(Quality of Living Survey), 106
상(awards). 건축 잡지상 데이터도 참조, 53-7: 참가비, 58, 61 / 성장, 60-1 / 산업, 56 / 심사위원과 심사단, 56-7 / 현대적인 것 대 전통적인 것, 51-3 / 유형, 53-4, 60-1
상하이 세계금융센터(Shanghai World Financial Center), 38
샌프란시스코, 캘리포니아(San Francisco, California), 29, 142, 203
생태 효율성(eco-efficiency), 79
생태밀도(EcoDensity), 117
서펜타인 갤러리 파빌리온(Serpentine Gallery Pavilion), 62
설리번, 샘(Sullivan, Sam), 117

성가정 대성당(La Sagrada Familia Basilica, 스페인 바르셀로나), 28
세계 거주 적합성 지수(Global Livability Index), 118
세계 건축 뉴스상(World Architecture News [WAN] Award), 57
세계 건축제(World Architecture Festival: WAF), 57-9
세계 창조성 지수(Global Creativity Index: GCI), 156
세계 초고층 도시 건축 학회 마천루상(CTBUH Skyscraper Award), 53
세비야, 스페인(Seville, Spain), 15, 38
세인트 존-스테바스, 노먼(St John-Stevas, Norman), 172
세일즈포스 타워(Salesforce Tower, 캘리포니아 샌프란시스코), 29
쇼필드, 제프(Schofield, Jeff), 35
수정궁(Crystal Palace), 38
슈나벨, 줄리앙(Schnabel, Julian), 25
스나이더, 릭(Snyder, Rick), 142
스마트 도시 엑스포 세계 대회(Smart City Expo World Congress), 194
스마트 도시(smart city), 194
스몰 프로젝트상(Small Projects Award), 55
스미스, 크리스(Smith, Chris), 152, 176
스크루턴, 로저(Scruton, Roger), 183, 185
스타인웨이 타워(Steinway Tower, 뉴욕시), 28
스탈, 예스페르(Staahl, Jesper), 197
스택스, 톰(Staggs, Tom), 165
스탠호프 프로퍼티(Stanhope Properties), 67
스털링상(Stirling Prize), 47, 51-2
스톡홀름, 스웨덴(Stockholm, Sweden), 144
스페이스메이커(Spacemaker), 197
스페인(Spain): 빌바오 효과의 결말, 19 / '모두를 위한 커피' 정책, 15-6 / 비판적 지역주의, 16 / 경제, 15, 21 / 유럽의 건축 온실로서, 16 / 통치 구조, 15 / 미술(박물)관 프로젝트, 26
시드니 오페라 하우스(Sydney Opera House), 13, 17, 27, 38, 40
시드니, 호주(Sydney, Australia), 103
시알라, 폴(Scialla, Paul), 96
신노동당(New Labour), 175-178
신세기 글로벌 센터(New Century Global Center, 중국 청두), 28
신시내티 미술관(Cincinnati Art Museum, 오하이오 신시내티), 18
신시내티 투모로우(Cincinnati Tomorrow, 오하이오 신시내티), 158
실리콘밸리(Silicon Valley), 165, 198-204
싱가포르(Singapore), 28, 80, 103, 120

아가 한 건축상(Aga Khan Award for Architecture), 45
아름다움(beauty): 귀환, 183 / 정의, 179 / 관련 토론, 167 / 용법, 185-6 / 가치, 178
아만다 버든 도시 오픈 스페이스상(Amanda Burden Urban Open Space Award), 138
아부다비 국립 전시 회사(ADNEC), 31, 34, 40
아부다비(Abu Dhabi), 34, 40-1. 캐피탈 게이트(Capital Gate)도 참조.
아브라즈 알 바이트(Abraj Al Bait, 사우드아라비아 메카), 29
아이거, 밥(Iger, Bob), 165
아이리(IREE: Investor Ready Energy Efficiency, 투자자 맞춤형 에너지 효율성), 80
아이코닉 어워즈 혁신적 건축 부문(Iconic Awards: Innovative Architecture), 45
아이콘(ICON), 200
아이콘병(iconitis), 38-43
아이콘으로서 건물(icons, buildings as), 38-43
아처, 데니스(Archer, Dennis), 138
아치볼드, 토니(Archibald, Tony), 34

아크 디자인상(Arch Design Award), 45
아키텍처 마스터상(Architecture MasterPrize: AMP), 45
안틸리아 레지던스(Antilia Residence, 인도 뭄바이), 28
알 로스타마니 메이즈 타워(Al Rostamani Maze Tower, 두바이), 28
알고리즘 건축(algorithm architecture), 196-205
알고크라시(algocracy), 205
알렉산더, 크리스토퍼(Alexander, Christopher), 193
알바 알토 메달(Alvar Aalto Medal), 45, 49
알토, 알바(Aalto, Alvar), 45, 49, 87
알파벳(Alphabet), 204
암스테르담, 네덜란드(Amsterdam, The Netherlands), 29, 103, 144
애플 파크(Apple Park, 캘리포니아 쿠퍼티노), 28
에마르(Emaar), 40
에스케라 우니다(Esquerra Unida), 24
에지(EDGE: Excellence in Design for Greater Efficiencies, 더 큰 효율성을 위한 디자인 탁월성), 80
에펠탑(프랑스 파리), 28, 38
엔지니어링 · 건축 강구조 혁신 디자인상(Innovative Design in Engineering and Architecture with Structural Steel [IDEAS2] Awards), 53
엠파이어스테이트 빌딩(Empire State Building, 뉴욕시), 28
엠포리스 마천루상(Emporis Skyscraper Award), 53
연구 개발상(R&D awards, 『아키텍트』 매거진), 54
영 크리에이티브 서밋(Young Creatives Summit), 158
영국 공인 주택 협회(Chartered Institute of Housing), 53
영국 왕립 건축가 협회 국제상(RIBA International Prize), 48
영국 왕립 미술 위원회(Royal Fine Arts Commission: RFAC), 170-4
영국 주택상(UK Housing Awards), 53
영국(United Kingdom). 도시 데이터도 참조: 건축 · 건조 환경 위원회, 174-80 / 창조 산업, 151-3 / 문화 미디어 스포츠부, 151 / 장소 만들기, 144 / 왕립 미술 위원회, 170-4
예술 과학 도시(City of Arts and Sciences, 스페인 발렌시아), 23
오스틴, 제인(Austen, Jane), 108
오스틴을 이상하게 유지하라(Keep Austin Weird: KAW), 158
오슬로, 노르웨이(Oslo, Norway), 103
오싱가, 두위(Osinga, Douwe), 202
오클랜드, 뉴질랜드(Auckland, New Zealand), 103, 143
옥시덴탈 공원(Occidental Park, 워싱턴 시애틀), 142
올림피아 앤드 요크(Olympia & York), 67
올해의 건물상(Building of the Year Awards), 51, 57
왓슨, 로버트(Watson, Robert), 68
울리크, 로저(Ulrich, Roger), 89
워드, 바버라(Ward, Barbara), 132
워싱턴 기념비(Washington Monument, 워싱턴 D.C.), 28
워키토키 건물(Walkie Talkie building, 잉글랜드 런던), 63
원 브라이언트 파크(One Bryant Park), 138
원 월드트레이드센터(One World Trade Center), 39
웨브, 웰링턴(Webb, Wellington), 18
웨스트 에드먼턴 몰(West Edmonton Mall, 캐나다 에드먼턴), 29
웨일스, 로빈(Wales, Robin), 183
웰(WELL), 81
웰 리빙 랩(Well Living Lab: WLL), 97
웰 표준(WELL standard), 96-102

웰니스 부동산(wellness real estate), 94-5
웰니스 산업(wellness industry), 94-5
웰니스(wellness), 94
웰빙/안녕(wellbeing), 92
웸블리 경기장(Wembley Stadium, 잉글랜드 런던), 29
윌킨슨, 레슬리(Wilkinson, Leslie), 49
윌포드, 마이클(Wilford, Michael), 14
유권자 행동 운동(The Electors' Action Movement: TEAM), 111
유니버시티 칼리지 병원(University College Hospital, 잉글랜드 런던), 62
유럽 도시 공공 공간상(European Prize for Urban Public Space), 53
유럽 연합 현대 건축상—미스 반 데어 로에상(EU Prize for Contemporary Architecture—Mies van der Rohe Award), 45
유럽 친환경 도시 도구(European Green City Tool), 79
유럽 친환경 수도상(European Green Capital Award), 79
유럽 표준화 위원회(Comite Europeen de Normalisation: CEN), 98
유엔(United Nations), 76, 77-8, 79
은빛 T자상(Prix de l' Equerre d' argent), 55
의제 2030(Agenda 2030), 78
의제 21(Agenda 21), 77-8
의회 궁전(Palace of the parliament, 루마니아 부쿠레슈티), 29
이맵(Emap), 59
이스라엘 국회(Knesset, 이스라엘 예루살렘), 29
이코노미스트 인텔리전스 유닛(Economist Intelligence Unit: EIU), 107
이탈리아노, 마이크(Italiano, Mike), 68
인공 지능 도시(AI CITY), 197
인류 박물관(Museum of Mankind, 스페인 라코루냐), 16
인터내셔널 고층 건물상(International Highrise Award), 53
인터내셔널 아키텍처 어워즈(International Architecture Awards), 45
일리치, 마이크(Ilitch, Mike), 139
일리치, 크리스토퍼(Ilitch, Christopher), 139
잉엘스, 비야르케(Ingels, Bjarke), 82, 197

잡스, 스티브(Jobs, Steve), 165
장소 만들기(placemaking): 정의, 134-5, 143 / 중요성, 142 / 개요, 126-8, 143-6 / 전문가들, 134-5 / 공공 공간을 위한 프로젝트(Project for Public Spaces), 128-30 / 도시 관리 정책의 일부로서(within urban governance), 142-3
'재향 군인병(Legionnaire' s Disease)' (밥 딜런), 85
저먼, 론(German, Ron), 67
전통 빌딩 컨퍼런스(Traditional Building Conference), 52
제다, 사우디아라비아(Jeddah, Saudi Arabia), 28, 38, 40
제이콥스, 네드(Jacobs, Ned), 122
제이콥스, 제인(Jacobs, Jane), 108, 110, 113, 118, 121, 145, 162, 188, 193, 196, 205
젱크스, 찰스(Jencks, Charles), 39
존스 랭 라살(Jones Lang Lasalle), 143
존슨, 필립(Johnson, Philip), 8, 27, 50
주르후젠, 독일(Suurhusen, Germany), 31
㈜아부다비 개발 지주 회사(Abu Dhabi Developmental Holding Company PJSC [ADQ]), 41
중국 진핑 지하 실험실(China Jinping Underground Laboratory, 중국 쓰촨), 29
중국(China), 38, 95. 도시 통계도 참조.
증거 기반 설계(evidence-based design: EBD), 89-91
지구의 날(Earth Day), 132
지속 가능성(sustainability): 캐피탈 게이트(아부다비)의, 37 / 자문단, 81-2 / 정의, 75 / 생태 효율성, 79-80 / 경제 성장과 지속 가능성, 76-7 / 지속 가능성 인증의 재정적 혜택, 72 / 중요성, 74 / 시장, 81-2 / 측정, 78-81 / 감세 혜택, 67 / 지혜로운 이용과 지속 가능성, 73
지속 가능한 개발 목적(Sustainable Development Goals), 80, 81
지속 가능한 개발 지표 연구 프로그램(Programme of Work on Indicators of Sustainable Development), 78
지속 가능한 개발을 위한 세계 기업 협의회(World Business Council on Sustainable Development: WBCSD), 79
지속 가능한 시애틀(Sustainable Seattle), 79
지혜로운 이용(wise use), 73. '지속 가능성(sustainability)' 도 참조.

창조 경제 프로그램(Creative Economy Programme), 153
창조 계급(creative class), 154-8, 162-4, 166
창조 산업 전담반(Creative Industries Task Force), 151
창조 산업(creative industries), 151-3, 164-6
창조 산업, 151-3 / 미술(박물)관 프로젝트, 19, 26, 144 / 지속 가능성 개념, 73 / 웰니스 부동산, 94
창조적 전문가들(creative professionals), 154
채프먼 테일러 건축 사무소(Chapman Taylor architecture firm), 47, 62
체르마예프, 세르게이(Chermayeff, Serge), 49
초프라, 디팩(Chopra, Deepak), 101
취리히, 스위스(Zurich, Switzerland), 107

카나리 워프 개발(Canary Wharf Development), 67
카를로비츠, 한스 카를 폰(Carlowitz, Hans Carl von), 72-3
카테라(Katerra), 200
카티아(CATIA), 196
카푸어, 리시(Kapoor, Rishi), 95
칼라트라바, 산티아고(Calatrava, Santiago), 14, 17, 22
캐나다(Canada), 31, 49, 109, 115, 159. 도시 데이터도 참조.
캐머런, 데이비드(Cameron, David), 180
캐피탈 게이트(Capital Gate, 아부다비): 묘사, 31, 32-3 / 경제적 가치, 41-2 / 기네스 기록 목록 안에서, 32 / 캐피탈 게이트를 위한 영감, 35 / 프로젝트 개요, 33-6 / 관련 통계, 44 / 지속 가능성, 36-7
캠벨, 톰(Campbell, Tom), 111
캠퍼스 마셔스(Campus Martius, 미시건 디트로이트), 138-42
커리 스톤 디자인상(Curry Stone Design Prize), 45
커뮤니티 활력 지수(Community Vibrancy index), 176
커티 사크(Cutty Sark) 복원(잉글랜드 런던), 63
컴퍼스 지속 가능성 지수(Compass Index of Sustainability), 78
켄트, 프레드(Kent, Fred), 125, 130-4, 145
켈리, 앨런(Kelly, Alan), 114
코테, 미셸(Cote, Michel), 21
코펜하겐, 덴마크(Copenhagen, Denmark), 103, 107
콜드웰 뱅커 리처드 엘리스(Coldwell Banker Richard Ellis: CBRE), 100
콩플루앙스 박물관(Musee des Confluences, 프랑스 리옹), 19
쿨 시티 구상(Cool Cities Initiative), 159
퀘이사이드(Quayside, 캐나다 토론토), 191
퀸테인(Quintain Ltd.), 202
크라이슬러 빌딩(Chrysler Building, 뉴욕시), 28

크렌스, 토머스(Krens, Thomas), 11
크리에, 레온(Krier, Leon), 52
클랙스턴, 스튜어트(Claxton, Stuart), 43
클레멘트 캐노피 빌딩(Clement Canopy buildings, 싱가포르), 28
키어란, 매튜(Kieran, Matthew), 181
키팅, 폴(Keating, Paul), 151
킹덤 타워(Kingdom Tower, 사우디아라비아 제다), 28, 38, 40

타이베이 지속 가능성 지수(Sustainability Index for Taipei), 79
탄, 차드 멍(Tan, Chade-Meng), 93
토론토, 캐나다(Toronto, Canada), 191: (토론토) 갓길 보도 연구소(Sidewalk Labs/Sidewalk Labs Toronto), 191-3, 195, 201-2, 204
토머스 제퍼슨 건축 메달(Thomas Jefferson Medal in Architecture), 50
퇴른, 아케(Thorn, Ake), 86
트라이에니얼 골드 메달(Triennial Gold Medal), 49
트로피칼리아(Tropicalia, 프랑스 오팔 해변), 28
트루(TRUE: Total Resource Use and Efficiency, 총 자원 활용 및 효율성), 80
트뤼도, 쥐스탱(Trudeau, Justin), 191
티헤, 메리 앤(Tighe, Mary Ann), 138

파렐, 테리(Farrell, Terry), 170, 172-3, 182, 188
파리, 프랑스(Paris, France), 28, 38, 87, 103
파에노 과학 센터(Phaeno Science Centre, 독일 볼프스부르크), 19, 20
파워스, 앨런(Powers, Alan), 181
파이미오 요양원(Paimio Sanatorium), 87
판스워스 주택(Farnsworth house), 43
판테온(Pantheon, The), 38
팔라디오 상(Palladio Award), 52-3
팔라초 호텔 및 카지노(Palazzo hotel and casino, 네바다 라스베이거스), 66
패튼, 크리스(Patten, Chris), 173
퍼넬, 제임스(Purnell, James), 153
퍼트넘, 데이비드(Puttnam, David), 153
페드리치, 릭(Fedrizzi, Rick), 68
페이호, 알베르토 누네스(Feijoo, Alberto Nunez), 23
페인, 닐 판 데르(Veen, Neil van der), 34, 36, 37
페트로나스 트윈 타워(Petronas Twin Towers, 쿠알라룸푸르), 28
평생 공로상(Lifetime Achievement Award), 45
포레스터, 제이 라이트(Forrester, Jay Wright), 75
포스터 앤드 파트너스(Foster + Partners), 29, 62, 65-6
포스터, 노먼(Foster, Norman), 14, 56, 61
폴스 크릭(False Creek) 물줄기(밴쿠버), 112
퐁피두 센터(Centre Pompidou, 보부르), 13-4
프라사드, 서낸드(Prasad, Sunand), 177, 183
프레스콧, 존(Prescott, John), 176, 177
프레스콧-앨런, 로버트(Prescott-Allen, Robert), 74
프로그레시브 아키텍처(P/A) 어워즈(Progressive Architecture [P/A] Awards), 45, 55
프로라(Prora, 독일 루겐), 29
프로코어 건설 관리 애플리케이션(Procore construction management app), 198
프롭테크(PropTech, 부동산 기술), 199, 200, 205
프리미엄 임페리얼(Praemium Imperiale), 51, 61
프리츠커 건축상(Pritzker Architecture Prize), 8, 45, 50-1
프리츠커, 토머스 J.(Pritzker, Thomas J.), 50
플로리다, 리처드(Florida, Richard), 154-6, 158-63
피사의 사탑(Tower of Pisa), 31
피스 홀(Piece Hall, 영국), 186

피어(PEER: Performance Excellence in Electricity Renewal, 전력 재생 성능 탁월성), 80
피차이, 순다르(Pichai, Sundar), 203
피츠버그, 펜실베이니아(Pittsburg, Pennsylvania), 142, 157, 161
피프스 월(Fifth Wall), 199
픽사 본사(Pixar headquarters), 165
핀쇼, 기포드(Pinchot, Gifford), 73
핀치, 폴(Finch, Paul), 185
필립스, 아트(Phillips, Art), 111, 113
핑안 파이낸스 센터(Ping An Finance Center, 중국 선전), 28

하드윅, 월터(Hardwick, Walter), 111
하디드, 자하(Hadid, Zaha), 17, 18, 19, 20, 61
함부르크, 독일(Hamburg, Germany), 103
해피 리지 하우스(Happy Rizzi House, 호주 멜버른), 29
핸버리, 윌리엄 A.(Hanbury, William A.), 17
헤리티지 연구 센터(Heritage Research Centre, 문화 혁신 센터), 22-3
헨리 호프 리드 상(Henry Hope Reed Award), 52-3
헬몬트, 얀 밥티스트 판(Helmont, Jan Baptist van), 89
헬싱키, 핀란드(Helsinki, Finland), 103
현대 미술 센터(Center for Contemporary Art, 오하이오 신시내티), 17
호주 건축가 협회상(Australian Institute of Architects Awards), 45
호주 골드 메달(Australian Gold Medal), 49
호주(Australia), 27, 151. 도시 데이터도 참조.
호지든, 레이첼(Hodgdon, Rachel), 97
홀랜드, 찰스(Holland, Charles), 184
홈바운드(Homebound), 199-200
홍콩, 중국(Hong Kong, China), 103
화이트, 윌리엄 H.(Whyte, William H.), 125, 132, 145
환경과 개발에 관한 세계 위원회(World Commission on Environment and Development, 브루틀란 위원회), 76
회보 22/80(Circular 22/80), 171
후쿠오카, 일본(Fukuoka, Japan), 103
훔볼트, 알렉산더 폰(Humboldt, Alexander von), 73

2A 컨티넨털 건축상(2A Continental Architectural Awards: 2ACAA), 45
A' 건축 디자인상(A' Architecture Design Award), 45
ABB 리프 개축상(ABB LEAF Refurbishment Award), 45
AI 글로벌 미디어(AI Global Media Limited), 60
AIA 골드 메달(AIA Gold Medal), 45
AJ 명세상(AJ Specification Awards), 54
AZ 어워즈(AZ Awards), 56
BEC (건설업체), 20
CZWG, 62
MGM 그랜드 호텔(MGM Grand, 네바다 라스베이거스), 101
MGM 코타이(MGM Cotai, 중국 마카오), 28
RMJM, 36, 37, 42
U+A, 35
W 어워즈(W Awards), 45, 56

도서, 보고서, 에세이, TV 프로그램

〈메가스트럭처(*Megastructures*)〉, 34, 35
〈찰리 로즈(*Charlie Rose*)〉, 8, 27
「복원된 순환, 재생된 삶(Restored Circulation, Renewed Life)」(루이스 멈퍼드), 108
『18도(18°)』(뒤프렌과 쇼필드), 35
『가치 핸드북(*Value Handbook*)』(건축 · 건조 환경 위원회), 180
『건축가 없는 건축(*Architecture without*

Architects)』, 191
『경제적 산림 관리(Sylvicultura oeconomica)』(한스 카를 폰 카를로비츠), 72-3
『공공 공간을 위한 프로젝트(Project for Public Spaces)』, 129-34, 135-7
『그린 북(Green Book)』, 179
『기후 지표와 지속 가능한 개발: 상호 연결점들의 예시(Climate Indicators and Sustainable Development: Demonstrating the Interconnections)』 보고서, 81
『더 살기 좋은 광역권으로 가는 길(Steps to a More Livable Region)』, 116
『더 좋은 영국 건설하기(Building a Better Britain)』 (영국 왕립 건축가 협회[RIBA]), 182
『도시 르네상스를 향하여(Towards an Urban Renaissance)』, 176
『도시의 새로운 위기(New Urban Crisis)』(리처드 플로리다), 162
『맨스필드 파크(Mansfield Park)』(제인 오스틴), 108
『모노클(Monocle)』, 106-7, 120
『미국 대도시의 죽음과 삶(The Death and Life of Great American Cities)』(제인 제이콥스), 108-9, 110
『바우벨트(Bauwelt)』 매거진, 55
『빌드(BUILD)』 매거진, 59
『사람과 장소(People and Places)』 (건축 · 건조 환경 위원회), 181
『새로운 런던(A New London)』(영국 노동당), 175
『생존을 위한 청사진(Blueprint for Survival)』, A, 74
『생태밀도 구상 문서(EcoDensity Initiative Document)』, 117
『성장의 한계(The Limits to Growth)』, 74-6, 132
『아름다움과 함께 살기(Living with Beauty)』 보고서, 185-8
『아름다움을 위한 계획(Planning for Beauty)』, 173
『아이콘적 건물(The Iconic Building)』 (젱크스), 39
『아주어(Azure)』 매거진, 56
『아키텍처럴 리뷰(Architectural Review)』, 55, 56, 59
『아키텍츠 저널(Architects' Journal)』, 54, 55, 59, 185
『아키텍트(Architect)』 매거진, 54
『우리 공동의 미래(Our Common Future)』(브루틀란 보고서), 76
『월페이퍼*(Wallpaper*)』 매거진, 56
『인간적인 방식으로 계획하기(Planning in a Human Way)』 (해리 래시), 114
『좋은 디자인의 가치(The Value of Good Design)』 (건축 · 건조 환경 위원회), 179
『주권의 황혼(The Twilight of Sovereignty)』 (월터 B. 뤼스턴), 174
『지속 가능한 사회를 위한 선언(Manifesto for a Sustainable Society)』, 74
『창조 계급의 부상(The Rise of the Creative Class)』(리처드 플로리다), 154-7, 159
『창조 국가(Creative Nation)』, 151
『창조 산업 매핑 문서(Creative Industries Mapping Document)』, 153, 164
『창조 영국 2008(Creative Britain 2008)』, 153
『패턴 랭귀지(A Pattern Language)』(크리스토퍼 알렉산더), 193
『포춘(Fortune)』 매거진, 145
『프랑스 건축(L'Architecture francaise)』, 55
『하나뿐인 지구(Only One Earth)』(바버라 워드), 132

아키텍트하다_건축의 새로운 언어

초판 1쇄 2023년 10월 25일

저자: 레이니르 더 흐라프(Reinier de Graaf)
역자: 조순익
발행인: 김기현
발행처: 시공문화사(*Spacetime*)
출판등록: 1993년 3월 12일
주소: 서울시 서대문구 독립문공원길 13 (03733) 극동프라자 5층
전화: 02) 3147-1212
팩스: 02) 3147-2626

http://www.spacetime.co.kr
mail: spacetime@korea.com

편집: Design Battery
인쇄: (주)예림인쇄사
제본: 보경문화사

ISBN: 978-89-5592-473-2

정가: 18,000원